O MITO DO DÉFICIT

O MITO DO DÉFICIT

Teoria Monetária Moderna e o
Nascimento da Economia do Povo

STEPHANIE KELTON
Professora de economia e políticas públicas
na *Stony Brook University*

ALTA BOOKS
GRUPO EDITORIAL
Rio de Janeiro, 2023

O Mito do Déficit

Copyright © 2023 da Starlin Alta Editora e Consultoria Eireli.
ISBN: 978-85-5081-831-3

Translated from original The Deficit Myth. Copyright © 2020 by Stephanie Kelton. ISBN 978-1-5293-5256-6. This translation is published and sold by Hachette Book Group, the owner of all rights to publish and sell the same. PORTUGUESE language edition published by Starlin Alta Editora e Consultoria Eireli, Copyright © 2023 by Starlin Alta Editora e Consultoria Eireli.

Impresso no Brasil – 1ª Edição, 2023 – Edição revisada conforme o Acordo Ortográfico da Língua Portuguesa de 2009.

Todos os direitos estão reservados e protegidos por Lei. Nenhuma parte deste livro, sem autorização prévia por escrito da editora, poderá ser reproduzida ou transmitida. A violação dos Direitos Autorais é crime estabelecido na Lei nº 9.610/98 e com punição de acordo com o artigo 184 do Código Penal.

A editora não se responsabiliza pelo conteúdo da obra, formulada exclusivamente pelo(s) autor(es).

Marcas Registradas: Todos os termos mencionados e reconhecidos como Marca Registrada e/ou Comercial são de responsabilidade de seus proprietários. A editora informa não estar associada a nenhum produto e/ou fornecedor apresentado no livro.

Erratas e arquivos de apoio: No site da editora relatamos, com a devida correção, qualquer erro encontrado em nossos livros, bem como disponibilizamos arquivos de apoio se aplicáveis à obra em questão.

Acesse o site **www.altabooks.com.br** e procure pelo título do livro desejado para ter acesso às erratas, aos arquivos de apoio e/ou a outros conteúdos aplicáveis à obra.

Suporte Técnico: A obra é comercializada na forma em que está, sem direito a suporte técnico ou orientação pessoal/exclusiva ao leitor.

A editora não se responsabiliza pela manutenção, atualização e idioma dos sites referidos pelos autores nesta obra.

```
Dados Internacionais de Catalogação na Publicação (CIP) de acordo com ISBD

K29m    Kelton, Stephanie
            O Mito do Deficit: Teoria Monetária e o Nascimento da Economia
        do Povo ; traduzido por Christiano Sensi / Stephanie Kelton. - Rio de
        Janeiro : Alta Books, 2023.
            336 p. ; 16cm x 23cm.

            Tradução de: The Deficit Myth
            Inclui índice.
            ISBN: 978-85-5081-831-3

            1. Economia. 2. Teoria Monetária. 3. Deficit. I. Sensi, Christiano
        II. Título.

2023-608                                                    CDD 330
                                                            CDU 33

                Elaborado por Vagner Rodolfo da Silva - CRB-8/9410

                    Índice para catálogo sistemático:
                        1. Economia 330
                        2. Economia 33
```

Produção Editorial
Grupo Editorial Alta Books

Diretor Editorial
Anderson Vieira
anderson.vieira@altabooks.com.br

Editor
José Ruggeri
j.ruggeri@altabooks.com.br

Gerência Comercial
Claudio Lima
claudio@altabooks.com.br

Gerência Marketing
Andréa Guatiello
andrea@altabooks.com.br

Coordenação Comercial
Thiago Biaggi

Coordenação de Eventos
Viviane Paiva
comercial@altabooks.com.br

Coordenação ADM/Finc.
Solange Souza

Coordenação Logística
Waldir Rodrigues

Gestão de Pessoas
Jairo Araújo

Direitos Autorais
Raquel Porto
rights@altabooks.com.br

Assistente Editorial
Andreza Moraes

Produtores Editoriais
Illysabelle Trajano
Maria de Lourdes Borges
Thales Silva
Thiê Alves

Equipe Comercial
Adenir Gomes
Ana Carolina Marinho
Ana Claudia Lima
Daiana Costa
Everson Sete
Kaique Luiz
Luana Santos
Maira Conceição
Natasha Sales

Equipe Editorial
Ana Clara Tambasco
Arthur Candreva
Beatriz de Assis
Beatriz Frohe

Betânia Santos
Brenda Rodrigues
Caroline David
Erick Brandão
Elton Manhães
Fernanda Teixeira
Gabriela Paiva
Henrique Waldez
Karolayne Alves
Kelry Oliveira
Lorrahn Candido
Luana Maura
Marcelli Ferreira
Mariana Portugal
Matheus Mello
Milena Soares
Patricia Silvestre
Viviane Corrêa
Yasmin Sayonara

Marketing Editorial
Amanda Mucci
Guilherme Nunes
Livia Carvalho
Pedro Guimarães
Thiago Brito

Atuaram na edição desta obra:

Tradução
Christiano Sensi

Copidesque
Carolina Freitas

Revisão Gramatical
Catia Soderi
Carolina Rodrigues

Diagramação
Cristiane Saavedra

Capa
Erick Brandão

Editora afiliada à:

ASSOCIADO

Rua Viúva Cláudio, 291 – Bairro Industrial do Jacaré
CEP: 20.970-031 – Rio de Janeiro (RJ)
Tels.: (21) 3278-8069 / 3278-8410
www.altabooks.com.br — altabooks@altabooks.com.br
Ouvidoria: ouvidoria@altabooks.com.br

ELOGIOS PARA *O MITO DO DÉFICIT*

"*O Mito do Déficit* é simplesmente o livro mais importante que eu já li. Stephanie Kelton articula cuidadosamente uma mensagem que desconstrói a ortodoxia econômica sobre finanças públicas, cuja crença é que impostos são mais importantes do que gastos e que déficits são ruins. O trabalho da Kelton está à altura de um gênio como Da Vinci e Copérnico, hereges que provaram que a Terra gira em torno do Sol."

— **DAVID CAY JOHNSTON**, premiado com um Pulitzer, uma Medalha da Investigative Reporters and Editors, Inc., e um George Polk

"Um livro memorável, tanto pelo conteúdo, como por seu timing. Uma 'leitura obrigatória' que, com certeza, influenciará muitos aspectos da formulação de políticas daqui para frente."

— **MOHAMED EL-ERIAN**, consultor econômico principal da Allianz

"Em um mundo de crises monumentais e sequenciais, Stephanie Kelton é uma fonte indispensável de claridade moral. Seja você um defensor da TMM, seja apenas um curioso sobre o assunto, as verdades que ela ensina sobre dinheiro, dívida e déficits nos dão as ferramentas de que desesperadamente precisamos para construir um futuro seguro para todos. Leia o livro — e, depois, use-o."

— **NAOMI KLEIN**, autora de "Em chamas: Uma (ardente) busca por um novo acordo ecológico"

"O livro transformador de Kelton sobre os mitos dos déficits do governo é tanto uma obra rigorosa em termos teóricos, como um entretenimento empírico. A obra nos lembra que não é o dinheiro que é limitado, e sim nossa imaginação quanto ao que se fazer com ele. Depois de lê-lo, você nunca mais verá o erário público como economia doméstica novamente. Leia este livro!"

— **Mariana Mazzucato**, autora de "O valor de tudo: Produção e apropriação na economia global"

"*O Mito do Déficit* é um triunfo. É convincente, envolvente e, mais importante do que tudo, te dá poder. Organizado sobre uma estrutura bem embasada que foca em como a economia do mundo real funciona, a autora desenha um caminho realista para a verdadeira prosperidade econômica. É uma abordagem que foca na economia real da maioria da população, e não na de Wall Street, e nos permite não apenas revitalizar a esforçada classe média, mas também lidar com problemas sociais críticos como desemprego crônico, pobreza, saúde e mudança climática. É claro que enfrentamos muitas restrições à nossa capacidade de ação; mas Kelton argumenta que a subutilização intencional de nossos próprios recursos, resultante da influência profunda dos mitos acerca do déficit, não deveria ser uma dessas restrições. Estávamos precisando deste livro há bastante tempo. Todos deveriam lê-lo e relê-lo, antes que seja tarde demais para se mudar de rumo."

— **John T. Harvey**, professor de economia da Texas Christian University

"A missão deste livro poderoso de Kelton é nos libertar do pensamento ortodoxo e deteriorado sobre déficits fiscais, enraizados na era ultrapassada do padrão-ouro. Sua base teórica é a Teoria Monetária Moderna. Em sua essência, a TMM apresenta uma proposta simples: em um mundo de moeda fiduciária, nossas finanças enquanto povo não são um resumo de nossas restrições orçamentárias individuais, porque nós não podemos falir, apenas gerar excessos inflacionários devido a um déficit orçamentário em nosso coletivo. Nessa era em que a inflação é predominantemente muito baixa, as implicações das políticas macro deveriam ser óbvias: nós, o povo, temos muito mais espaço fiscal do que prega o grupo adepto do controle do déficit e do equilíbrio orçamentário. Kelton é uma escritora e professora talentosa e eu prevejo, com confiança, que *O Mito do Déficit*, escrito de forma brilhante, se tornará o livro definitivo sobre o que é a TMM — e o que não é."

— **Paul Allen McCulley**, diretor administrativo e economista-chefe aposentado da PIMCO, e membro sênior da Cornell University Law School

"Claro! Convincente! Esclarecedor e persuasivo, *O Mito do Déficit* é uma aventura no mundo dos orçamentos, empregos, comércio, bancos e — acima de tudo — dinheiro. Com o grande poder do bom-senso, Stephanie Kelton e a equipe da TMM vêm rompendo os círculos fechados das chamadas finanças sólidas, uma ortodoxia obsoleta que enfraqueceu e empobreceu a todos nós. Este livro mostra como isso foi feito e abre um caminho à frente, para um mundo melhor, construído com ideias melhores."

— **James K. Galbraith**, Universidade do Texas, em Austin

"Um passeio robusto, bem fundamentado e de fácil leitura através de diversos mal-entendidos comuns. Uma 'leitura obrigatória' para qualquer um que deseje entender como o financiamento do governo realmente funciona, e como interage com as políticas econômicas."

— **Frank Newman**, ex-vice-secretário do Tesouro

Para Bradley e Katherine

AGRADECIMENTOS

Eu não poderia ter escrito este livro sem o apoio e o encorajamento emocional de meu marido, Paul Kelton. Ele proporcionou seu feedback sobre os inúmeros rascunhos de cada capítulo e assumiu mais do que sua parte nas responsabilidades do dia a dia, liberando-me para passar noites e fins de semana escondida atrás do computador. Isso me poupou de dobrar muita roupa e passar a minha vez de cozinhar, mas também se traduziu em um sacrifício de muitas horas longe dos meus filhos, Bradley e Katherine. Sou grata a todos eles por me darem espaço para trabalhar e por encherem minha vida de tanta alegria.

Também sou profundamente grata ao meu amigo Zachary Carter, um escritor brilhante que me encaminhou para o agente certo, Howard Yoon, que acreditou no projeto desde o início. Quando chegou a hora de escolher a melhor editora para o livro, Howard me aconselhou a pensar cuidadosamente sobre qual dos possíveis editores faria vir à tona o melhor de mim como escritora. Escolhi trabalhar com John Mahaney e, desde então, agradeço pela sorte que tive. John não me deixou escrever o livro que originalmente me propus a escrever. Ele me resgatou de mim mesma, sinalizando o uso excessivo do jargão técnico e despindo o manuscrito de gráficos e equações complexas. "Você está escrevendo para todos", ele me lembrava constantemente. Sua orientação fez do livro o que ele é.

Agradeço também a Pete Garceau, que fez a arte da capa (edição original), e à Patti Isaacs por transformar meus esboços desajeitados nas belas ilustrações que aparecem ao longo do livro. Também tenho uma enorme dívida de gratidão para com Kate Mueller, por sua meticulosa edição do manuscrito.

Em seguida, há meus pais, amigos e colegas. Eu não estaria onde estou hoje sem o amor e o incentivo de meus pais, Jerald e Marlene Bell. Também sou grata ao meu professor de graduação, John F. Henry, que não apenas me expôs aos grandes economistas e filósofos do passado, mas também me apresentou a L. Randall Wray, um gigante dos dias atuais no campo da macroeconomia e economista líder da TMM. Juntos, Mathew Forstater, Pavlina Tcherneva, Randy Wray e eu passamos muitos anos na Universidade do Missouri em Kansas City (UMKC), trabalhando juntos para desenvolver as ideias de Warren Mosler. Este livro é um produto de anos de trabalho colaborativo com eles. Agradecimentos também são devidos a Scott Fullwiler, Rohan Grey, Nathan Tankus, Raúl Carrillo e Fadhel Kaboub por persistirem por dois anos de contato constante nos quais busquei suas contribuições e conhecimentos em uma série de questões. Também sou profundamente grata a Steven Hail, Marshall Auerback, Daniel José Camacho, Jesse Meyerson, Kenneth Wapner, Jeff Spross e Richard Eskow por me ajudarem a melhorar o produto final.

Obrigada também a Zack Exley, Geoff Coventry, James Stuart, Max Skid, Ben Strubel, Samuel Connor e Bill Goggin, todos que demonstraram um compromisso com a TMM muito antes de sua ascensão à proeminência.

E obrigada à incrível equipe de defensores que formaram grupos de leitura, lançaram podcasts e construíram sites para ajudar a apresentar a TMM a outras pessoas. Obrigada, também, aos muitos alunos de graduação e pós-graduação da UMKC, da Stony Brook University e da New School for Social Research, que me ajudaram a aprimorar minhas ideias ao longo de muitos anos. A Don St. Clair, Carolyn McClanahan, Patty Bruseau e Stacy Pilcard por sempre aparecerem com uma palavra encorajadora: sua consideração significa mais do que vocês jamais saberão.

Devo também agradecer a algumas das pessoas que ajudaram a construir um público para este livro, compartilhando suas grandes e diversas plataformas comigo ao longo dos anos: Harry Shearer, Chris Hayes, Joe Weisenthal, Sam Seder, Fareed Zakaria, Ezra Klein, Jon Favreau, Neil Cavuto, Nick Hanauer, Michael Moore, Mehdi Hasan e muitos outros. Obrigada também à congressista Alexandria Ocasio-Cortez por estimular a imprensa a ajudar a tornar a TMM "uma parte maior da conversa". Finalmente, agradeço a Amy, cuja esperança de um futuro melhor a levou a telefonar para o *Planet Money* da NPR com algumas questões profundas que nos ajudam a ver através do mito do déficit.

SUMÁRIO

Introdução   EM CHOQUE COM O ADESIVO NO CARRO   XV

1   NÃO PENSE EM ORÇAMENTO DOMÉSTICO   1

2   PENSE EM INFLAÇÃO   29

3   A DÍVIDA FEDERAL (QUE NÃO É DÍVIDA)   63

4   O NEGATIVO DELES É NOSSO POSITIVO   91

5   "VENCER" NO COMÉRCIO   119

6   VOCÊ TEM DIREITOS!   149

7   OS DÉFICITS QUE IMPORTAM   185

8   CONSTRUINDO UMA ECONOMIA PARA O POVO   225

Notas   261

Índice   303

INTRODUÇÃO

Em Choque com o Adesivo no Carro

"Não é o que você sabe que te coloca em encrencas. São aquelas coisas sobre as quais você tem certeza, mas que não são bem assim."

— MARK TWAIN

Eu me lembro de quando vi um adesivo de para-choque de carro na traseira de um SUV Mercedes, em 2008, enquanto fazia meu trajeto de uma hora de Lawrence, no Kansas, para dar aula de Economia na Universidade do Missouri na cidade do Kansas. Ele mostrava um homem ligeiramente encurvado, com os bolsos das calças para fora, do avesso. Ele tinha uma expressão séria e endurecida no rosto. Usava calças com listras vermelhas e brancas, um casaco azul-escuro, e uma cartola estampada com estrelas. Era o Tio Sam. Da mesma forma que a motorista daquele carro com o adesivo, muitas pessoas passaram a acreditar que nosso governo está totalmente falido, que seu orçamento não dá conta dos assuntos mais importantes da nossa atualidade.

Não importa se o debate é sobre políticas de saúde, de infraestrutura, de educação ou de mudança climática, a mesma questão inevitavelmente vem à tona: Mas como vamos pagar por isso? Aquele adesivo no para-choque do carro capturava a frustração e a ansiedade reais que existem a respeito dos assuntos fiscais da nossa nação, em particular o tamanho do déficit federal. Com base na forma como políticos de ambos os partidos vêm se manifestando contra o déficit, é compreensível que qualquer um fique irado ao pensar em como nosso governo vem se comportando de forma imprudente. Afinal de contas, se nós, indivíduos, nos comportássemos da mesma forma que o governo, nós logo estaríamos falidos, exatamente como aquela imagem de um Tio Sam em apuros.

Mas e se o orçamento federal for fundamentalmente diferente do seu orçamento doméstico? E se eu lhe mostrasse que o bicho-papão do déficit não é real? E se eu pudesse lhe convencer que podemos criar uma economia que coloca o povo e o planeta em primeiro lugar? Que encontrar dinheiro para fazer isso não é o problema?

Copérnico e os cientistas que vieram depois dele mudaram nossa compreensão sobre o cosmos, mostrando que a Terra gira em torno do Sol e não o contrário. Um avanço semelhante é necessário para entendermos o déficit e a sua relação com a economia. Quando o assunto é aumentar nosso bem-estar público, nós temos muito mais opções do que nos damos conta, mas precisamos desesperadamente enxergar para além dos mitos que vêm nos atrasando.

Este livro faz uso da visão da Teoria Monetária Moderna (TMM), da qual sou uma das principais proponentes, para explicar essa mudança copernicana. Os principais argumentos que apresento se aplicam a qualquer país que seja soberano monetário, como os EUA, o Reino Unido, o Japão, a Austrália, o Canadá e outros, onde o governo é o emissor monopolista de uma moeda fiduciária.[1] A TMM muda a forma com que vemos nossa política e nossa economia, mostrando-nos que, em quase todas as instâncias, déficits federais são bons para a economia. São necessários. E a forma com que temos pensado sobre eles e lidado com eles é frequentemente incompleta e sem precisão. Em vez de perseguir o objetivo equivocado de um orçamento equilibrado, nós deveríamos aproveitar as promessas do que a TMM chama de nosso dinheiro público, ou moeda soberana, para equilibrar a economia de forma que a prosperidade seja amplamente distribuída e não fique concentrada em cada vez menos mãos.

De acordo com a visão convencional, o contribuinte está no centro do universo monetário por causa da crença de que o governo não tem dinheiro próprio. Assim, em última instância, o único dinheiro para financiar o governo deve vir de pessoas como nós. A TMM muda radicalmente nossa compreensão ao reconhecer que é o emissor de moeda — o próprio governo federal — e não o contribuinte que financia todas as despesas governamentais. Os impostos são importantes por outras razões, que explicarei neste livro. Mas a ideia de que os impostos pagam os gastos do governo é pura fantasia.

Quando me deparei com essas ideias, de início, fui cética. Na verdade, eu resisti a elas. Nos meus primeiros estudos como economista profissional, eu buscava refutar as alegações da TMM com pesquisa intensa sobre as operações monetárias e fiscais do nosso governo. No momento em que desenvolvi essa pesquisa como minha primeira publicação acadêmica analisada pelos meus pares, percebi que meu entendimento inicial estava errado. A ideia de base por trás da TMM pode ter soado estranha no início, mas se provou precisa em termos descritivos. De certa forma, a TMM é uma visão apartidária que descreve a forma com que nosso sistema monetário realmente funciona. Sua capacidade explicativa não depende de ideologia ou de partido político. Ainda melhor, a TMM esclarece o que é economicamente viável e, assim, muda o campo dos debates sobre políticas, que estão presos a questões de viabilidade financeira. A TMM foca nos impactos sociais e econômicos mais amplos de uma mudança de política proposta, ao invés de se debruçar sobre seu estreito impacto monetário. Contemporâneo de John Maynard Keynes, Abba P. Lerner foi um defensor dessa abordagem, que ele chamou de *finanças funcionais*. A ideia era julgar uma política monetária pelo modo como funcionava. Ela controla a inflação, dá base ao pleno emprego e promove uma distribuição mais equitativa de renda e riqueza? O número específico que sai anualmente no orçamento era (e é) bem pouco relevante.

Eu acredito que a solução para todos os nossos problemas é simplesmente gastar mais dinheiro? Não, é claro que não. O fato do orçamento federal não ter restrições *financeiras* não quer dizer que não há limites *reais* sobre aquilo que o governo pode (e deveria) fazer. Toda economia tem seu próprio limite de velocidade interno, regulado pela disponibilidade de *recursos produtivos reais* — o ponto em que está nossa tecnologia, a quantidade e a qualidade de nossas terras, fábricas, máquinas e outros fatores. Se o governo tentar gastar muito numa economia que já esteja funcionando a todo vapor, a inflação irá acelerar. Há delimitações. Porém, elas não estão na capacidade de nosso governo de gastar, ou no déficit, mas em pressões inflacionárias e recursos inerentes à economia real. A TMM distingue limites verdadeiros de restrições autoimpostas ilusórias e desnecessárias.

Você provavelmente já presenciou os insights fundamentais da TMM em ação. Eu os vi de perto quando trabalhei no senado americano. Sempre que surge o assunto da Previdência Social, ou quando alguém quer direcionar mais dinheiro para a Educação e a Saúde, há sempre muita discussão a respeito de como tudo deve ser "bancado" para se evitar aumentos no déficit federal. Mas você já notou que isso nunca parece ser um problema quando o assunto é ampliar o orçamento de defesa, resgatar bancos ou proporcionar incentivos fiscais gigantes para os americanos mais ricos, mesmo se essas medidas significarem um aumento considerável no déficit? Enquanto houver votação, o governo federal sempre poderá financiar suas prioridades. É assim que funciona. Déficits não impediram Franklin Delano Roosevelt de implementar o New Deal nos anos 1930. Não dissuadiram John F. Kennedy de enviar um homem à Lua. E nunca impediram o Congresso de entrar em uma guerra.

Isto acontece porque o Congresso detém o poder do erário público. Se eles realmente querem realizar algo, sempre é possível arrumar o dinheiro necessário. Se os legisladores desejassem, poderiam desenvolver hoje mesmo uma legislação com foco na melhoria do padrão de vida e entregar ao povo investimentos em Educação, Tecnologia e Infraestrutura, fatores críticos para nossa prosperidade de longo prazo. Gastar ou não é uma decisão política. Obviamente, as implicações de qualquer projeto de lei devem ser detalhadamente consideradas. Mas os gastos nunca deveriam ser limitados por metas de orçamento arbitrárias ou uma fidelidade cega às chamadas finanças sólidas.

Não acho que acabei vendo o adesivo do Tio Sam, em novembro de 2008, por coincidência. As crenças ultrapassadas sobre a falta de dinheiro do governo ganharam força durante a crise financeira daquele ano. Nossa nação estava no meio da pior crise econômica desde a Grande Depressão. Realmente havia a sensação de que nós, como país, estávamos falindo, junto com boa parte do planeta. O que havia começado como uma ruptura no mercado de hipotecas *subprime* se espalhou para os mercados financeiros e transformou-se em um derretimento econômico total que custou os empregos, os lares e os negócios de milhões de americanos.[2] Somente em novembro, 800 mil americanos perderam seus empregos. Milhões solicitaram seguro-desemprego, vale-refeição, Medicaid e outras formas de assistência pública. A entrada da economia em profunda recessão fez as receitas fiscais caírem em um abismo e os gastos para apoiar os desempregados aumentarem acentuadamente, levando o déficit a um recorde de US$ 779 bilhões. Foi pânico por toda parte.

Os proponentes da TMM, e eu me incluo aqui, viram nesse momento uma oportunidade de propor ideias de políticas ousadas ao governo Obama. Nós solicitamos ao congresso que promulgasse um estímulo robusto, pedindo isenção temporária de impostos sobre a folha de pagamento, apoio adicional aos governos estaduais e municipais, e uma garantia de emprego federal.

Em 16 de janeiro de 2009, as quatro maiores instituições financeiras dos Estados Unidos haviam perdido metade de seu valor, e o mercado de trabalho sangrava centenas de empregos a cada mês. Assim como Roosevelt, Obama fez seu juramento como presidente em 20 de janeiro, num tempo de urgência histórica. Em trinta dias, ele transformou um pacote de estímulo econômico de US$ 787 bilhões em lei. Alguns de seus assessores mais próximos o haviam pressionado para que o valor fosse substancialmente mais alto, insistindo que um mínimo de US$ 1,3 trilhão seria necessário para se evitar uma recessão prolongada. Outros se diziam contrários a qualquer coisa que terminassem em "trilhões". No fim, Obama se absteve.

Por quê? Porque, em relação a políticas fiscais, ele era basicamente um conservador. Ele estava cercado de pessoas que lhe sugeriam números diferentes, e decidiu pecar pela falta, escolhendo um valor mais próximo do menor que havia sido apresentado. Christina Romer, do Conselho de Assessores Econômicos (*Council of Economic Advisers*, agência econômica da Casa Branca), entendeu que uma crise dessa magnitude não poderia ser remediada com uma intervenção mais modesta de US$ 787 bilhões. Ela defendia um estímulo ambicioso de mais de 1 trilhão, e disse: "Bem, Sr. Presidente, este é o momento em que o senhor pode dizer 'ferrou'. É pior do que pensávamos."[3] Ela havia feito seus cálculos e havia concluído que seria necessário um pacote de cerca de US$ 1,8 trilhão para combater a recessão, que seguia se agravando. Mas essa opção foi vetada por Lawrence Summers, economista de Harvard e ex-secretário do Tesouro que se tornou o principal conselheiro econômico de Obama. É possível que Summers tenha preferido um estímulo maior, mas ele temia que pedir ao Congresso algo próximo a US$ 1 trilhão seria motivo de escárnio, dizendo que "o público não apoiaria isso e nunca passaria no Congresso."[4] David Axelrod, quem depois se tornaria conselheiro sênior do presidente, aquiesceu, preocupado de que qualquer soma maior do que 1 trilhão causaria um choque no Congresso e no povo americano.

Os US$ 787 bilhões que o Congresso finalmente autorizou incluíam dinheiro para ajudar governos estaduais e locais a lidar com a crise, financiamento para projetos de infraestrutura e investimento em projetos favoráveis ao meio ambiente, bem como incentivos fiscais substanciais para encorajar o consumo e o investimento no setor privado. Ajudou, mas não foi suficiente. A economia encolheu, e conforme o déficit subia para mais de US$ 1,4 trilhão, o presidente Obama enfrentava questões sobre a onda crescente de números no vermelho. Em 23 de maio de 2009, ele apareceu em uma entrevista no C-SPAN. O apresentador do programa, Steve Scully, perguntou: "Em que ponto ficaremos sem dinheiro?"[5] O presidente respondeu: "Bem, estamos sem dinheiro agora." E assim foi. O presidente acabava de reforçar o que a motorista do carro com o adesivo do Tio Sam há muito suspeitava. Os Estados Unidos estavam em bancarrota.

A Grande Recessão, que durou de dezembro de 2007 a junho de 2009, deixou cicatrizes em comunidades e famílias por todos os Estados Unidos e além. Levou mais de seis anos para o mercado de trabalho dos EUA recuperar os 8,7 milhões de empregos que foram perdidos entre dezembro de 2007 e o começo de 2010.[6] Milhões passaram um ano ou mais batalhando até conseguirem um emprego de volta. Muitos nunca mais conseguiram. E os que tiveram a sorte de encontrar trabalho, por vezes tiveram que se contentar com empregos de meio período ou aceitar trabalhos que pagavam substancialmente menos do que vinham ganhando anteriormente. Enquanto isso, a crise consequente engoliu US$ 8 trilhões em bens habitacionais, e estima-se que 6,3 milhões de pessoas — incluídas aí 2,1 milhões de crianças — foram lançadas à pobreza entre 2007 e 2009.[7]

O Congresso poderia e deveria ter feito mais, mas o mito do déficit já estava estabelecido. Em janeiro de 2010, quando a taxa de desemprego alcançava impressionantes 9,8%, o presidente Obama já estava se movendo na direção oposta. Naquele mês, em seu discurso sobre o Estado da União, ele se comprometeu em fazer uma reversão do estímulo fiscal, dizendo à nação: "Famílias em todo o país estão apertando os cintos e tomando decisões difíceis. O governo federal deveria fazer o mesmo." O que se seguiu foi um período prolongado de dano autoinfligido.

O Federal Bank Reserve de São Francisco (FRBSF) estima que a crise financeira e a recuperação lenta roubaram da economia dos EUA até 7 % de seu potencial produtivo de 2008 a 2018. Pense nisso como uma estimativa de todos os bens e serviços (e renda) que poderíamos ter gerado ao longo dessa década, mas não conseguimos porque falhamos em fazer o que era preciso para dar suporte à nossa economia e, assim, proteger empregos e manter as pessoas em seus lares. Ao não aplicarmos as políticas de resposta da forma correta, preparamos o terreno para uma recuperação lenta e fraca que prejudicou nossas comunidades e traduziu-se em trilhões de dólares de prosperidade perdida da nossa economia. De acordo com o FRBSF, essa década de crescimento econômico abaixo da média custou a cada homem, mulher e criança dos Estados Unidos o equivalente a US$ 70.000.

Porque não adotamos políticas melhores? Você pode pensar que a resposta é que nosso sistema bipartidário se tornou tão dividido que o Congresso foi simplesmente incapaz de fazer a coisa certa, mesmo quando foi confrontado por uma calamidade nacional que ameaçou a segurança tanto do americano médio como das grandes corporações. E há uma certa dose de verdade nisso. Em 2010, o líder da maioria no senado, Mitch McConnel, esbravejava aos quatro ventos que "a coisa mais importante entre as que almejamos é que o presidente Obama seja presidente por apenas um mandato". Mas a política dos partidos não era o único obstáculo. As políticas da histeria sobre o déficit, abraçada por ambos os lados por décadas, funcionaram como um obstáculo ainda maior.

Déficits maiores teriam permitido uma recuperação mais rápida e mais forte, protegendo milhões de famílias e evitando trilhões em perdas econômicas. Mas ninguém com poder real lutou por déficits maiores. Nem o presidente Obama, nem a maioria de seus conselheiros seniores, nem mesmo os membros mais progressistas da Câmara e do Senado. Por quê? Será que todos realmente acreditavam que o governo havia ficado sem dinheiro? Ou estavam apenas com medo de ofender a sensibilidade de eleitores como as daquele que colou o adesivo em seu Mercedes?

Nós não podemos usar déficits para resolver problemas se continuarmos a pensá-los como um problema. Nesse momento, cerca de metade dos americanos (48%) dizem que reduzir o déficit do orçamento federal deveria ser uma das principais prioridades do presidente e do Congresso. Este livro tem como objetivo conduzir para próximo de zero o número das pessoas que acreditam que o déficit é um problema. Não será fácil. Para chegar lá, teremos que destrinchar cuidadosamente os mitos e mal-entendidos que moldaram nosso discurso público.

Os primeiros seis capítulos deste livro desfazem os mitos do déficit que vêm nos atrapalhando como país. De início, abordo a ideia de que o governo federal deveria gerir seu orçamento da mesma forma como uma família faz um orçamento doméstico. Talvez nenhum outro mito seja mais pernicioso do que este. A verdade é que o governo federal não é nada parecido com uma família ou com um negócio privado. E é assim porque o Tio Sam tem algo que o resto de nós não tem — o poder de emitir o dólar americano. O Tio Sam não precisa ganhar dinheiro antes de gastar. O resto de nós precisa. Tio Sam não precisará enfrentar contas acumuladas por não poder pagá-las. O resto de nós pode acabar tendo que encarar isso. O Tio Sam nunca irá falir. O restante de nós pode acabar falindo. Quando os governos tentam administrar seus orçamentos como se fossem um núcleo familiar, eles perdem a oportunidade de aproveitar o poder de suas moedas soberanas para melhorar substancialmente a vida de seu povo. Vamos discorrer sobre como a TMM demonstra que o governo federal não depende de receitas de impostos ou de empréstimos para financiar seus gastos e que a restrição mais importante sobre os gastos governamentais é a inflação.

O segundo mito diz que o déficit é evidência de gastos excessivos. É uma conclusão a qual é fácil de se chegar, porque todos nós já ouvimos políticos se lamentarem, dizendo que o déficit é a prova de que o governo está "levando uma vida além de suas possibilidades". Isso é um erro. É verdade que um déficit é registrado nos livros do governo sempre que ele gasta mais do que tributa. Mas essa é apenas uma metade da história. A TMM pinta o resto do quadro usando uma lógica contábil simples. Suponha que o governo gaste US$ 100 na economia, mas arrecade apenas US$ 90 em impostos. A diferença é conhecida como *déficit do governo*. Mas há outra maneira de olhar para essa diferença. O déficit do Tio Sam cria um *superávit* para alguém. E isso acontece porque os US$ 10 negativos do governo são sempre acompanhados de mais US$ 10 em alguma outra parte da economia. O problema é que os formuladores de políticas estão olhando para a situação com um dos olhos fechado. Eles veem o déficit no orçamento, mas não estão vendo o superávit equivalente no outro lado. E como muitos americanos também perdem isso de vista, eles acabam aplaudindo os esforços para se equilibrar o orçamento, mesmo que isso signifique tirar dinheiro de seus bolsos. É possível que o governo gaste demais. Déficits podem ser grandes demais. Mas a evidência de gastos excessivos é a inflação; e, na maioria das vezes, os déficits são pequenos demais, e não grandes demais.

O terceiro mito diz que os déficits sobrecarregarão a próxima geração. Os políticos adoram bradar esse mito, proclamando que, ao gerar déficits, estamos arruinando a vida de nossos filhos e netos, sobrecarregando-os com dívidas arruinadoras que eles terão que pagar. Um dos mais influentes perpetradores desse mito foi Ronald Regan. Mas até o senador Bernie Sanders ecoou Regan, dizendo: "Estou preocupado com a dívida. Não é algo que deveríamos deixar para nossos filhos e nossos netos."[8]

Apesar dessa retórica ser pujante, sua lógica econômica não é. A história prova isso. Como uma parcela de nosso produto interno bruto (PIB), a dívida federal atingiu seu máximo — 120% — no período imediatamente após a Segunda Guerra Mundial. No entanto, foi nesse mesmo período que a classe média se desenvolveu, a renda familiar média real disparou e a geração seguinte desfrutou de um padrão de vida mais alto, sem a carga adicional de impostos mais elevados. A realidade é que os déficits de governo não empurram os encargos financeiros para as populações futuras. Aumentar o déficit não torna as gerações seguintes mais pobres, da mesma forma que reduzi-lo não as tornará mais ricas.

O quarto mito que combateremos é a noção de que os déficits são prejudiciais por afastarem o investimento privado e erodirem o crescimento de longo prazo. Esse mito é geralmente espalhado por economistas e especialistas em políticas públicas notórios que deveriam se informar melhor. Ele se apoia no falso preceito de que, para financiar seu déficit, o governo precisa competir com outros tomadores de empréstimos e acessar uma oferta limitada de economias. Aqui, a ideia é que os déficits governamentais devoram parte do dinheiro a ser, de outra forma, investido em empreendimentos do setor privado que, por sua vez, poderiam promover prosperidade de longo prazo. Veremos por que o oposto é o verdadeiro — o déficit fiscal na verdade aumenta a poupança privada — e pode acumular investimento privado facilmente.

O quinto mito é o que diz que o déficit torna os Estados Unidos dependente de estrangeiros. Esse mito nos leva a acreditar que países como China e Japão podem ter enorme influência sobre nós por serem credores de grande quantidade de dívida americana. Veremos que isso é uma ficção que políticos propagam, intencionalmente ou não, de modo frequente como desculpa para ignorar programas sociais que precisam desesperadamente de financiamento. Por vezes, na descrição desse mito, usa-se uma metáfora que diz que estamos retirando dinheiro do cartão de crédito estrangeiro de forma irresponsável. Isso ignora o fato de que os dólares não se originam da China. Eles vêm dos EUA. Na verdade, não estamos tomando emprestado da China; estamos fornecendo dólares aos chineses e permitindo que eles usem esses dólares para comercializar um ativo seguro que rende juros chamado título do Tesouro dos EUA. Não há absolutamente nada de arriscado ou pernicioso nisso. Se quiséssemos, poderíamos pagar a dívida imediatamente, com um simples toque num botão. Hipotecar nosso futuro é mais uma forma de não compreender — ou de deliberadamente distorcer para fins políticos — a forma como as moedas soberanas realmente funcionam.

O sexto mito que abordaremos é o de que os benefícios estão nos empurrando na direção de uma crise fiscal de longo prazo. A Previdência e programas como o Medicare e o Medicaid são os supostos culpados por isso. Vou lhe mostrar por que essa forma de pensar está errada. Não há absolutamente nenhuma boa razão para se efetuar cortes nos benefícios de Previdência, por exemplo. Nosso governo sempre será capaz de atender suas obrigações futuras, pois nunca ficará sem dinheiro. Em vez de discutir sobre o custo monetário desses programas, os legisladores deveriam se digladiar sobre quais de suas políticas conseguiriam atender às necessidades da nossa população. O dinheiro sempre estará lá. A questão é: O que esse dinheiro irá comprar? Mudanças demográficas e os impactos das mudanças climáticas são desafios reais que podem exercer pressão sobre os recursos disponíveis. Precisamos garantir que estamos fazendo tudo que podemos para gerenciar bem nossos recursos reais e desenvolver métodos de produção mais sustentáveis, à medida que a geração do baby boom envelhece e deixa de ser mão de obra. Mas quando se trata de pagar os benefícios, sempre podemos honrar nossas promessas aos atuais aposentados e às gerações vindouras.

Depois de examinar a fundo os pensamentos falhos por trás desses seis mitos e de apresentar evidências sólidas que vão contra eles, ponderaremos sobre os déficits que realmente importam. As crises reais que enfrentamos não têm nada a ver com o déficit federal ou benefícios. O fato de que 21% das crianças dos Estados Unidos vivem na pobreza — isso sim é crise. O fato de nossa infraestrutura ser classificada com nota 5 é uma crise. O fato de a desigualdade de hoje estar em níveis vistos pela última vez na Era Dourada americana é uma crise. O fato de o trabalhador americano médio não ver praticamente nenhum crescimento real de seu salário desde a década de 1970 é uma crise. O fato de 44 milhões de americanos estarem soterrados sob US$ 1,7 trilhões em dívidas de empréstimos estudantis é uma crise. E o fato de que, em última análise, não poderemos "custear" nada se acabarmos exacerbando as mudanças climáticas e destruindo a vida neste planeta, isso talvez possa ser a maior crise de todas.

Essas são crises reais. O déficit federal não é uma crise.

———

O crime da lei tributária assinada pelo presidente Trump em 2017 não está no fato da lei ter aumentado o déficit, mas de ter usado o déficit para ajudar aqueles que menos precisam. A lei aumentou a desigualdade, colocando mais poder econômico e político nas mãos de poucos. A TMM entende que construir uma economia melhor não depende de se arrecadar receita suficiente para pagar pelo que queremos. Nós podemos, e devemos, tributar os ricos. Mas não pelo fato de que não podemos fazer nada sem eles. Nós deveríamos cobrar impostos de bilionários para reequilibrar a distribuição de renda e riqueza e proteger a saúde de nossa democracia. Mas não precisamos quebrar seus cofrinhos para erradicar a pobreza ou para bancar a garantia de emprego federal pela qual a Coretta Scott King lutou. Nós já temos as ferramentas das quais precisamos. Fingir dependência daqueles que têm riquezas incríveis é sinalizar com a mensagem errada, fazendo com que pareçam mais vitais à nossa causa do que realmente são. Não se está sugerindo que os déficits não são importantes, que podemos jogar a cautela no lixo e simplesmente gastar, gastar e gastar. O quadro econômico que estou defendendo inclui demandar *mais responsabilidade fiscal* do governo federal, não menos. Nós só precisamos redefinir o que significa orçar nossos recursos com responsabilidade. Nossos equívocos a respeito do déficit resultam em grande desperdício e potencial inexplorado na nossa economia atual.

A TMM nos dá o poder de imaginar uma nova política e uma nova economia. Ela desafia o status quo *através do espectro político* com economia sólida, e é por isso que ela vem gerando tanto interesse da parte de formuladores de políticas, acadêmicos, executivos de bancos centrais, ministros de finanças, ativistas e pessoas comuns pelo mundo afora. A lente da TMM permite que enxerguemos que outro tipo de sociedade é possível, na qual podemos investir em saúde, educação e infraestrutura consistente. Contrastando com narrativas de escassez, a TMM promove uma narrativa de oportunidade. Uma vez que superemos os mitos e aceitemos que os déficits federais são realmente benéficos para a economia, podemos buscar políticas fiscais que priorizem as necessidades humanas e o interesse público. Não temos nada a perder, a não ser nossas restrições autoimpostas.

Os Estados Unidos são o país mais rico da história mundial. Mesmo quando os americanos atingiram seu nível de pobreza mais profundo, durante a Grande Depressão, nós conseguimos estabelecer a Previdência Social e o salário mínimo, levar eletricidade às comunidades rurais, proporcionar empréstimos federais para habitação e financiar um programa de empregos vultuoso. Como a Dorothy e seus amigos no livro "O Mágico de Oz", precisamos enxergar através dos mitos e lembrar mais uma vez que sempre tivemos o poder em nossas mãos.

Quando este livro estava para ser impresso, o vírus COVID-19 nos atingiu com força total, trazendo-nos uma demonstração vívida e realista do poder do modo de pensar da TMM. Indústrias inteiras estão sendo encerradas. Mais e mais empregos estão desaparecendo, e há potencial para um colapso econômico que poderia colocar as taxas de desemprego no mesmo nível da Grande Depressão. O Congresso já se comprometeu com US$ 1 trilhão para combater a pandemia e a crise econômica resultante. Será necessário muito mais.

Anteriormente à ameaça do vírus, a expectativa era que o déficit federal chegaria a US$ 1 trilhão; agora, toma-se como certo que alcançará as alturas de US$ 3 trilhões nos próximos meses. Se a história serve de lição, a ansiedade gerada pelo aumento do déficit orçamentário levará à pressão para se reduzir os estímulos fiscais, a fim de lutar para reduzir o próprio déficit. Isso seria um desastre absoluto. Neste momento, e nos próximos meses, a maneira mais responsável de se administrar a crise em termos fiscais é com gastos deficitários mais altos.

O próximo ano será incrivelmente difícil para todos nós. Viveremos em um elevado estado de ansiedade até que o vírus seja contido e uma vacina seja disponibilizada de forma ampla. Muitos de nós passarão por dificuldades sociais e econômicas. Já existem razões suficientes para preocupação, sem nem considerarmos apreensões adicionais sobre a situação fiscal de nossa nação. Este é um momento tão bom quanto qualquer outro para se aprender algumas lições importantes a respeito da origem do dinheiro e por que o governo federal — e somente ele — pode tomar a dianteira e salvar a economia.

1
NÃO PENSE EM ORÇAMENTO DOMÉSTICO

"Famílias por todo o país estão apertando os cintos e tomando decisões difíceis. O governo federal deveria fazer o mesmo."

— **PRESIDENTE OBAMA**,
Discurso do Estado da União, 2010

MITO #1: O governo federal deveria fazer seu orçamento como uma família faz o seu orçamento doméstico.

REALIDADE: Diferentemente de uma família, o governo emite a moeda que gasta.

Como muitos de vocês, eu cresci assistindo Vila Sésamo, um programa de TV. Uma das habilidades que o programa ajudava as crianças a desenvolver era a de dividir e reagrupar objetos de acordo com suas similaridades e diferenças. "Uma dessas coisas não é como as outras", dizia a música quando essa parte do programa começava. Na tela apareciam quatro imagens distribuídas em fileira: uma banana, uma laranja, um abacaxi e um sanduíche. "O sanduíche! O sanduíche!", eu e minha irmã gritávamos para a televisão. Eu não sou mais uma criança, mas ainda me pego gritando de volta para a TV sempre que ouço alguém falar sobre o orçamento federal como se não fosse diferente de um orçamento doméstico.

Se você já ouviu alguém reclamar que Washington precisa colocar sua casa fiscal em ordem, você já conheceu uma versão do mito do orçamento doméstico. Ele deriva de uma ideia falha de que deveríamos analisar o orçamento do Tio Sam com o mesmo olhar com que nos debruçamos sobre nosso próprio orçamento familiar. De todos os mitos que vamos explorar nas páginas seguintes, esse é sem dúvida o mais pernicioso.

É um dos mitos favoritos dos políticos, onde tendem a buscar a retórica mais simplista possível para se conectar com seus eleitores. E o que poderia ser mais fácil do que descrever as finanças do governo em termos que o resto de nós já compreende — nosso próprio orçamento? Nós todos sabemos que é importante mantermos nossos gastos pessoais alinhados à nossa receita total. Então, quando ouvimos alguém falar sobre finanças do governo em termos que nos lembram dos nossos próprios gastos, isso toca em um ponto que é familiar para nós. Passa uma sensação familiar, caseira.

Todos nós já testemunhamos isso. Em anúncios de campanha e nas prefeituras de todos os Estados Unidos, os políticos apontam para o pequeno empresário ou para a garçonete trabalhadora, exibindo-os como exemplos brilhantes do rosto do orçamento responsável. Mostram empatia pelas lutas dos americanos comuns, lembrando-nos que todos sabemos como é se sentar à mesa da cozinha e bater o talão de cheques da família. E então, na esperança de provocar a indignação da multidão, eles viram a conversa e apontam-na para o governo federal, dizendo para nós que os livros contábeis do Tio Sam quase nunca batem, porque fazer gastos irresponsáveis se tornou um modo de vida em Washington, DC.

Esse tipo de história reverbera em nós porque sua linguagem é muito familiar. Sabemos que devemos viver dentro de nossas possibilidades e organizar nossas finanças para que não gastemos mais do que ganhamos. Sabemos que precisamos fazer economias para o futuro e que devemos ser extremamente cuidadosos se formos pedir empréstimo. Fazer dívidas demais pode nos levar à falência, à execução hipotecária e até à prisão.

Sabemos que indivíduos podem ficar sem dinheiro, e já vimos empresas icônicas como a RadioShack e Toys "R" Us serem levadas à falência por não poderem mais pagar suas contas. Até mesmo cidades (como Detroit) e estados (como o Kansas) podem ter sérios problemas quando não conseguem arrecadar dinheiro suficiente para cobrir suas despesas. Toda família que se junta à mesa da cozinha para organizar suas contas compreende essa realidade. O que elas não entendem é por que o governo federal (o Tio Sam) é diferente. Para entender o porquê, vamos direto ao cerne da TMM.

EMISSORES VERSUS USUÁRIOS DE MOEDAS

A TMM usa como ponto de partida um fato simples e inquestionável: nossa moeda nacional, o dólar americano, vem do governo americano, e não pode vir de nenhum outro lugar — ao menos não legalmente. Tanto o departamento do Tesouro Americano quanto seu agente fiscal, o Federal Reserve (o Sistema de Reserva Federal estadunidense), têm autoridade para emiti-lo. Isso inclui cunhar as moedas que vão para seu bolso, imprimir as notas que estão em sua carteira ou criar dólares digitais, conhecidos como reservas, que existem apenas como lançamentos eletrônicos nos balanços dos bancos. O Tesouro fabrica as moedas e o Federal Reserve cria o resto. Uma vez que você contemporize o significado dessa realidade, será capaz de desfazer muitos dos mitos acerca do déficit por conta própria.

Apesar de você não ter parado para pensar muito sobre isso antes, algo dentro de você provavelmente já compreende essa verdade básica. O que quero dizer é: pense sobre isso. *Você* pode criar dólares americanos? Claro, você pode *ganhar*, mas você pode fabricar o dinheiro? Talvez, com equipamentos de impressão de alta tecnologia você possa montar uma oficina no seu porão e produzir algo que se pareça muito com o dólar americano. Ou talvez você possa invadir o computador do Federal Reserve e digitar alguns dólares. Mas ambos sabemos que você acabará vestindo um macacão laranja se for pego tentando falsificar a moeda. Isso porque a Constituição americana garante ao governo federal o direito exclusivo de emitir a moeda[1]. Como afirma o Federal Reserve Bank de St. Louis, o governo americano é "o único fabricante de dólares".[2]

O termo *monopólio* se refere, obviamente, a um mercado no qual só há um fornecedor de dado produto. Já que o governo federal é o *único* fabricante do dólar americano, nós podemos pensar nele como se tivesse um monopólio sobre o próprio dólar. É como se ele tivesse recebido um super direito de autor (que nunca expira) sobre a capacidade de fazer cópias adicionais do dólar. É um poder exclusivo, articulado pelos nossos fundadores. Não é algo que famílias, empresas ou governos estaduais e municipais possam fazer. Somente o governo federal pode *emitir* nossa moeda. Todo os restantes são meramente *usuários* desta. É um poder especial que deve ser exercido com muito cuidado.

Voltando para "Vila Sésamo", podemos facilmente identificar qual dos itens na Apresentação 1 é diferente dos outros.

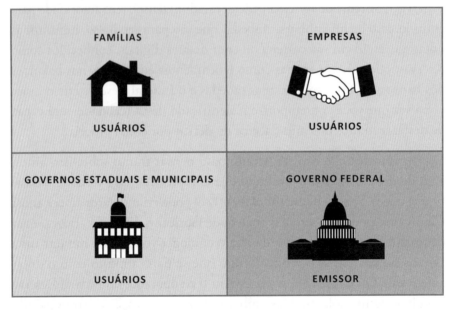

APRESENTAÇÃO 1: **Usuários de Moeda Versus Emissores de Moeda**

A distinção entre *usuários* de moedas e *emissores* de moedas está nos fundamentos da TMM. E, como veremos nas páginas seguintes, isso tem profundas implicações em alguns dos debates mais importantes sobre políticas de nossos tempos, como assistência médica, mudanças climáticas, Previdência Social, comércio internacional e desigualdades.

Para aproveitar ao máximo os poderes especiais acumulados pelo emissor, os países precisam fazer mais do que apenas conceder a si mesmos o direito exclusivo de emitir a moeda. Também é importante que eles não se comprometam a converter sua moeda em algo que pode acabar lhes faltando (como ouro ou moeda de outro país). E eles devem evitar tomar emprestado (ou seja, assumir dívidas) em uma moeda que não seja a sua própria.[3] Quando um país emite sua própria moeda não-conversível e só toma emprestado em sua própria moeda, esse país alcançou a soberania monetária.[4] Países com soberania monetária, portanto, não precisam administrar seus orçamentos da forma que uma família o faria. Eles podem usar sua capacidade de emissão de moeda para implementar políticas que almejem manter uma economia de pleno emprego.

Por vezes, perguntam-me se a TMM se aplica a países que não os Estados Unidos. Sim! Embora o dólar americano seja considerado uma moeda especial por seu status de moeda de reserva em âmbito global, muitos outros países têm poder para fazer seus sistemas monetários funcionarem para sua população. Portanto, se você estiver lendo este livro fora dos EUA, não pense que não há lições importantes aqui para você e seu país. Ao contrário, a TMM pode ser usada para descrever e melhorar as escolhas de políticas para *qualquer* país com um grau alto de soberania monetária — os EUA, o Japão, o Reino Unido, a Austrália, o Canadá e muitos outros. E, como veremos no Capítulo 5, a TMM também oferece insights para países com pouca, ou mesmo sem, soberania monetária — nações como o Panamá, a Tunísia, a Grécia, a Venezuela e muitas outras.

A TMM nos ajuda a enxergar a razão pela qual países que fixaram suas taxas de câmbio, como a Argentina fez até 2001; que assumem dívidas em moeda estrangeira, como fez a Venezuela; minam sua soberania monetária e sujeitam-se a certos tipos de limitações enfrentadas por outros usuários de moedas, como a Itália, a Grécia e outros países da zona do euro. Quando países com pouca ou nenhuma soberania monetária falham em priorizar a disciplina em seus orçamentos, eles podem enfrentar dívidas insustentáveis, da mesma forma como uma família pode se endividar. Em contraste, os Estados Unidos nunca precisam se preocupar em ficar sem dinheiro. Eles sempre podem pagar as contas, mesmo as mais altas. Os EUA não podem acabar como a Grécia, que abdicou de sua soberania monetária quando parou de emitir o dracma para passar a usar o euro. Os Estados Unidos não são dependentes da China (e de ninguém mais) para se financiar. E, mais importante ainda, ter soberania monetária significa que um país pode priorizar a segurança e o bem-estar de seu povo sem precisar se preocupar em como pagar por isso.

O DISCURSO INVERTIDO DE THATCHER: (TE)G

Em um pronunciamento de 1983, que hoje é famoso, a primeira-ministra britânica Margaret Thatcher declarou que "o estado não tem fonte de dinheiro que não o dinheiro que as pessoas ganham. Se o estado deseja gastar mais, ele só pode fazê-lo se tomar emprestado as suas economias ou se tributá-lo ainda mais".[5] Esse foi o jeito da Thatcher de dizer que as finanças do governo eram limitadas da mesma forma que nossas finanças pessoais. Para gastar mais, o governo precisaria levantar o dinheiro. "Sabemos que não existe dinheiro público", ela acrescentou. "Só existe dinheiro do contribuinte." Se o povo britânico quisesse mais de seu governo, teria que pagar a conta por isso.

Foi um erro ingênuo, ou uma afirmação cuidadosamente preparada para desencorajar o povo britânico de demandar mais de seu governo? Não tenho certeza. E independentemente de seus motivos, a fala de Thatcher manteve o poder de emissão de moeda do estado oculto. Mais de três décadas depois, líderes políticos em países emissores de suas próprias moedas como o Reino Unido e os Estados Unidos ainda falam como se nós, os pagadores de impostos, fôssemos a fonte última do dinheiro do governo. Como a ex-primeira-ministra britânica Theresa May disse mais recentemente, o governo não possui uma "árvore mágica de dinheiro"[6]. A menos que eles peguem mais do *nosso* dinheiro, nos dizem, o governo não pode bancar um aumento de investimento nos programas existentes, e menos ainda financiar novos projetos mais ambiciosos.

Para a maioria de nós, a ideia de que o governo deve tributar mais para gastar mais provavelmente parece razoável. E nossos políticos sabem disso. Eles também sabem que não queremos ver nossos impostos subirem, então, tentando descobrir como ganhar votos, eles se enrolam até dar nó, prometendo fazer grandes coisas sem pedir à maioria que pague mais impostos. Por exemplo, Donald Trump prometeu ao povo americano que o México pagaria por seu muro na fronteira com esse país, enquanto os democratas insistiam que bilionários e bancos de Wall Street poderiam pagar a conta de muitos de seus ambiciosos programas. O dinheiro tem que vir de *algum lugar*, certo? Na verdade, estamos interpretando tudo de trás para frente. Mas antes de chegarmos a isso, vamos repassar a interpretação convencional, e então será mais fácil contrastar essa forma de pensar às avessas com o modo como as coisas realmente funcionam.

Voltemos ao fato de que as finanças que melhor entendemos são as nossas próprias, e de que sabemos que precisamos ganhar dinheiro antes de poder gastar. Assim, a ideia de que o governo federal precisa arrecadar recursos para gastar parece intuitivamente correta. A partir de nossas próprias experiências, sabemos que não podemos sair da loja de departamentos com um novo par de sapatos ou sair da concessionária dirigindo um veículo esportivo novo, se não conseguirmos financiamento para eles primeiro. De acordo com o pensamento convencional, o governo se apoia em duas formas de financiamento: ele pode aumentar seus impostos, ou ele pode tomar emprestado as suas poupanças. Os impostos permitem ao governo arrecadar dinheiro daqueles que o tem, o que significa que impostos são usados como forma de se transferir dinheiro para o governo federal. E se o governo quiser gastar mais do que arrecada através dos impostos, ele pode levantar fundos adicionais tomando emprestado daqueles que poupam. Em ambos os casos, a ideia é que o governo precisa arrumar o dinheiro *antes* de poder gastá-lo. Essa é a forma que nos foi ensinada e pela qual grande parte de nós compreende as operações fiscais do governo. Taxar e fazer empréstimos vêm primeiro. Gastar vem por último. Um mnemônico útil para o modo de pensar convencional é (TE)G: Tributos e Empréstimos precedem os Gastos.

Como fomos treinados para acreditar que, como cada um de nós, o governo precisa "encontrar o dinheiro" antes que possa gastá-lo, todos ficam obcecados com a pergunta: Como que você irá pagar por isso? Nós fomos condicionados a esperar que nossos políticos eleitos ofereçam um mapa que indique a fonte de cada novo dólar que eles desejam gastar. Até os candidatos mais progressistas temem que serão comidos vivos se suas propostas aumentarem o déficit, então tomar emprestado quase nunca é uma opção. Para mostrar que suas políticas não aumentarão o déficit, eles caçam formas de espremer e arrancar mais receita de impostos da economia, costumeiramente mirando naqueles que podem pagar mais com mais facilidade. Por exemplo, o senador Bernie Sanders insiste que um imposto sobre transações financeiras cobrirá o custo de tornar as faculdades e universidades públicas gratuitas, e a senadora Elizabeth Warren afirma que um imposto de 2% sobre fortunas acima de US$ 50 milhões levantaria recursos suficientes para acabar com a dívida estudantil de 95% dos alunos e também bancaria um sistema universal de creches e faculdades gratuitas. Em ambos os casos, o objetivo é demonstrar que tudo pode ser pago tributando as pessoas mais ricas dos Estados Unidos. Como veremos nas próximas páginas, sempre há espaço para financiar novos programas sem a necessidade de se aumentar impostos. Aumentar o déficit não deveria ser algo visto como tabu. Impostos são extremamente importantes, mas não há razão para se pensar que o governo precisa aumentar os tributos se desejar investir na nossa economia.

Na prática, o governo federal quase nunca arrecada impostos suficientes para cobrir todos os seus gastos. Gastos deficitários são a norma, e todos em Washington, DC, sabem disso. E os eleitores também. É por isso que tantos políticos reclamam, dizendo que o Congresso precisa colocar sua casa fiscal em ordem antes que seja tarde demais. Para demonstrar seu compromisso com o bom e velho orçamento doméstico, os democratas, liderados pela presidente Nancy Pelosi (D-CA), restabeleceram uma regra orçamentária conhecida como "pay as you go", o PAYGO, em 2018. Com o PAYGO em vigor, fazer empréstimos para financiar novas despesas se tornou algo tecnicamente fora dos limites. Isso reduz o (TE)G para somente

T(G) — tributar e gastar —, e, assim, os legisladores sofrem pressão intensa para cobrir qualquer novo gasto proposto com receitas de novos tributos.[7]

Essa é uma boa estratégia política? É uma boa prática econômica? Certamente *soa* como uma abordagem saudável para o orçamento. Mas está enraizada em uma compreensão falha de como o governo federal realmente gasta. Na verdade, a abordagem interpreta tudo de trás para frente.

COMO O EMISSOR DE MOEDA GASTA: G(TE)

Por ser a forma predominante de pensar, a maioria de nós provavelmente tem uma versão do modelo (TE)G gravada na mente. Mesmo que nunca tenhamos passado um momento sequer pensando sobre os funcionamentos internos do orçamento federal, nós provavelmente acreditamos que o governo precisa do *nosso* dinheiro para ajudar a pagar as contas. Nós até podemos nutrir um sentimento de patriotismo quando pagamos a guia do IR para a Receita em abril, orgulhosos de termos feito nossa parte para construir habitação para quem tem baixa renda, dar um salário aos militares, homens e mulheres, e apoiar fazendeiros com subsídios generosos. Odeio ser estraga-prazeres, mas não é o que realmente acontece. Se não estiverem sentados, é melhor puxar uma cadeira. Prontos? Na verdade, seus impostos não pagam nada, ao menos em nível federal. O governo não precisa do *nosso* dinheiro. Nós precisamos do dinheiro *deles*. Nós entendemos tudo de trás para frente!

Quando me deparei pela primeira vez com essa maneira de entender a forma como impostos e gastos funcionam na realidade prática, eu recuei. Era 1997; eu estava no meio de um programa de doutorado em economia quando alguém compartilhou comigo um livrinho chamado "Soft Currency Economics"[8]. O autor do livro, Warren Mosler, era um investidor de sucesso em Wall Street, não um economista, e seu livro era sobre como os economistas profissionais estavam interpretando quase tudo de forma errada. Eu o li, mas aquilo não me convenceu.

De acordo com Mosler, o governo gasta primeiro, e depois recolhe tributos e faz empréstimos. Essa sequência vira o discurso de Thatcher completamente do avesso, reordenando o mnemônico, que fica G(TE): gastar antes de tributar e fazer empréstimos. Segundo o raciocínio de Mosler, o governo não sai em busca de alguém para conseguir o "TE", ele somente gasta sua moeda na realidade física. Warren viu coisas que a maioria dos economistas estava perdendo de vista. Para muitos de nós, suas ideias inicialmente soavam completamente originais, mas grande parte delas não era. Eram novas apenas para nós. Elas podiam ser encontradas (e nós as encontramos) em textos canônicos, como "A Riqueza das Nações", de Adam Smith, ou no clássico de dois volumes de John Maynard Keynes, "Tratado sobre o Dinheiro". Antropólogos, sociólogos, filósofos e outros chegaram há muito tempo a conclusões semelhantes sobre a natureza do dinheiro e sobre o papel dos impostos, mas a maioria dos profissionais de economia se tornou obsoleta.

Mosler é considerado o pai da TMM porque ele trouxe essa ideia para um pequeno grupo de economistas na década de 1990. Ele diz que não sabe como essa compreensão sobre tributação e gastos governamentais o acometeu, mas que a ficha simplesmente caiu depois de anos de experiência de trabalho em mercados financeiros. Ele estava acostumado a pensar em termos de débitos e créditos porque vinha negociando instrumentos financeiros e acompanhando os fundos serem transferidos entre contas bancárias. Um dia, ele começou a pensar de onde todos aqueles dólares deveriam ter vindo originalmente. Ocorreu-lhe que, antes que o governo pudesse subtrair (debitar) qualquer dólar de nós, ele precisava primeiro os ter adicionado (creditado). Ele concluiu que os gastos do governo deveriam ter vindo primeiro, pois, do contrário, onde teríamos conseguido o dinheiro necessário para pagar os impostos? Embora essa lógica parecesse infalível, eu tinha certeza que a história de Mosler não poderia estar certa. Como? Virou de cabeça para baixo tudo que eu achava que entendia sobre dinheiro, impostos e gastos do governo. Eu havia estudado economia com economistas de renome mundial na Universidade de Cambridge, e nenhum dos meus professores jamais havia dito algo assim. De fato, todos os modelos que me haviam ensinado eram compatíveis com o discurso de

Thatcher de que governos precisam tributar ou tomar emprestado antes de gastar.[9] Seria possível que quase todo mundo estivesse vendo aquilo de forma errada? Eu tinha que descobrir.

Em 1998, eu visitei Mosler em sua casa em West Palm Beach, na Flórida, onde passei horas escutando suas explicações sobre sua forma de pensar. Ele começou se referindo ao dólar americano como "um monopólio público simples". Como o governo americano é a única fonte dos dólares, seria bobeira pensar no Tio Sam como alguém que precisasse obter seu dinheiro de nós. Obviamente, o emissor do dólar pode ter todos os dólares que deseje.

— O governo não quer dólares — Mosler explicou. — Ele quer outra coisa.

— O que ele quer? — eu perguntei.

— Ele quer se *provisionar* — ele respondeu. — O imposto não está lá para levantar dinheiro. Está lá para manter as pessoas trabalhando e produzindo coisas para o governo.

— Que tipos de coisas? — eu perguntei.

— Um exército, um sistema judiciário, parques públicos, hospitais, estradas, pontes. Esse tipo de coisa.

Para levar a população a executar todo o trabalho, o governo estabelece impostos, taxas, multas e outras obrigações. O imposto está lá para criar uma demanda pela moeda do governo. Antes que qualquer um possa pagar o imposto, a pessoa tem que trabalhar para ganhar a moeda.

Minha cabeça girou. E então ele me contou uma história.

Mosler tinha uma bela propriedade à beira-mar com piscina e todos os luxos que alguém poderia querer da vida. Ele também tinha uma família, com dois filhos pequenos. Para ilustrar seu ponto de vista, ele me contou uma história sobre uma vez em que se sentou com seus filhos e disse a eles que queria que fizessem sua parte para ajudar a manter o lugar limpo e habitável. Ele queria que a grama fosse cortada, as camas arrumadas, que a louça fosse lavada, e também os carros, e assim por diante. Para compensá-los pelo tempo que dedicassem, ele lhes ofereceu pagamento pelo trabalho. Três cartões de visita, se eles arrumassem suas camas. Cinco para lavarem a louça. Dez cartões se lavassem um carro e vinte e cinco para cuidarem do jardim. Dias se tornaram semanas, e a casa se tornou cada vez mais inviável. A grama cresceu até o joelho. Pratos foram ficando empilhados na pia, e os carros estavam cobertos de areia e sal da brisa do oceano. "Por que vocês não estão trabalhando nada?", Mosler perguntou às crianças. "Eu disse que pagaria a vocês com meus cartões de visita se vocês se dedicassem." "Paaaaai!", as crianças entoaram. "Por que nós trabalharíamos para ganhar cartões de visita? Eles não valem nada!"

Foi aí que Mosler teve sua epifania. Seus filhos não haviam feito nenhum trabalho de casa porque eles não *precisavam* de seus cartões. Então, ele disse a eles que ele não exigiria que fizessem trabalho nenhum. Tudo que ele queria era um pagamento de trinta cartões de visita seus, a cada mês. Se falhassem e não pagassem, perderiam seus privilégios. Perderiam a TV, o direito de usar a piscina, os passeios no shopping. Foi um lance de gênio. Mosler havia imposto um "tributo" que somente seria pago com seu papel com monograma impresso. Agora, seus cartões tinham valor.

Em questão de horas, as crianças estavam correndo de um lado para outro, arrumando seus quartos, a cozinha, o jardim. O que antes havia sido um cartão de visita sem valor era agora subitamente percebido como um objeto valioso. Mas por quê? Como Mosler havia conseguido fazer com que seus filhos fizessem todo aquele trabalho sem forçá-los a tal? Simples. Ele os colocou em uma situação em que eles precisavam ganhar sua "moeda" para não entrar em encrencas. A cada vez que seus filhos faziam um pouco do trabalho, eles ganhavam um recibo (alguns cartões de visita) pela tarefa que haviam executado. No final do mês, as crianças devolviam os cartões para o pai. Como Mosler explicou, ele não precisava recolher seus próprios cartões de volta com os filhos. "O que eu iria querer fazer com minha própria 'moeda'?", ele perguntou. Ele já havia conseguido o que queria com o acordo — a casa arrumada! Então por que ele se dava ao trabalho de tributar os cartões dos filhos? Por que não os deixava com eles como um presente? A razão era simples: Mosler recolhia os cartões para que os filhos precisassem ganhá-los novamente no mês seguinte. Ele havia inventado um círculo virtuoso de provisionamento! *Virtuoso*, nesse caso, significava, de forma positiva, que ele continuava a se repetir.

Mosler usou essa história para ilustrar alguns princípios básicos sobre a forma com que emissores de moedas soberanas realmente se financiam. Os impostos estão lá para criar uma demanda pela moeda do governo. O governo pode definir a moeda em termos de sua própria e única unidade de contabilidade — um dólar, um iene, uma libra, um peso — e aí imputar valor sobre seu próprio papel que, de outra forma, não teria valor, requerendo que esse papel seja a forma de pagamento para tributos e outras obrigações. Como brinca Mosler, "Impostos transformam lixo em moeda". No fim das contas, um governo emissor de moeda quer algo real, não algo monetário. Não é o dinheiro dos nossos impostos que o governo quer. É o nosso tempo. Para nos fazer produzir coisas para o estado, o governo inventa impostos ou outros tipos de pagamentos obrigatórios. Essa não é a explicação que você encontrará na maioria dos livros de economia, que prefere uma história superficial que diz que o dinheiro foi inventado para superar as ineficiências associadas ao escambo, quando bens eram negociados sem o uso de dinheiro. Nessa história, o dinheiro é apenas um mecanismo conveniente que se desenvolveu organicamente como uma forma de tornar o comércio mais eficiente. Apesar de os estudantes aprenderem que o escambo já foi onipresente, um tipo de estado natural do ser, pesquisadores do mundo antigo encontraram pouca evidência de que as sociedades alguma vez foram organizadas com base no escambo.[10]

A TMM rejeita a narrativa anti-histórica do escambo, tomando como base um extenso corpo de estudo conhecido como Cartalismo, que mostra que impostos foram o veículo que permitiu a líderes antigos e primeiras nações-estado introduzir suas próprias moedas, que somente depois circularam como um meio de troca entre indivíduos. A partir de sua inserção, a responsabilidade fiscal gera pessoas à procura de trabalho pago (algo também conhecido como desempregados) com a moeda do governo. O governo (ou outra autoridade), então, torna reais suas moedas, proporcionando às pessoas o acesso à estas como símbolo do qual precisam para honrar suas obrigações com o estado. Obviamente, ninguém consegue pagar os impostos antes de o governo fornecer sua moeda física. Como um ponto simples de lógica, Mosler explicou que quase todos nós temos uma sequência errada na cabeça. Os contribuintes não financiaram o governo; o governo financiou os contribuintes.[11]

Aquilo começou a fazer sentido para mim, ao menos em teoria. Comecei a pensar no governo como o monopolista da moeda. O argumento de Mosler trouxe de volta memórias de infância de quando eu jogava Banco Imobiliário com a minha família. Conforme relembrei as regras do jogo, comecei a ver os paralelos ainda mais claramente. Por uma coisa especificamente: o jogo não pode começar antes que alguém seja definido como o controlador da moeda. Os jogadores não desembolsam o dinheiro para iniciar o jogo. Não podem, porque ainda não o têm. A moeda deve ser emitida antes de alguém que possa obtê-la. Após a distribuição inicial, os jogadores passam a se mover pelo tabuleiro, a comprar propriedades, pagar aluguel, vão parar na cadeia ou puxam um cartão que os instrui a pagar US$ 50 para a Receita Federal. Cada vez que dão a volta no tabuleiro, eles recebem um pagamento de US$ 200 da pessoa que controla o dinheiro. Como os jogadores são meros usuários da moeda, eles podem quebrar e efetivamente acabam falindo. O emissor, porém, nunca fica sem dinheiro. De fato, as regras oficiais[12] do jogo literalmente dizem: "O Banco *nunca 'vai à falência'*. Se o Banco ficar sem dinheiro, o Banqueiro pode emitir adicionalmente *todo dinheiro que for necessário*, escrevendo em papel comum" (grifo meu).

Pensei nessa ideia de se escrever em papel para fazer dinheiro quando levei meus próprios filhos para uma visita turística ao Escritório de Gravura e Impressão dos EUA (Bureau of Engraving and Printing) em Washington, DC. Se você nunca fez isso, eu recomendo. É algo que abrirá seus olhos. Você pode agendar uma visita no próprio site do governo: www.moneyfactory.gov. É uma operação muito mais sofisticada do que fazer dinheiro no Banco Imobiliário, "escrevendo em papel comum", mas equivale a quase isso. É um dos lugares onde o emissor de nossa moeda a fabrica.[13] Uma das primeiras coisas que eu notei foi um letreiro neon enorme, suspenso no alto do equipamento de gravação, no qual se lia: "Nós fazemos dinheiro à moda antiga. Nós o imprimimos." Todo mundo queria fotografar aquilo, mas fotos não são permitidas no passeio. A multidão se maravilhava com a visão enquanto resmas de US$ 10, US$ 20 e US$ 100 não cortadas giravam pelas máquinas. Então alguém disse o que todos estávamos pensando. "Eu queria poder fazer isso!" Infelizmente, para ficar longe dos macacões laranja, precisamos deixar a fabricação da moeda para o Escritório de Gravura e Impressão dos EUA.

Aquelas notas fazem parte do suprimento de moeda americana. Como naqueles velhos potes cheios de moedas de centavos na cômoda da sua avó, o governo também emite o dólar americano na forma de moedas físicas. Da mesma forma que o Federal Reserve se descreve como "a autoridade emissora de todas as notas do Federal Reserve", a Casa da Moeda dos EUA se descreve como "o único fabricante de moedas de valor legal na nação". Finalmente, o Federal Reserve emite dólares digitais, conhecidos como reservas bancárias.[14] Elas são criadas exclusivamente por digitação em um computador controlado pelo agente fiscal do governo, o Federal Reserve. Quando os bancos de Wall Street precisavam de trilhões de dólares para sobreviver à crise financeira de 2008, o Fed os ressuscitou sem esforço, usando nada mais do que um teclado do Banco do Federal Reserve de Nova York.

Para o cidadão mediano, pode parecer que o governo literalmente pega as notas que saem de sua impressora ou as moedas que caem de suas máquinas de cunhagem para pagar suas contas. Os noticiários da TV a cabo certamente gostam da imagem da produção em massa de dinheiro. Eles frequentemente colocam no ar uma reportagem sobre gastos governamentais enquanto corre na tela um vídeo de dólares recém-fabricados saindo da máquina de impressão. Mas as notas e moedas do Federal Reserve estão ali em grande parte para nossa conveniência. Seria um tanto quanto complicado para o governo federal pagar à Boeing por uma nova frota de jatos de guerra com uma pilha enorme de moeda física. Não é bem assim que funciona.

Em vez de usar punhados de dinheiro, como no Banco Imobiliário, o governo federal faz a maior parte de seus pagamentos da mesma forma que o sujeito contador de pontos atribui a pontuação em um jogo de bridge. Exceto que, no lugar de escrever os pontos em um cartão como o contador faz, os pagamentos são simplesmente digitados em um teclado por alguém do Federal Reserve. Deixe-me explicar.

Por exemplo, os gastos militares. Em 2019, a Câmara e o Senado aprovaram uma legislação que aumentava o orçamento militar, aprovando US$ 716 bilhões, aproximadamente US$ 80 bilhões a mais que o Congresso havia autorizado para o ano fiscal de 2018.[15] Não houve debate sobre como seria o pagamento desses gastos. Ninguém perguntou: "Onde vamos conseguir os US$ 80 bilhões a mais?" Os legisladores não aumentaram os impostos ou pediram emprestado US$ 80 bilhões extras de investidores para que o governo pudesse fazer os pagamentos adicionais. Pelo contrário, o governo se comprometeu a pagar um dinheiro que não tinha. Isso pôde ser feito devido ao poder especial do governo sobre sua moeda. Uma vez que o Congresso autorize o gasto, agências como o Departamento de Defesa recebem permissão para contratar com empresas como a Boeing, a Lockheed Martin e assim por diante. Para se abastecer de caças F-35, o Tesouro dos EUA instrui seu banco, o Federal Reserve, a realizar o pagamento em seu nome. O Fed faz isso marcando os números na conta bancária da Lockheed. O Congresso não precisa "juntar o dinheiro" para gastar. Precisa encontrar votos! Quando tiver os votos para apoiar os gastos, pode autorizá-los. O resto é só contabilidade. À medida que os cheques saem, o Federal Reserve libera os pagamentos creditando a conta dos vendedores com o número determinado de dólares digitais, conhecidos como reservas bancárias.[16] É por isso que a TMM por vezes descreve o Fed como o contador de pontos do dólar. O contador não fica sem pontos para marcar no painel de pontuação.

Pense agora em de onde vêm os pontos quando você vai a um jogo de basquete ou joga baralho. Eles não vêm de lugar algum! Eles só passam a existir pelas mãos da pessoa que está fazendo os registros de pontuação. Quando um jogador de basquete acerta a cesta com um lançamento de trás da linha dos três pontos, três pontos são adicionados ao total da pontuação do time. O sujeito que conta os pontos enfia a mão em um pote para pegar esses três pontos? É claro que não! O contador na verdade não *possui* nenhum ponto. Para registrar a cesta de três pontos, simplesmente muda o marcador para um número mais alto, e o novo número pisca no painel de pontos. Agora, suponha que o jogo seja revisado e que os juízes determinem que o relógio já havia encerrado o tempo. Os pontos são retirados. Mas note que a arena de jogo não recolhe nada de volta de verdade. É só adição e subtração de pontos, da mesma forma que o governo federal adiciona e subtrai dólares da economia quando gasta e tributa. O Tio Sam não *perde* nenhum dólar quando ele gasta, e ele não *ganha* nenhum dólar quando tributa. É por isso que o ex-presidente do Fed, Ben Bernanke, refutou a alegação de que o dinheiro dos contribuintes estava sendo usado para resgatar os bancos depois da crise financeira. "Os bancos têm contas no Fed", ele explicou. "Nós só usamos o computador para contabilizar o tamanho das contas." Os pagadores de impostos não resgataram Wall Street. O contador de pontos o fez.

A fala de Bernanke pode trazer à mente de alguns de vocês o popular programa de televisão *Whose Line Is It Anyway?* O host, Drew Carey, introduz cada episódio dizendo: "Um programa onde tudo é inventado e os pontos não importam". Era uma comédia de improviso, então tudo era realmente feito ali mesmo. Ao longo do programa, Carey distribuía pontos imaginários com base em quanto ele e a plateia se divertiam com outros comediantes. Ninguém podia fazer nada com eles, então realmente eram irrelevantes. Os pontos do governo, porém, de fato *importam*.

Os pontos importam por um detalhe: você e eu precisamos de dinheiro para pagar nossos impostos. E pelo detalhe de que impostos (e a morte) são um fato na vida do qual não se escapa, a moeda governamental ocupa um lugar central em nossas vidas econômicas. Uma vez que é introduzida uma moeda baseada nos tributos, como o dólar dos EUA, geralmente se torna a unidade-padrão dentro da qual todo o resto é precificado. Entre em qualquer restaurante ou shopping center dos Estados Unidos e você irá se deparar com um vendedor que está tentando ganhar seus dólares. Entre em um tribunal e você encontrará um juiz que distribui penas em dólares americanos. Logue no seu computador para encomendar uma pizza nos EUA, e você precisará pagar em dólares. Precisamos dos dólares, e nós os obtemos do único lugar de onde podem vir, do emissor de moeda. A pizzaria e a loja de departamentos também precisam da moeda, porque, em última instância, eles também terão que pagar impostos. Até mesmo governos estaduais e municipais se apoiam neles porque precisarão remunerar professores, juízes, bombeiros e policiais, e esses todos esperam receber em dólares. O único sujeito diferente é o contador de pontos. O Tio Sam não precisa de dólares. Quando ele coleta impostos de nós, ele só está subtraindo alguns dos nossos dólares. Ele não pega nenhum dólar de verdade.

É chocante, eu sei. Esse é o nosso primeiro momento copernicano. É por isso que um jornalista do Financial Times descreveu a TMM como um autoestereograma.[17] O autoestereograma é aquela imagem bidimensional que parece não ter nada desenhado, até que você focalize seu olhar da maneira certa e um desenho por trás da imagem entre na sua visão, revelando uma intrincada figura 3D, seja de uma paisagem no deserto ou de um grande tubarão branco. Uma vez que você consiga ver que a capacidade do governo de gastar não gira em torno do dinheiro do contribuinte, todo seu paradigma fiscal muda. Ou, como colocou aquele jornalista, "uma vez que você entenda, você nunca mais verá as coisas do mesmo jeito novamente".

POR QUE SE DAR AO TRABALHO DE COBRAR IMPOSTOS E FAZER EMPRÉSTIMOS?

Se o governo federal realmente pode fabricar todos os dólares que deseja, então por que se incomodar com a taxação de impostos ou com a tomada de empréstimos? Por que não eliminar completamente os impostos? Todo mundo iria comemorar! E por que tomar um dólar emprestado, se você não precisa dele? Poderíamos eliminar a dívida federal se parássemos de fazer empréstimos. Então, por que não pular totalmente o (TE) e gastar o dinheiro para resolver nossos problemas? Estas são questões importantes que surgem quando se percebe que os governos emissores de moeda não precisam se apoiar em impostos ou empréstimos para gastar.

Em 2018, Amy, uma garota de treze anos de idade de Bristol, na Inglaterra, ligou para os hosts de um podcast popular conhecido como *Planet Money* e deu a seguinte sugestão:

NÃO PENSE EM ORÇAMENTO DOMÉSTICO

AMY: Eu tive essa ideia porque eles imprimem dinheiro; ao invés de dar para o banco e fazer a inflação subir, eles poderiam usar apenas para os serviços públicos. E seria muito mais fácil. E seria, em geral, muito bom, porque tem muito problema com, tipo... Não ter imposto suficiente para bancar todas as escolas e todos os hospitais. Então eu pensei que isso poderia ajudar. Então obrigada por me escutarem. Certo, valeu. Tchau.

Como diz o Salmo 8, versículo 2: "Tu ordenaste força da boca das crianças e dos que mamam". A Amy vê problemas que precisam de uma solução. Escolas subfinanciadas e um Serviço de Saúde Nacional que precisa desesperadamente de mais investimento público. Ela também testemunhou o Banco da Inglaterra ativando sua prensa digital para fabricar £ 435 bilhões do nada, como parte de um programa de flexibilização quantitativa em seguida à crise financeira. Para a Amy, a solução é óbvia — esqueçam dos impostos e acionem a prensa de dinheiro para a população!

Os anfitriões do podcast ficaram intrigados, e me abordaram com a seguinte questão: O governo pode criar dinheiro. Então, qual é a função dos impostos? Por que o governo precisa tomar meu dinheiro através dos tributos?[18] Eu disse ao pessoal do *Planet Money* que a TMM reconhece pelo menos quatro razões importantes para tributação.[19] Nós já citamos a primeira. Os impostos permitem que os governos provisionem a si mesmos sem uso de força explícita. Se o governo britânico parasse de exigir que a população do país cumprisse suas obrigações fiscais usando libras esterlinas, ele rapidamente minaria seus poderes de provisionamento. Menos pessoas precisariam ganhar libras, e o governo teria dificuldade em encontrar professores, enfermeiros etc. que estivessem dispostos a trabalhar e produzir em troca de sua própria moeda.

A Amy tocou na segunda razão importante para taxação — a inflação. Se o governo fizesse o que Amy sugeriu, meramente gastar pilhas de dinheiro novo sem tributar nada da população, causaria um problema de inflação. Como veremos no próximo capítulo, não é a *impressão* do dinheiro em si que importa, mas a forma de se gastar. Se o governo deseja ampliar os gastos em saúde e educação, ele *pode* precisar retirar um pouco do nosso poder de consumo para prevenir que seu próprio dispêndio mais generoso aumente os preços. Uma forma de se fazer isso seria coordenar maiores gastos públicos com impostos mais altos, de forma que nós sejamos forçados a fazer alguns cortes, o que, por sua vez, criaria algum espaço para gastos governamentais adicionais.[20] Isso pode ajudar a gerenciar pressões inflacionárias, equilibrando a tensão na capacidade produtiva real da nossa economia. Mais do que qualquer outra escola de pensamento econômico, a TMM enfatiza a importância de decidir *quando* os aumentos fiscais devem acompanhar novos gastos e quais impostos serão mais eficazes para a restrição de pressões inflacionárias. Aumentar os impostos quando não é necessário pode prejudicar o estímulo fiscal, e aumentar o tipo de imposto errado pode deixar uma nação vulnerável ao crescimento da inflação. Veremos o porquê no próximo capítulo.

Terceiro ponto: tributos são uma ferramenta poderosa para os governos alterarem a distribuição de renda e riqueza. Cortes nos impostos, como aqueles aprovados pelos Republicanos em 2017, podem ser estruturados para aumentar o abismo entre pobres e ricos, entregando ganhos lucrativos de mão beijada para grandes corporações e para as pessoas mais ricas da nossa sociedade. Hoje, há mais desigualdade de renda e riqueza do que em quase qualquer outro momento da história americana. Por volta de metade de toda nova renda vai para o 1% do topo, e apenas três famílias possuem mais riqueza do que a metade mais pobre da população de todo o país. Essa concentração de riqueza e renda tão extrema cria problemas tanto sociais quanto econômicos. Isso ocorre por uma razão: é difícil manter a economia forte quando a maior parte da renda vai para a menor camada da população no topo da pirâmide, que acumula (mais do que gasta) muito de seu lucro. O capitalismo funciona através de vendas. É necessário uma distribuição justa de renda para que os negócios tenham clientes suficientes para permanecerem lucrativos, para assim poderem gerar empregos suficientes, o que manterá a economia funcionando bem. A concentração de riqueza extrema também tem um efeito corrosivo em nosso processo político e nossa democracia. Assim como os cortes de impostos podem ser usados para exacerbar as desigualdades, os governos podem exercer sua autoridade tributária para reverter essas tendências perigosas. Intensificar as medidas regulatórias, eliminar brechas tributárias, elevar taxas e estabelecer novas formas de tributação são ferramentas importantes que permitem que o governo alcance uma distribuição de renda e riqueza mais sustentável. Assim, a TMM vê os impostos como um meio importante de auxiliar a corrigir décadas de estagnação e de crescimento da desigualdade.

Por fim, os governos podem usar tributos para encorajar ou desencorajar certos comportamentos. Para melhorar a saúde pública, lutar contra as mudanças climáticas ou refrear a especulação de alto risco nos mercados financeiros, os governos podem lançar um imposto sobre o cigarro, um tributo sobre emissões de carbono ou taxar transações financeiras. Os economistas geralmente se referem a esses tributos como "impostos do pecado", porque eles são usados para impedir que as pessoas se envolvam em atividades danosas. A TMM reconhece que, em cada caso, o propósito dos impostos do pecado é desencorajar comportamentos indesejáveis — fumar, poluir ou especular excessivamente — e não levantar dinheiro para o emissor da moeda soberana. Na verdade, quanto mais efetivo for o tributo em desencorajar tais comportamentos, *menos* o governo acabará recolhendo, uma vez que o imposto só deverá ser pago se os comportamentos ruins continuarem. Se um imposto sobre o carbono for bem sucedido em refrear todas as emissões de CO_2, ele não irá mais gerar retorno, mas terá servido ao seu propósito verdadeiro. Por outro lado, os tributos podem ser usados para incentivar determinados comportamentos. Por exemplo, o governo pode oferecer incentivos fiscais para encorajar a população a comprar equipamentos energeticamente eficientes ou veículos elétricos.

Por todas essas razões, os impostos são ferramentas indispensáveis a serviço das políticas, que não podem ser abandonadas simplesmente porque o governo pode fabricar sua própria moeda. No entanto, a Amy estava de fato se aproximando de algo importante. A maior parte dos governos, incluindo o dela, gasta mais do que tributa, rotineiramente. E faz isso, ano após ano, sem criar um problema de inflação. Com efeito, muitas das maiores economias do mundo estão ativamente tentando fazer com que suas taxas de inflação *subam*. Então, por que não gastar mais, sem se preocupar em elevar os impostos? E qual é a utilidade de fazer empréstimos em sua própria moeda, se é possível fabricá-la? Vamos nos voltar a essas questões logo a seguir.

O PAPEL DO EMPRÉSTIMO NA TMM

Até o momento em que eu mudei minha forma de pensar do modelo de orçamento doméstico (TE)G para o modelo do emissor de moeda G(TE), eu não conseguia ver claramente com que os tributos e empréstimos realmente lidavam. Ligar esse interruptor mental não foi fácil, e eu a princípio resisti à reorganização de Mosler. Eu sentia que algo não *parecia* certo. Mas aquilo atormentava minha mente. Eu estava me preparando para me tornar uma economista profissional, e achava mais importante entender aquilo em definitivo do que me apegar ao modo de pensar convencional, simplesmente porque os livros haviam decidido que o contribuinte estava no centro do universo monetário. Então, eu saí em busca de respostas.

Eu passei meses pesquisando os detalhes intrincados das finanças governamentais. Eu me debrucei sobre documentos oficiais do Federal Reserve e do Tesouro Americano, li incontáveis livros e artigos sobre operações monetárias e conversei com diversas pessoas de dentro do governo. E então eu comecei a escrever. Organizei meus pensamentos em torno de uma única pergunta: *impostos e títulos financiam os gastos do governo?* Tudo o que me haviam ensinado sugeria que isso era um exercício inútil. Todo mundo "sabia" que o propósito de tributar e fazer empréstimos era financiar os gastos governamentais. Pensei naquela citação de Mark Twain: "Não é o que você sabe que te coloca em apuros. É o que você acha que sabe — e que não é bem assim" — e decidi manter minha mente aberta. E, conforme comecei a escrever, eu honestamente não tinha ideia de onde iria chegar. Eu me comprometi a deixar a pesquisa ser meu guia. Em 1998, eu publiquei um rascunho inicial do meu artigo; e, dois anos depois, uma versão mais apurada se tornou minha primeira publicação acadêmica revisada por pares.[21] A resposta à pergunta que fiz foi *não*.

Não é fácil ver como tudo isso funciona. Aliás, é impossível separar as operações monetárias do governo em um período de tempo específico. Em um dado dia aleatório há, literalmente, milhões de peças se movendo. Ao longo do ano, o Federal Reserve lida com trilhões de dólares em pagamentos do Tesouro Americano. A cada mês, milhões de famílias e empresas emitem cheques para o Tio Sam, e esses pagamentos são compensados entre

NÃO PENSE EM ORÇAMENTO DOMÉSTICO

bancos comerciais e o Federal Reserve.[22] O Tesouro, o Federal Reserve e os *dealers* primários coordenam quando leiloar os títulos do Tesouro, que combinações de vencimentos oferecer e qual os totais a disponibilizar em cada leilão. Tudo é como um balé aquático perfeitamente coreografado. Uma máquina de moto perpétuo, liquidando impostos e gastos federais e tomando emprestado em uníssono perfeito.

A olho nu, pode parecer que o governo esteja recolhendo dinheiro dos contribuintes e compradores de títulos porque precisa desses dólares para pagar suas contas. Vendo dessa forma, o objetivo dos impostos e títulos é financiar os gastos do governo. É assim que Thatcher queria que víssemos: através de um olhar doméstico, como acontece numa casa. A TMM analisa o que acontece pelo olhar do emissor da moeda. O governo não precisa do nosso dinheiro. Da mesma forma que a razão da tributação não é fornecer ao governo sua própria moeda, o objetivo de leiloar títulos do Tesouro — ou seja, fazer empréstimos — não é arrecadar dólares para o Tio Sam.

Então por que o governo precisa fazer empréstimos? A resposta é, não, o governo não precisa tomar emprestado. Ele *escolhe* oferecer às pessoas um tipo diferente de dinheiro do governo, em que se paga um pouco de juros. Em outras palavras, os títulos do Tesouro Americano são apenas dólares que rendem juros. Para comprar um pouco desses dólares que dão juros do governo, você primeiramente precisa da moeda do governo. Nós podemos chamar o primeiro de "dólar amarelo" e o segundo de "dólar verde". Quando o governo gasta mais do que nos tributa, nós dizemos que o governo produziu um déficit fiscal. Esse déficit aumenta a oferta de dólares verdes. Por mais de cem anos, o governo vem escolhendo vender títulos do Tesouro Americano em uma quantia equivalente ao seu déficit nos gastos. Então, se o governo gasta US$ 5 trilhões mas somente tributa US$ 4 trilhões, ele venderá o equivalente a US$ 1 trilhão de títulos do Tesouro. O que chamamos de empréstimos do governo nada mais é do que o Tio Sam permitir que as pessoas transformem dólares verdes em dólares amarelos que rendem juros.

A TMM mostra por que é um erro olhar para os empréstimos do governo pela visão do orçamento doméstico. Se você e eu tomamos dinheiro emprestado para comprar uma casa ou um carro, nós não vamos a um banco,

23

entregamos uma pilha de dinheiro ao gerente e depois pedimos emprestado esse dinheiro para comprar a casa ou o carro. A razão pela qual tomamos dinheiro emprestado é porque não o temos. Ao contrário de uma família, o governo primeiro gasta, fornecendo os dólares que podem ser usados na compra de títulos do governo. Como poderemos ver no capítulo 3, ele faz isso para dar suporte às taxas de juros, e não para financiar despesas.

FICAR DENTRO DOS LIMITES

Uma vez que você internalize a diferença entre o emissor de moeda e o usuário, você poderá começar a enxergar, através de um novo olhar, por que muito do nosso discurso político está errado. Livre das restrições limitadoras de um mundo do padrão-ouro, os EUA agora desfrutam da flexibilidade de operar seu orçamento, não como uma família o faz, mas a serviço real de sua população.

Para chegar lá, precisamos nos livrar do discurso da Thatcher. Isso significa derrubar o mito de que o governo não tem dinheiro próprio e que precisa, no fim das contas, obter o dinheiro que necessita de nós, os contribuintes. A TMM mostra que é exatamente o contrário. Em termos puramente financeiros, nosso governo pode adquirir seja o que for que estiver à venda em sua própria moeda. Ele nunca irá "ficar sem dinheiro", como o Presidente Obama uma vez afirmou.

Isso significa que não há limites? Podemos sair imprimindo dinheiro até gerar toda nossa prosperidade? Absolutamente não! A TMM não é um "oba--oba", uma festa gratuita. Há limites bem reais, e falhar em identificá-los — e respeitá-los — pode trazer grandes danos. A TMM nos mostra como distinguir os limites reais das restrições autoimpostas que temos poder para mudar.

Pode parecer que o Congresso já esteja gastando sem limites. Há projeções de que os EUA poderão ter déficits de trilhões de dólares, e a dívida pública está a caminho de subir de US$ 16 trilhões em 2019 para

NÃO PENSE EM ORÇAMENTO DOMÉSTICO

US$ 28 trilhões em 2029. De muitas maneiras, parece que não há nada segurando o Congresso. Mas, tecnicamente, existe.

O Congresso adotou uma série de procedimentos técnicos e convenções orçamentárias que visam reduzir ou impedir novos gastos federais. Vamos dar uma olhada em apenas alguns deles. Em primeiro lugar, como observado anteriormente, está o PAYGO, norma atualmente funcional na Câmara dos Representantes. O PAYGO é uma regra autoimposta que torna mais difícil para os legisladores aprovarem novos gastos. Vamos dizer que você deseja colocar mais dinheiro federal em educação. Para isso, você não precisa apenas ter votos suficientes para financiar essa prioridade, você também precisa ganhar apoio para o aumento de impostos ou corte de gastos que você conectar à legislação para "pagar por isso". Aumentar o déficit não é uma opção no PAYGO. A regra existe para forçar o Congresso a orçar como um núcleo familiar. Outra restrição autoimposta, conhecida como regra de Byrd, existe em relação ao Senado. Pela regra de Byrd, os déficits podem aumentar, mas não podem continuar a crescer para além de uma janela orçamentária de dez anos. Terceiro, tanto a Câmara quanto o Senado são obrigados a buscar uma pontuação de orçamento de agências como o Escritório Orçamentário do Congresso (Congressional Budget Office) ou o Comitê Conjunto de Taxação (Joint Committee on Taxation) antes mesmo que os legisladores possam votar a legislação. Uma pontuação baixa de uma dessas agências pode literalmente interromper um projeto de lei. Finalmente, o Congresso enfrenta um limite máximo de endividamento, que estabelece um limite legal para o valor total da dívida federal que o governo pode acumular. No Brasil, o Congresso adotou o Teto de Gastos como a demarcação de novos gastos federais ano a ano.

Como todas essas restrições foram impostas pelo Congresso, todas elas podem ser dispensadas ou suspensas pelo próprio Congresso.[23] Em outras palavras, elas são obrigatórias apenas se o Congresso quiser que elas sejam obrigatórias. O Congresso pode reescrever o manual, e frequentemente o faz. Por exemplo, os republicanos da Câmara rapidamente suspenderam a regra do PAYGO para aprovar sua Lei de Cortes de Impostos e Empregos em 2017. Para aprovar sua versão do projeto, os republicanos do Senado tiveram que lidar com a regra de Byrd. Para isso, eles passaram a considerar um crescimento econômico absurdamente otimista[24] e agendaram cortes no imposto de renda de pessoa física para expirar depois de 2025. Juntas, essas manobras permitiram que os republicanos contornassem a regra de Byrd, produzindo "evidência" de que os cortes de impostos não aumentariam o déficit para além da janela orçamentária de dez anos. E, claro, todos nós sempre testemunhamos dramas recorrentes a respeito do limite da dívida. Em teoria, esse limite, decretado pela primeira vez em 1917, existe para fazer exatamente isso — *limitar* o tamanho da dívida nacional. Na prática, os legisladores têm visto cada vez mais qualquer aproximação do teto máximo da dívida como uma oportunidade política para se exibir ou conseguir concessões legislativas. Mas, no fim das contas, o Congresso sempre se une em torno de se evitar a inadimplência aumentando o limite. Eles já o fizeram umas cem vezes desde que o limite foi decretado.

Então, se o Congresso frequentemente consegue se liberar dos limites, para que todas essas restrições que não limitam? Por que não eliminar o PAYGO, a regra de Byrd, o estatuto de limite de dívida e outras verificações sobre os gastos do governo autoimpostas? Por que não paramos de fingir que o Congresso precisa orçar como se fosse uma família fazendo orçamento doméstico? A verdade é que muitos legisladores veem as restrições autoimpostas como *politicamente* úteis.

Por uma razão, os membros do Congresso rotineiramente enfrentam pressão de eleitores buscando mais financiamento para a saúde, para a educação e assim por diante. As regras orçamentárias proporcionam cobertura política a eles. Em vez de explicar que eles se opõem filosoficamente a aumentar o financiamento do programa de subsídios estudantis Pell Grant para ajudar estudantes de baixa renda a frequentar a faculdade, os legisladores podem fingir empatia com seus eleitores, enquanto alegam que estão de mãos atadas por causa do déficit. Se eles não pudessem se esconder atrás do *mito do déficit*, que desculpa eles usariam para justificar não dar seu apoio? Ter um "policial mau" do lado ajuda na hora de bancar o "policial bom".

Outros membros do Congresso procuram formas de tornar as restrições autoimpostas em oportunidades políticas. É como a expressão, "se a vida lhe dá limões, faça limonada". Em vez de lutar para derrubar as restrições, eles encontram maneiras de alinhar seus objetivos de gastos com outras políticas almejadas. A exemplo, um democrata progressista pode abraçar o PAYGO pedindo uma série de novos impostos sobre os ricos para "pagar" por novos programas voltados para ajudar famílias pobres e de renda média. Afinal, o Robin Hood era amado pelo povo.

NOSSOS LIMITES REAIS

Através do olhar da TMM, podemos enxergar que o governo americano não tem nada a ver com uma família ou uma empresa. A diferença-chave é simples e irrefutável. O governo *emite* a moeda (o dólar americano), e todos — famílias, empresas privadas, governos estaduais e municipais, estrangeiros — meramente a *usam*. Isso dá ao Tio Sam uma incrível vantagem sobre nós. O Tio Sam não precisa arrumar os dólares antes de gastar. O resto de nós, sim. O Tio Sam não irá encarar uma pilha crescente de contas que não consegue pagar. Ele não irá falir; nós podemos.

Então, por que não dizer aos congressistas para continuarem a gastar até que todos os nossos problemas sejam resolvidos? Ah, se fosse assim tão fácil. A inflação, o assunto principal do nosso próximo capítulo, é um perigo real. Dizendo claramente, a TMM não tem a ver com remover todos os limites. Não é um serviço de caridade. Ela diz para substituirmos nossa abordagem atual, essa que é obcecada por resultados orçamentários, por outra na qual se priorize resultados humanos, ao mesmo tempo que reconheça e respeite os limites reais dos recursos de nossa economia. Em outras palavras, a TMM redefine o que significa fazer uso de um orçamento fiscalmente responsável. Parafraseando o estrategista político democrata James Carville (que, durante a campanha presidencial de 1992 de Bill Clinton, cunhou a frase "É a economia, seu estúpido"), a TMM aponta: "São os recursos reais da economia, seu estúpido!". Somos uma nação rica em recursos reais — tecnologias avançadas, mão de obra educada, fábricas, máquinas, solo fértil e abundância de recursos naturais. Somos abençoados por ter o suficiente daquilo que importa. Nós podemos construir uma economia que proporcione uma vida boa para todos. Nós só precisamos designar nossos recursos reais.

2

PENSE EM INFLAÇÃO

MITO #2: O déficit é uma evidência de gastos excessivos.

REALIDADE: Para encontrar evidência de gastos excessivos, olhe para a inflação.

Em 2015, tirei licença de meu trabalho como professora de Economia na Universidade do Missouri, em Kansas City, e mudei para Washington, DC, para atuar como economista chefe para os Democratas no Comitê de Orçamento do Senado Americano. Achei que seria interessante sair do mundo acadêmico, onde qualquer coisa é teoricamente possível, e entrar no moedor de carne, onde os orçamentos são formulados e as decisões de gastos impactam a vida de pessoas reais. Não sei exatamente o que eu esperava encontrar, mas o que eu descobri foi incrivelmente decepcionante. Nenhum dos senadores que ocupavam os assentos do poderoso Comitê de Orçamento parecia perceber que o orçamento federal não funcionava como um orçamento doméstico.

O principal republicano do comitê era seu presidente, o senador Mike Enzi, de Wyoming. Enzi tinha formação em contabilidade e havia administrado uma empresa de comércio de sapatos antes de se envolver na política. Ele passou uma década como legislador estadual, servindo na Câmara de Wyoming e também no Senado Estadual. Em todos esses trabalhos, ele operou com um orçamento restrito. Como um administrador, ele tinha que controlar custos, dar conta da folha de pagamentos e fazer lucro para manter o negócio viável. Como um membro do legislativo de Wyoming, ele trabalhava em um ambiente onde o governador é constitucionalmente obrigado a apresentar um orçamento equilibrado todo ano. Antes de vir para Washington, ele só havia enxergado o mundo com o olhar de um usuário da moeda.

O comitê fazia audiências regulares sobre assuntos relacionados ao orçamento, e eu normalmente me sentava logo atrás do senador Enzi e do membro democrata do comitê, o senador Bernie Sanders, quem havia me contratado para o trabalho. No início de cada audiência, o presidente lia em voz alta uma série de observações anotadas anteriormente. Os comentários do senador Enzi nunca mudavam muito. Ele olhava para o orçamento federal como se fosse uma demonstração de resultados de sua empresa de sapatos. Para ele, o problema era óbvio. O Tio Sam estava operando com prejuízo. Déficits e dívidas haviam se tornado um modo de vida, e a aquilo tudo estava sendo simplesmente irresponsável. Não era necessário um diploma de contador (como o do Senador Enzi) para ver o problema. Por vezes, ele simplificava a situação, declarando que "o déficit é uma evidência dos gastos excessivos!".

A economista em mim queria pular da cadeira. A economista-chefe em mim era forçada a ficar sentada em silêncio e apelar para a esperança de que algum dos outros 21 senadores do comitê tivesse formação em economia. De acordo com o que ensinamos aos nossos estudantes do primeiro ano, gastos excessivos se manifestam como inflação. O déficit só é evidência de gastos excessivos se provocar inflação. E como os preços não estavam aumentando, o déficit possivelmente não estava sendo grande demais.

Para minha grande decepção, nenhum dos outros senadores desafiou a alegação de Enzi. Estavam todos usando a mesma lente falha e discutindo a necessidade de equiparar gastos às receitas. Os republicanos viam muito no lado das despesas do livro-razão — um problema de saídas. Os democratas viam pouco no lado das receitas — um problema de entradas. Todos estavam convencidos de que o déficit era alto demais. A discussão era se cortavam gastos para combinar com as receitas, ou se aumentavam as receitas para alcançar os gastos. Orçamento caseiro.

O que eles estavam deixando passar?

Três fatos vultuosos.

Primeiro, como aprendemos no capítulo anterior, o monopolista da moeda não lida com as mesmas restrições que os usuários da moeda (famílias, empresas, governos estaduais e municipais). No dia 15 de agosto de 1971 aconteceu uma grande virada na história monetária. A decisão do presidente Nixon de suspender a convertibilidade do dólar aumentou a soberania monetária dos Estados Unidos, mudando para sempre a natureza da relevância das restrições aos gastos federais. No sistema de Bretton Woods, o orçamento federal tinha que ser controlado com bastante rigor para proteger as reservas de ouro do país. Hoje, temos uma moeda puramente fiduciária. Isso significa que o governo não promete mais converter dólares em ouro, o que por sua vez significa que pode emitir mais dólares sem se preocupar com a possibilidade de ficar sem o ouro que antes dava base ao dólar. Com uma moeda fiduciária, é impossível que o Tio Sam fique sem dinheiro. Mesmo assim, os senadores estavam falando como se gastos excessivos pudessem levar à falência. Eles precisavam atualizar suas lentes monetárias.

Em segundo lugar, não se espera que o orçamento do governo seja equilibrado. Nossa economia, sim. O orçamento é apenas uma ferramenta que pode ser usada para adicionar ou subtrair dinheiro do restante de nós. Um déficit fiscal adiciona mais dinheiro do que subtrai, enquanto um superávit fiscal subtrai mais dinheiro do que adiciona. A TMM proporciona evidências de que nenhum desses resultados é inerentemente bom ou ruim. É um movimento de equilíbrio, e o objetivo é permitir o deslocamento do orçamento governamental em direções que entreguem uma economia amplamente equilibrada para a população a qual deve servir.

Por fim, em sua história, o governo federal manteve o déficit quase sempre pequeno demais. Sim, muito pequeno! A evidência de que um déficit é baixo demais é o desemprego. É claro que a TMM também reconhece que o déficit pode ser alto demais. Mas o senador Enzi entendeu tudo errado. Um déficit fiscal não é evidência de gastos excessivos. Para encontrar evidência de gastos excessivos, nós precisamos pensar na inflação.

INFLAÇÃO: OS MODOS COMUNS DE PENSAR

Ninguém quer viver em um país onde a inflação sai do controle. Inflação significa um aumento contínuo do nível de preços. Um pouco de inflação é um fator considerado inofensivo e, até mesmo, algo que economistas gostam de ver em uma economia saudável e em crescimento. Mas se os preços começarem a subir mais rápido do que a renda da maioria da população, isso significa uma perda generalizada de poder aquisitivo. Se isso não for controlado, significará um declínio no padrão de vida real da sociedade. Em casos extremos, os preços podem até sair do controle, levando o país à hiperinflação.

Não há apenas uma forma de se pensar na inflação. Não há nem mesmo uma forma só de se medi-la. Nos Estados Unidos, o Escritório de Estatísticas Laborais (Bureau of Labor Statistics) produz índices de preços ao consumidor (CPI-U e CPI-W), um índice de preços ao produtor (PPI) e índices de preços ao consumidor encadeados (C-CPI-U); no Brasil, é IPCA (Índice de Preços ao Consumidor Amplo), entre outros. O Escritório de Estatísticas Laborais gera um deflator de preços do PIB, um índice conhecido como despesas de consumo pessoal (PCE) e muitos outros. O Federal Reserve prefere uma medida conhecida como PCE de base e... Bem, você entende a situação. Muitos profissionais em estatística são empregados para produzir uma ampla gama de estimativas e ajudar formuladores de políticas, investidores, empresas, sindicatos e outros a terem uma noção do que está acontecendo com os preços em nossa economia.

Nós só podemos ter uma percepção geral do que está acontecendo com os preços, porque é impossível acompanhar o processo de preço de cada item à venda na nossa economia. Você pode se descobrir pagando mais pelo cafezinho, pelo litro de combustível, pela sua assinatura de TV a cabo, mas isso não significa que o nível amplo de preços esteja subindo de forma acelerada. Para entender o que está acontecendo no nível macro, precisamos fazer uso de índices como aqueles acima. Um índice como o Índice de Preços ao Consumidor nos informa se a cesta básica de produtos e serviços ao consumidor está se tornando mais cara ao longo do tempo. A cesta inclui tudo, de moradia e plano de saúde a alimentação, passando também por entretenimento, vestuário e outros itens. Obviamente, nem todos os lares consomem uma cesta de produtos idêntica, assim, índices como o IPC são construídos para refletir os hábitos de gastos de uma família típica. Despesas que consomem uma parcela maior do orçamento doméstico mediano — por exemplo, moradia — contam mais (ou seja, pesam mais no cálculo) do que itens menos importantes para a família média. Como moradia tem um peso maior do que, digamos, entretenimento, um aumento de 5% no custo da moradia terá um impacto maior no IPC do que um aumento equivalente de 5% no custo de entretenimento. No mundo real, algumas categorias de bens e serviços se tornaram mais caras (moradia, educação, plano de saúde), enquanto outras se tornaram mais baratas ao longo do tempo. O que importa é como o preço geral da cesta muda de mês a mês e de ano a ano, e se aquilo que as pessoas ganham em termos médios está subindo rápido o suficiente para dar conta dos preços crescentes.

As pessoas se preocupam com a inflação porque ela pode devorar seu padrão de vida real. Você pode não ter problema em comprar a cesta básica hoje, mas se os preços dessa cesta fixa começarem a subir, você pode acabar descobrindo que não pode mais comprá-la. Isso depende do que estiver acontecendo com suas receitas. Se o preço da cesta básica continua subindo 5% por ano, ao mesmo tempo que seus ganhos anuais aumentam apenas 2%, então, em termos reais (ajustados pela inflação), você ficará numa situação 3% pior a cada ano. Isso significa uma perda de verdade na quantidade real de coisas — bens e serviços reais — que você pode comprar.

Então, o que faz os preços subirem e o que podemos fazer para evitar que a inflação corroa nosso padrão de vida ao longo do tempo?

Antes de nos voltarmos a essas questões, vale notar que muitos dos principais países do mundo vêm tentando desesperadamente resolver o problema oposto — a desinflação — ao longo da última década, ou mais. Pouca inflação, e não muita, têm prejudicado os Estados Unidos, o Japão e a Europa. Em cada uma dessas regiões, 2% são oficialmente considerados a quantidade "certa" de inflação, então essa é a taxa que o Federal Reserve, o Banco do Japão e o Banco Central Europeu vêm tentando alcançar. Mas nenhum deles foi bem-sucedido em fazer a inflação subir a um patamar estável de 2%. O Japão particularmente vem tendo dificuldade, lutando não só contra a desinflação, mas contra ondas periódicas de deflação — a queda no nível de preços geral — um fenômeno raro que afetou os EUA durante a Grande Depressão da década de 1930. Você pode estar se perguntando por que razão alguém se preocuparia com inflação muito baixa. Aparentemente, é ótimo! No entanto, os economistas se preocupam porque inflação muito baixa ou inexistente geralmente é considerada um reflexo de fraqueza geral da economia.

A longa batalha contra a inflação baixa é considerada um quebra-cabeças pela maioria dos economistas. Alguns argumentam que a combinação de fatores é provavelmente responsável pela inflação baixa de uma parte grande do planeta. Muitos acreditam que melhorias rápidas na tecnologia, estatísticas demográficas e a globalização provavelmente explicam o fenômeno. Outros acreditam que os bancos centrais simplesmente não usaram suas ferramentas de modo suficientemente agressivo. Acham que a inflação vem sendo persistentemente baixa porque indivíduos no Banco Central Europeu, no Banco do Japão e no Federal Reserve não trabalharam o suficiente para criar uma mentalidade diferente, então continuam esperando que a inflação permaneça baixa. Para esse grupo, aumentar a inflação real é simplesmente uma questão de fazer com que as pessoas aumentem suas expectativas de inflação. Se os bancos centrais puderem convencer as pessoas que a inflação irá se elevar, elas começarão a gastar mais dinheiro hoje (por que esperar, se os preços vão aumentar?), e essa demanda agregada moverá os preços para cima. E ainda outros veem a desigualdade e a estagnação salarial como pontos-chaves do crescimento lento e da pressão mínima sobre salários e preços. Alguns dizem que o aumento salarial e uma distribuição mais equitativa da renda ajudariam a aumentar a demanda entre as famílias de baixa e média renda, assim contribuiriam na criação de pressão inflacionária.

Ninguém sabe quanto durará a atual onda de inflação baixa, ou o que finalmente levará a um aumento nos preços.[1] Entre os fatores que exercem pressão inflacionária, os economistas frequentemente distinguem os fatores ligados aos aumentos nos *custos de produção* daqueles ligados a um *crescimento de demanda*. Como diz o economista da Texas Christian University, John T. Harvey, a inflação baseada em aumento de custos pode acontecer por causa de "atos de Deus" ou "atos de poder". [2] Por exemplo, uma fase de seca grave pode levar a grandes perdas nas safras e à escassez de alimentos, fazendo com que os preços disparem à medida que a oferta cai. Ou tempestades poderosas podem acabar com as refinarias de petróleo, fazendo com que o preço da energia suba. Um aumento persistente em custos de energia e alimentação, que são computados diretamente no IPC, pode subsequentemente disparar um processo inflacionário. Preços também podem aumentar quando trabalhadores adquirem poder de barganha suficiente para propor aumentos salariais. Para evitar que o crescimento dos salários esprema suas margens de lucro, as empresas podem repassar esses custos para os consumidores, na forma de um aumento nos preços. Conforme a batalha por renda progride, pode-se desencadear uma espiral de elevação de preços e salários que resulta na aceleração da inflação. Empresas com poder de mercado suficiente também podem aumentar unilateralmente os preços em busca de lucros cada vez maiores. A título de exemplo, as empresas farmacêuticas, que se beneficiam de proteções de patentes, podem aumentar o preço dos medicamentos, empurrando para cima os custos gerais de assistência médica, que, por sua vez, alimentam a inflação.[3]

A inflação disparada por fatores de demanda ocorre quando as empresas aumentam preços em função de mudanças nos hábitos dos clientes. Em grande parte isso acontece quando a população gasta mais rápido do que a economia consegue produzir novos bens e serviços. Pense da seguinte forma: cada economia tem seu próprio limite de velocidade interno. Só é possível produzir uma determinada quantidade, em um dado período, em função de seus recursos reais — população, fábricas, máquinas, matérias-primas — disponíveis naquele momento. Durante uma recessão, as pessoas perdem empregos, as empresas desligam as máquinas e deixam-nas ociosas. Nesse ambiente, gastos podem ser intensificados com segurança, porque pode-se recontratar trabalhadores, e as máquinas podem ser ligadas de volta e passar a produzir. É por isso que o estímulo fiscal de US$ 787 bilhões aprovado em 2009 não causou um problema inflacionário. A Grande Recessão resultou em milhões de desempregados e empresas operando muito abaixo de sua capacidade produtiva. Quando há tanta margem na economia, é fácil para as empresas aumentarem a oferta em resposta a mais gastos. Mas conforme a economia se aproxima de seu limite de pleno emprego, os recursos reais vão se tornando cada vez mais escassos. O aumento da demanda pode começar a pressionar os preços, e podem começar a surgir gargalos em setores cuja capacidade produtiva estiver sob maior pressão. A inflação pode disparar. Uma vez que a economia atinja seu teto de pleno emprego, *qualquer* gasto adicional (não apenas gastos do governo) serão inflacionários. Isso é gasto excessivo, e pode acontecer até mesmo se o orçamento governamental estiver equilibrado ou em superávit.

Outra forma comum de se pensar sobre a inflação está intimamente associada à doutrina econômica do monetarismo.[4] O pai dessa abordagem é o economista, ganhador do Prêmio Nobel, Milton Friedman. O monetarismo dominou o pensamento econômico da década de 1970, e versões do cânone monetarista ainda permeiam os debates atuais. De acordo com Friedman, "a inflação é sempre e em toda parte um fenômeno monetário". O que ele quis dizer foi que dinheiro demais é o culpado em qualquer episódio inflacionário. Se os preços não estiverem estáveis, é porque o banco central está tentando forçar a economia a criar empregos demais ao permitir que a oferta de dinheiro aumente rápido demais.

Antes de Friedman, o pensamento keynesiano dominava a macroeconomia.[5] Os economistas keynesianos acreditavam que a expansão da oferta monetária era uma ferramenta perfeitamente válida para ser usada pelos bancos centrais que buscassem a redução do desemprego. Mais dinheiro significaria mais gastos, o que, por sua vez, significaria que as empresas precisariam contratar mais trabalhadores e produzir mais para atender uma demanda mais alta. O desemprego cairia e a possibilidade de inflação cresceria conforme mais contratações levassem a salários e preços mais altos. Você conseguia mais de uma coisa boa — empregos — pelo custo de algo ruim — inflação.[6] Cabia ao banco central decidir como explorar essa troca ao longo do tempo.

Friedman contestou o paradigma keynesiano. Segundo sua visão, uma certa quantidade de desemprego é basicamente impossível de se eliminar. Ele a chamou de "taxa natural de desemprego". O banco central poderia lutar contra a taxa natural, mas estaria se envolvendo em uma batalha perdida, cada vez mais custosa. O argumento de Friedman contra os keynesianos era que os trabalhadores se veriam em uma armadilha contínua, pois o crescimento excessivo da oferta monetária faria com que a inflação subisse mais rápido do que seus salários. Os trabalhadores acabariam por trabalhar mais (ou seja, a taxa de desemprego cairia), mas por um salário real menor. No final, eles iriam compreender isso e demandar um pagamento melhor. Mas tudo terminaria em frustração, pois a inflação entraria em espiral de subida, enquanto o desemprego voltaria à sua "taxa natural", já que as empresas escolheriam mandar trabalhadores embora ao invés de aumentar seus salários. A questão era simples. Os keynesianos estavam oferecendo uma barganha diabólica. Tentar manter a taxa de desemprego baixa simplesmente condenaria você a um mundo de inflação acelerada.

A única solução era amarrar as mãos dos formuladores de políticas macroeconômicas.[7] Ao invés de dar ao Federal Reserve livre arbítrio para trocar menos desemprego por mais inflação, o banco central deveria aceitar o fato de que uma certa quantidade de desemprego seria necessária para manter a inflação estável. Como veremos, a TMM contesta esse quadro.

COMO COMBATEMOS A INFLAÇÃO HOJE

Desde 1977, o Federal Reserve vem operando sob o que é comumente chamado de mandato duplo do Congresso. O mandato duplo orienta o Fed a buscar o máximo de empregos e preços estáveis. Basicamente, o Congresso coloca o Fed no comando dos empregos e da inflação. O Congresso não diz ao Federal Reserve quantos empregos se espera que ele sustente, nem o nível de inflação que é considerado excessivo. O banco central é tratado como independente, no sentido de que pode escolher seu próprio alvo de inflação e decidir por si o que o máximo de empregos significa.[8] Como a maioria dos bancos centrais, o Federal Reserve escolheu um alvo inflacionário de 2%. [9] Para evitar ultrapassar essa taxa, o Fed busca manter apenas a quantidade "certa" de desemprego no sistema, da mesma forma com que Friedman prescreveu meio século atrás.

O Federal Reserve não pode gastar dinheiro diretamente na economia, e não pode tributar para tirar dinheiro dela também. Esses poderes são relegados à autoridade fiscal — o Congresso. Então como o Fed poderá atender seu mandato duplo?

Houve um tempo, no final dos anos 1970 e início dos anos 1980, em que muitos bancos centrais, incluindo o Federal Reserve, alegavam que, ao controlar diretamente o crescimento da oferta monetária, eles poderiam controlar a inflação.[10] No Brasil, o COPOM é o órgão constituído no Banco Central encarregado pelas decisões de juros do país. Hoje, quase todos os bancos centrais adotaram uma abordagem diferente, almejando uma taxa de juros chave que em teoria os ajudaria a gerenciar indiretamente as pressões inflacionárias.[11] A ideia é que, ao influenciar o preço do crédito — ou seja, o custo de se tomar dinheiro emprestado — o banco central pode regular quanto dinheiro os consumidores e as empresas tomam emprestado e gastam na nossa economia.

Quando reduz sua taxa, diz-se que o banco central está facilitando as condições de crédito. Eles o fazem quando pensam que a taxa de desempregados está *acima* da chamada taxa natural de desemprego. A meta é diminuir a taxa de desemprego. Se tudo funcionar como planejado, muita gente fará empréstimos para comprar coisas como casas e veículos, e as empresas farão empréstimos para investir em novas máquinas e construir novas fábricas. À medida que todo esse dinheiro emprestado é gasto, a economia se recupera e mais indivíduos conseguem emprego. Com menos pessoas desempregadas, diz-se que o mercado de trabalho fica justo, fazendo com que a remuneração aumente e, com isso, cresça também o risco de inflação gerada pelo valor dos salários.

E aí está o atrito. O Fed assina embaixo da ideia de que, se induzir gastos em excesso, o mercado de trabalho ficará muito aquecido e o desemprego cairá abaixo de sua taxa "natural", fazendo com que a inflação acelere. Isso é exatamente o que o economista conservador Marvin Goodfriend tinha em mente quando alertou em 2012 que, caso o Fed permitisse que a taxa de desemprego caísse abaixo de 7%, isso "dispararia uma taxa de inflação crescente nos próximos anos, o que seria no mínimo desastroso para a economia". Mas Goodfriend estava errado. Três anos depois, o desemprego havia caído para 5%, mas a inflação estava *mais baixa* do que no momento em que ele havia feito sua previsão inicial.

Por que ele (e outros) pensavam de forma tão errada? Um dos problemas é que a taxa natural de desemprego — se é que ela existe — não é algo que o Fed (ou qualquer um) possa observar ou mesmo calcular. Diferentemente, é mais uma descrição de uma economia em seu estado ideal. A taxa natural pode mudar ao longo do tempo, mas em um dado momento, existe uma taxa natural única. E ninguém pode te dizer qual é. Você descobre por tentativa e erro. Você descobre quando qualquer queda de desemprego adicional faz com que a inflação acelere.

Em outras palavras, uma economia estar ou não em sua taxa natural de desemprego é uma *conclusão* tirada após o fato acontecer. A esse respeito, atingir a taxa natural para os economistas é mais ou menos como, para o resto de nós, apaixonar-se: você raramente percebe a paixão chegando, mas sabe quando acontece.[12] Os economistas têm um nome para isso. Eles chamam de NAIRU (non-accelerating inflationary rate of unemployment) — pronuncia-se nī-rū — a taxa de desemprego não-aceleradora da inflação. Sexy, não é? Para entender como ela funciona, pense na historinha clássica infantil "Cachinhos Dourados e os Três Ursos". Substitua o mingau pelo desemprego, e você entenderá o básico. Sempre que a taxa de desemprego está crescendo, o Fed reduz a taxa de juros, esperando avivar a economia ao incentivar mais empréstimos e gastos. Quando vai ficando baixa, o Fed aumenta a taxa de juros, na esperança de desacelerar a situação desencorajando empréstimos e gastos. Assim, a solução é continuar ajustando a política monetária para frente e para trás para que a taxa de desemprego permaneça na medida adequada.

Mas tem um probleminha aqui. O Fed não gosta de esperar até que a inflação se torne um problema para agir. Ao invés disso, prefere combater esse monstro preventivamente antes que ele erga sua cabeça assustadora. Como explica o presidente do Banco Federal Reserve de Nova York, William C. Dudley, "não sabemos com muita precisão quão baixa a taxa de desemprego pode ser sem provocar um aumento significativo na inflação. Não observamos diretamente a taxa de desemprego não-aceleradora da inflação, a NAIRU. Nós apenas a deduzimos a partir da resposta na compensação de salários e inflação de preços conforme o mercado de trabalho fica mais justo". [13]

Em outras palavras, o Fed acompanha o mercado de trabalho em busca de evidências de que os salários possam estar aumentando e interpreta os aumentos nos pagamentos como um prelúdio de inflação mais alta. A ideia é não esperar para ver o branco dos olhos do monstro da inflação. Atire agora e pergunte depois. Esse tipo de visão preventiva frequentemente leva o Fed a errar e apertar demais, aumentando a taxa de juros até mesmo quando pode ser algo prematuro ou um alarme falso. Erros como esse trazem consequências reais na forma de milhões de pessoas desnecessariamente sem emprego.

O contexto do mandato duplo se apoia na crença de que há um equilíbrio delicado entre empregos demais e de menos. Também leva em consideração que o Federal Reserve tem a capacidade de direcionar a economia para um ponto ideal, no qual o número "certo" de pessoas é colocado de lado, querendo trabalhar mas presas no desemprego para que os preços sejam mantidos sob controle. Falando de forma mais clara, o Fed usa seres humanos desempregados como sua principal arma contra a inflação.

Na teoria, é tudo bem fácil de se fazer. Na prática, bem, a história é outra.

Na teoria, o Fed pode usar um modelo matemático para determinar exatamente em que nível fixar a taxa de juros para manter a inflação estável. Depois da crise financeira de 2008, o Fed derrubou a taxa de juros para zero e deixou-a ali. A taxa de desemprego caiu de um pico de 10%, em outubro de 2009, para 5%, no final de 2015. Mais pessoas estavam conseguindo emprego, incluindo muitos trabalhadores de baixa qualificação e minorias que, muitas vezes, têm grande dificuldade de se empregar. Em dezembro de 2015, o Fed elevou os juros para 0,25%, apesar da inflação continuar abaixo de seu alvo de 2%. Ao longo dos três anos seguintes, o Fed subiu sua taxa básica de juros mais oito vezes, ainda que persistisse inferior à meta de inflação. Alguns indivíduos os criticaram por aumentar as taxas quando claramente não se esperava que a inflação crescesse. Mas o Fed justificava que tais aumentos trariam a taxa de desemprego de volta às suas estimativas da NAIRU e manteriam a inflação sob controle de forma preventiva. Embora o Fed estivesse tentando apaziguar a situação, o desemprego continuou a cair ainda mais além das estimativas e a inflação não acelerou. De acordo com o quadro da NAIRU, isso não deveria acontecer.

A despeito da aparente desconexão entre baixo desemprego e inflação, o Fed continua comprometido como conceito da NAIRU. E de tal forma que, em julho de 2019, o presidente do Federal Reserve, Jerome Powell, testemunhou em uma audiência perante o Comitê de Serviços Financeiros da Câmara, dizendo que "precisamos do conceito de uma taxa natural de desemprego". Ele continuou: "Precisamos ter alguma noção sobre o desemprego ser alto, baixo ou apenas o certo".

Independentemente de o presidente Powell estar certo ou errado, é inquestionável que as estimativas recentes do Fed em relação a NAIRU — o nível de desemprego que pode ser alcançado sem fazer a inflação acelerar — vêm se provando consistentemente erradas. Essa falha foi colocada em evidência em uma outra discussão do mesmo comitê, em julho de 2019, quando a recém-eleita congressista Alexandria Ocasio-Cortez lançou a seguinte pergunta ao presidente Powell:

AOC: A taxa de desemprego caiu três pontos desde 2014, mas a inflação hoje não é mais alta do que há cinco anos. Diante desses fatos, você concorda que a estimativa do Fed para a menor taxa de desemprego sustentável foi muito alta?

POWELL: Com certeza.

Não é algo comum um presidente do Fed admitir um erro com tanta franqueza. Mas observe que Powell não questionou a legitimidade da NAIRU como guia essencial da política monetária. Em vez disso, ele se culpou por ter errado ao determinar a NAIRU. É essa fé subjacente na ideia de que existe uma restrição incontornável no potencial de emprego da economia que levou o Fed a sistematicamente subestimar até onde a taxa de desemprego poderia cair com segurança. Essa leitura errada levou o Fed a aumentar os juros na esperança de sufocar mais uma queda no desemprego, essencialmente almejando negar acesso a trabalho a milhões de pessoas sem emprego ou em subempregos, sob a crença de que o limite da NAIRU já havia sido atingido. Você é considerado desempregado se você estiver ativamente procurando por emprego pago e não estiver trabalhando no momento. Algumas pessoas estão em subempregos. Elas estão trabalhando em meio período, mas o que elas realmente querem é um emprego de carga horária cheia. Como estão empregadas, elas não são contabilizadas na estimativa oficial de desemprego conhecida como U-3. Elas são incluídas em uma medida mais ampla de desemprego conhecida como U-6, que também inclui pessoas que querem trabalhar mas que basicamente desistiram de encontrar um emprego. E os problemas não param por aí. Como confessou o ex-governador do conselho do Fed, Daniel Tarullo, o banco não tem uma teoria da inflação confiável orientando suas tomadas de decisões diárias. Tem várias conjecturas, suposições e modelos, mas muitos deles não são comprovados ou de fato não podem sê-lo.[14] É tudo uma espécie de jogo de adivinhação, no qual a vida das pessoas está na berlinda.

Longe de ser uma ciência exata, o princípio orientador central da abordagem do Fed é melhor descrito como fé. Fé que sua compreensão da inflação é precisa. Fé que suas ferramentas são poderosas o suficiente para controlar a inflação. E fé de que, quaisquer que sejam as outras incertezas existentes, a inflação excessiva é sempre, e em qualquer lugar, uma ameaça maior ao nosso bem-estar coletivo do que o desemprego em excesso.[15]

FÉ CONTESTADA

Mesmo com os avanços constantes dos cientistas e engenheiros que criam remédios, tecnologias e técnicas para erradicar doenças e resolver os problemas humanos, a maioria dos economistas permanece casada com uma doutrina de cinquenta anos de idade que se apoia no sofrimento humano para lutar contra a inflação. Nos últimos anos, alguns *insiders* seniores expressaram preocupação com o quadro de atuação do Fed e indicaram certa abertura para repensar sua abordagem. Mas a maioria dos economistas tradicionais permanece apegada à ideia de que existe um tipo de fronteira inferior, abaixo da qual o desemprego não pode descer com segurança. Deve haver alguma capacidade ociosa, na forma de um sacrifício humano — ociosidade forçada — para que não nos condenemos à catástrofe da inflação acelerada. Como eles aceitam o conceito de uma troca inerente entre inflação e desemprego, o Fed é forçado a pensar em termos de quanto desemprego se deve manter no sistema como uma apólice de seguro contra a inflação. Eles simplesmente não veem outro jeito de alcançar uma inflação baixa e estável.

Por que não lutar por uma combinação melhor de políticas fiscais e monetárias para manter a economia operando em seu potencial de emprego pleno? Não conseguiríamos alcançar o verdadeiro pleno emprego pedindo ao Fed que melhore a forma com que lida com as políticas monetárias? Ou talvez o Congresso possa ajudar a fazer uma sintonia da economia com melhores ajustes em tempo real nos gastos e tributações do governo?

Lembre-se que o Fed escolhe sua própria definição de pleno emprego. Para eles, a culminância de empregos é algo definido pelo nível de desemprego que eles acreditam ser necessário para alcançarem sua meta de inflação. Em outras palavras, apesar de ser legalmente responsável pelo pleno emprego e pela estabilidade dos preços, um objetivo claramente tem prioridade sobre o outro. Se a estabilidade de preços custa o emprego de 8 ou 10 milhões de pessoas, então é assim que o Fed define pleno emprego. É contraintuitivo definir o pleno emprego como um *certo nível de desemprego*. Mas, politicamente falando, é útil para o Fed, pois isso significa que eles podem dizer que tiveram sucesso ao delimitar o verdadeiro problema que eles foram encarregados de resolver. Não importa quantas pessoas fiquem sem emprego, o Fed pode alegar que fez o seu melhor, e simplesmente não há como reduzir o desemprego ainda mais sem causar inflação. Para aqueles que ainda estão sem emprego, azar o seu. Obrigado pelo seu serviço na guerra contra a inflação. Não há nada mais que o Fed possa fazer para ajudá-lo.

Às vezes, argumenta-se que, na verdade, existem vários trabalhos para os desempregados, mas há problemas estruturais em alocar as pessoas que querem trabalhar nos trabalhos disponíveis no momento. Talvez os trabalhadores sejam muito seletivos e recusem trabalhos de nível iniciante, por terem estudado demais para aceitar trabalho com salário baixo. Ou talvez o problema seja o oposto: aqueles que estão sem trabalho não têm os estudos e as habilidades necessárias para preencher os empregos de alta tecnologia do futuro. De qualquer forma, o problema é conectar pessoas com as vagas, e não a falta de vagas. Se ao menos tivessem recebido a educação certa, ou as habilidades certas, ou tivessem a motivação e disciplina pessoal certas, poderiam encontrar emprego.

Esse é um argumento conveniente para aqueles que aceitam deixar milhões para trás, mas não é a realidade. Na realidade, não importa quão educada ou trabalhadora for a população, o Fed vê muito risco em permitir que todo mundo que queira trabalhar o faça. Algumas pessoas veem isso como uma manipulação do jogo, de maneira a cronicamente deixar muitos sem emprego. Se o Fed acredita que a NAIRU é de 5%, então o seguro é permitir apenas 95 vagas para cada cem pessoas no jogo.

Outros adotam a abordagem oposta, apontando para evidências recentes de que baixo desemprego não acontece às custas de aumento da inflação. Isso é interpretado como evidência de que o Fed poderia fazer mais para aumentar a disponibilidade de vagas. Críticos tanto da esquerda, como organizações tal qual o grupo ativista FedUp, quanto da direita, como o escritor de economia conservador Stephen Moore, vêm reclamando que o Fed está metendo o pé no freio desnecessariamente. Pela visão deles, o problema não são as ferramentas que o Fed usa, mas a forma com que ele as utiliza. Acreditam especialmente que o Fed é muito eficaz em elevar a taxa de juros, dessa maneira dizimando empregos que teriam se materializado se ele tivesse deixado as coisas seguirem seu curso. Em outras palavras, eles acreditam que o Fed poderia ajudar os desempregados cortando os juros ou ao menos aguardando mais pacientemente até que novas vagas se materializem.

Mas mesmo que o Fed seja mais paciente, ele nunca poderá garantir que todos que queiram trabalhar possam conseguir emprego. À parte o tempo da Segunda Guerra Mundial, os EUA nunca sustentaram nada que se aproximasse do verdadeiro pleno emprego. A razão foi explicada em 1936 por John Maynard Keynes em seu livro mais famoso, *Teoria Geral do Emprego, do Juro e da Moeda*. Economias capitalistas operam cronicamente com demanda agregada insuficiente. Isso significa que nunca há gastos combinados (públicos e privados) suficientes para induzir as empresas a oferecer emprego para todas as pessoas que querem trabalhar. Você pode chegar perto, e pode até chegar lá em breves períodos durante os tempos de guerra, mas as economias em tempos de paz não operam em total capacidade. Há sempre uma folga, na forma de recursos desempregados, incluindo mão de obra.[16]

Grande parte dos economistas fica satisfeita em permitir que o mercado defina quantos empregos gerar. O Congresso, no dever de ter alguma função mínima, pode direcionar alguns recursos para ajudar os desempregados a adquirirem mais habilidades e torná-los mais interessantes para potenciais empregadores. Mais educação, melhores treinamentos para a mão de obra, emprego no setor privado subsidiado e ferramentas semelhantes são vistas como caminhos para os desempregados escaparem da pobreza. A TMM vê essas propostas como medidas incompletas, que pouco fazem para lidar com os problemas crônicos do desemprego e do subemprego. Quando existe falta de empregos crônica, o melhor que essas medidas podem oferecer é uma espécie de revezamento ou alternância de períodos de crise de desemprego. Como disse o economista ganhador do Prêmio Nobel, William Vickrey, quando o número de empregos é insuficiente, "as tentativas de alocar [os desempregados] nos empregos são simplesmente um jogo de dança da cadeira, em que as agências locais ensinam aos seus clientes a arte de sentar o mais rápido possível nelas".[17]

A verdade é que nós colocamos muita responsabilidade nos bancos centrais, não só nos EUA, como no mundo todo. Eles não podem alterar tributos ou gastar dinheiro diretamente na economia, então o melhor que podem fazer para incentivar os empregos é estabelecer condições financeiras que proporcionarão mais empréstimos e mais gastos. Taxas de juros mais baixas podem funcionar para induzir novos empréstimos e reduzir o desemprego substancialmente. Mas podem não funcionar. Como a observação famosa de Keynes, "Você não pode mexer os pauzinhos." O que ele quis dizer é que o Fed pode tornar os empréstimos mais baratos, mas não pode forçar ninguém a tomar emprestado. Fazer empréstimos coloca empresas e pessoas na forca das dívidas a que estão sujeitos. Os empréstimos devem ser pagos com receitas futuras, e há boas razões para que o setor privado fique relutante em aumentar seu endividamento, em vários estágios dos ciclos dos negócios. Lembre-se, famílias e empresas são usuários de moedas, e não emissores, então precisam se preocupar com a forma com que farão seus pagamentos.

Na esteira da Grande Recessão, que foi precipitada por um acúmulo de dívida privada gigantesco (hipotecas *subprime*), ficou claro que o Fed estava se esforçando para consertar a economia por conta própria. O banco já havia zerado a taxa de juros, e havia abraçado uma nova estratégia conhecida como flexibilização quantitativa.[18] Estava fazendo tudo ao seu alcance para lidar com a situação. Assim, foi um momento frustrante para o presidente do Fed, Ben Bernanke, quando ele compareceu ao Congresso e foi interrogado sobre o porquê das medidas extremas do Fed não parecerem estar fazendo muito para recuperar a economia. Pressionado pelo congressista Jeb Hensarling, do Texas, Bernanke respondeu: "Vou concordar com você no seguinte: a política monetária não é um remédio para todos os males. Não é a ferramenta ideal".[19]

Não é a ferramenta ideal? A política monetária é *a* ferramenta. Por estatuto, o Congresso colocou o Fed no comando da economia — para fazê-lo em bons e maus momentos. O Fed deve fazer tudo. E esse é o problema. A política monetária tem potência limitada. Funciona principalmente levando consumidores e empresas ao endividamento. E dívida do setor privado não é o mesmo que dívida do setor público. Quando o mercado imobiliário desmoronou, a maioria dos americanos queria tomar emprestado menos, e não mais. Milhões de proprietários estavam afogados em suas hipotecas; deviam mais do que suas casas valiam. Depois de um longo período fazendo empréstimos para financiar gastos maiores que suas rendas, o setor privado queria alívio de dívidas, não mais dívidas. Sem usar um palavrão com a letra f (fiscal), o Bernanke passou sua mensagem. A alavancagem das políticas do Fed não era forte o suficiente por si só. Era hora de outra ferramenta — a política fiscal — adentrar o jogo.

O problema era que a recessão forçou o orçamento déficit adentro, e o Congresso já havia aprovado um pacote de estímulos de US$ 787 bilhões para lutar contra os efeitos da Grande Recessão. Quando Bernanke fez seu pedido de ajuda adicional não tão sutil em 2011, foi deixado no ar. O Congresso estava preocupado demais com a situação de seu próprio balancete. Quando o Fed percebeu que estava essencialmente por conta própria, Bernanke colocou todas as fichas numa rodada aberta de flexibilização quantitativa, que alguns especialistas acreditam ter contribuído para aumentar a desigualdade e especulação arriscada nos mercados financeiros. Com o tempo, a taxa de desemprego caiu de 9% para menos de 4%.

Levou sete anos, mas no fim, o mercado de trabalho agarrou de volta todos os empregos que haviam sido perdidos com a crise financeira. Para alguns, foi um testemunho da capacidade das políticas monetárias de reequilibrarem a economia após uma recessão. Para os economistas por trás da TMM, isso revelou as deficiências na abordagem à estabilização macroeconômica dominante. Uma recessão que poderia ter sido rapidamente revertida com a correta prescrição fiscal se tornou o mais longo e arrastado declínio da era pós-Segunda Guerra Mundial. Para nos certificarmos de que isso nunca aconteça novamente, a TMM recomenda uma mudança que deixe de lado a atual dependência dos bancos centrais e busque a meta dupla de pleno emprego e estabilidade de preços.

INFLAÇÃO E DESEMPREGO: A ABORDAGEM DA TMM

Os economistas por trás da TMM reconhecem que existem limites reais para os gastos, e que tentar ir além desses limites pode resultar em inflação excessiva. Apesar disso, acreditamos que existem formas melhores de se administrar esses tipos de pressões inflacionárias e que isso pode ser feito sem jogar milhões de pessoas na armadilha do desemprego perpétuo. De fato, argumentamos que é possível usar o *verdadeiro* pleno emprego para ajudar a estabilizar os preços.

Em vez de nos apoiarmos no conceito de uma taxa como a NAIRU para entendermos quando a economia está se aproximando de seu limite de produção, a TMM urge que pensemos sobre a capacidade produtiva ociosa de forma mais ampla. Atualmente, os articuladores de políticas observam a taxa de desemprego oficial, uma medida conhecida como U-3, e tentam adivinhar se esse número está próximo da NAIRU invisível. Como o Fed admite, eles frequentemente subestimam o grau de folga no mercado de trabalho, e assim tentam desacelerar a economia antes mesmo que ela atinja sua capacidade produtiva máxima. Isso é como deixar dinheiro na mesa, no sentido de que todas as pessoas que poderiam estar empregadas, realizando tarefas úteis para a sociedade, são perdidas. Um tipo de refeição grátis, mas que não foi comida.

Quando mantemos nossa economia abaixo de sua capacidade produtiva, significa que estamos vivendo abaixo de nossos recursos coletivos. O orçamento federal pode estar em déficit, mas estamos *gastando pouco* sempre que há capacidade produtiva não-utilizada. É como fabricar um carro de alta performance e depois dirigi-lo como se fosse um carrinho de golfe. É ineficiente. Quando somos tolerantes com o desemprego em massa, estamos sacrificando seja lá o que teria sido produzido caso tivéssemos usado o tempo e a energia daqueles que desejavam trabalhar, mas tiveram seu acesso a emprego negado. Eliminar esse tipo de desemprego involuntário vem sendo uma preocupação de economistas keynesianos por décadas.

Nos idos de 1940, um economista com certo talento para lançar novas formas de pensamento sugeriu um meio de preencher permanentemente o hiato produtivo — a diferença entre aquilo que a economia é capaz de produzir e aquilo que ela realmente produz em um dado ponto no tempo. Seu nome era Abba P. Lerner, e sua ideia era permitir que o setor privado chegasse o mais próximo possível do pleno emprego por conta própria, e depois se apoiar primariamente em políticas fiscais para se cobrir qualquer buraco nos gastos totais. Com gastos *agregados* suficientes, ele raciocinou que os formuladores de políticas poderiam perpetuar a prosperidade, mantendo a economia em seu potencial absoluto através de uma aplicação permanente de políticas fiscais. Políticas monetárias poderiam ajudar, mas Lerner queria a política fiscal — ajustes nos tributos e nos gastos do governo — no comando da economia.[20] Sendo inclusive mais firme do que Keynes havia sido antes dele, argumentava que o governo federal deveria ajustar seu próprio orçamento para compensar todo e qualquer desvio do pleno emprego. O resultado no orçamento seria irrelevante. Somente resultados econômicos reais importavam.

Ele chamava sua abordagem de finanças funcionais porque queria que o Congresso tomasse decisões com base na maneira como suas políticas funcionariam na economia real, em vez de se preocupar com o impacto delas no orçamento. O objetivo era produzir uma economia equilibrada — em que os empregos fossem suficientemente abundantes e a inflação, baixa. Alcançar essas metas poderia exigir déficits fiscais, um orçamento equilibrado ou um superávit fiscal. Qualquer um desses resultados era considerado aceitável, desde que a economia geral permanecesse em equilíbrio.

As finanças práticas viraram a sabedoria convencional de ponta-cabeça. Em vez de tentar forçar a economia a gerar mais impostos, à altura dos gastos federais, Lerner instigava os formuladores de políticas a pensar de forma inversa. Impostos e gastos deveriam ser manipulados para levar a economia a um equilíbrio como um todo. Isso poderia demandar do governo adicionar mais dinheiro (gastar) do que ele subtraía (tributar). Poderia até ser necessário fazer isso de uma forma contínua, ou seja, na forma de déficit fiscal sustentado por anos, ou até décadas. Lerner via isso como uma forma perfeitamente responsável de se administrar o orçamento do governo. Enquanto o déficit resultante não empurrasse a inflação para cima, não deveria ser identificado como gasto excessivo.

Isso muda fundamentalmente a nossa concepção de aplicar um orçamento federal com responsabilidade, em termos fiscais. Em vez de culpar o Congresso por não conseguir alinhar gastos com impostos, devemos aceitar *seja qual for* o orçamento resultante, desde que proporcione condições amplamente equilibradas à nossa economia. Assim, se o resultado orçamentário mostrado na Apresentação 2 der origem às condições econômicas equilibradas mostradas à direita, então a política fiscal não demanda ajustes adicionais e devemos considerar que o orçamento está em equilíbrio.

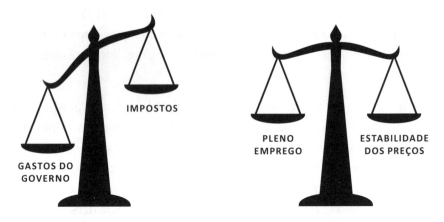

APRESENTAÇÃO 2: Redefinindo um Orçamento Equilibrado

Para se manter o pleno emprego e a inflação baixa, Lerner queria que o governo ficasse constantemente de olho na economia. Se algo tirasse a economia do equilíbrio, Lerner esperaria que o governo respondesse com um ajuste fiscal, independente de a resposta ser mudar os impostos ou alterar os gastos. Cortes nos impostos poderiam funcionar no combate ao desemprego se pudessem ser rapidamente decretados e fossem bem direcionados, o que significa que teriam que beneficiar aqueles que provavelmente gastariam esse dinheiro de volta na economia. Para funcionar bem, reduções nos impostos precisam beneficiar aqueles que têm alta propensão de gastar suas novas receitas. A razão pela qual os cortes de imposto de renda de Trump fizeram pouco para impulsionar a economia geral é porque eles eram firmemente voltados para aqueles que estão no topo da distribuição de renda. Mais de 80% dos benefícios foram para aqueles 1% no topo. Comparados aos que possuem renda mais baixa ou média, que gastariam uma grande porcentagem de qualquer nova entrada de dinheiro que você lhes proporcionar, os ricos simplesmente não gastam tudo isso quando você enfia mais dinheiro em seus bolsos. Impostos bem direcionados podem funcionar, mas uma forma mais direta de sustentar os gastos seria o governo simplesmente gastar mais por conta própria. Da mesma forma com que impostos bem direcionados funcionarão melhor do que se forem mal direcionados, gastos governamentais bem direcionados podem funcionar melhor do que gastos mal direcionados. Economistas geralmente preferem projetos de gastos que tenham um multiplicador fiscal alto, porque isso significa que a rodada inicial de gastos do governo se multiplicará em vários outros ciclos de gastos conforme o dinheiro muda de mãos repetidamente, criando a cada vez alguma demanda adicional na economia. Para garantir que os gastos do governo proporcionem impulso máximo à economia, Lerner se mantinha firme na ideia de que qualquer aumento nos gastos deveria acontecer *sem* um aumento de impostos para "pagar por ele". Em vez de seguir uma regra semelhante à PAYGO (regra similar ao teto de gastos no Brasil), ele queria que o governo se abstivesse de aumentar impostos até o momento em que se tornasse necessário lutar contra as pressões inflacionárias.[21] Lerner acreditava que, se a inflação começassem a crescer, o congresso poderia responder aumentando os tributos ou cortando suas próprias despesas de volta. E se o desemprego subitamente disparasse, ele achava que os legisladores deveriam cortar tributos e encontrar formas de se gastar mais dinheiro, e rápido.

Os insights de Lerner são importantes para a TMM, mas não vão longe o suficiente. Concordamos que deveríamos nos apoiar em ajustes de impostos e gastos (políticas fiscais) no lugar de taxas de juros (políticas monetárias) para equilibrar nossa economia. Também concordamos que os déficits fiscais por si só não são bons ou maus. O que importa não é se o orçamento do governo está em déficit ou superávit, mas se o governo está usando seu orçamento para alcançar bons resultados para o resto da economia. Concordamos que tributos são uma forma importante de se reduzir o poder de compra, e que nunca deveriam ser elevados simplesmente para passar uma impressão de que se está sendo fiscalmente responsável. Mas achamos que as prescrições de Lerner ainda deixariam muita gente sem emprego.

Mesmo se, num belo dia, todos os 535 membros do Congresso acordassem concordando em seguir a política fiscal da maneira que Lerner recomendou, o desemprego involuntário continuaria sendo uma característica permanente da nossa economia. Simplesmente não há como o Congresso girar o volante com rapidez suficiente para reagir a mudanças nas condições econômicas e fazer com que todos que estão à procura de trabalho encontrem um emprego. Na melhor das hipóteses, poderíamos chegar um pouco mais perto do pleno emprego, mas haveria sempre uma parcela significativa que permaneceria sem trabalho. E também não é suficiente se apoiar exclusivamente no Congresso para ajustar gastos governamentais, e em taxação para combater a inflação, se ela começar a acelerar. Para complementar a política fiscal discricionária (o timão que direciona a economia), a TMM recomenda uma garantia federal de emprego, que cria um estabilizador automático não discricionário, e, assim, promove tanto o pleno emprego como a estabilidade de preços.

Imagine uma estrada mal cuidada. Você vai fazendo uma viagem suave até que passa em um buraco ou em uma saliência no asfalto. Você pode tentar virar a direção para desviar deles, mas, a certa altura, acaba atingindo um, é seu destino. A partir daí, a viagem pode passar a ser difícil. Se você tiver um veículo com bons amortecedores, eles vão absorver o impacto, e você não irá chacoalhar tanto. Mas se os amortecedores forem fracos, é melhor se segurar! A TMM pode melhorar a direção do Lerner com poderosos amortecedores novos, na forma de uma garantia de emprego federal.

Funcionaria da seguinte forma:

O governo federal anuncia um pacote de salários (e benefícios) para qualquer um que estiver procurando trabalho mas não conseguiu encontrar um emprego adequado na economia. Vários economistas da TMM recomendam que os empregos sejam orientados para a construção de uma economia do cuidado.[22] De modo bem geral, isso significa que o governo federal se comprometeria a financiar empregos que visam o cuidar de nosso povo, de nossas comunidades e do nosso planeta. Isso estabelece efetivamente uma opção pública no mercado de trabalho, pois o governo fixa um salário por hora e permite que a quantidade de trabalhadores contratados no programa flutue.[23] Como o preço do desemprego ao mercado é zero — ou seja, ninguém está ofertando trabalho aos desempregados —, o governo pode criar um mercado para esses trabalhadores e determinar o preço que ele deseja pagar para contratá-los. Quando isso é feito, o desemprego involuntário desaparece. Todo mundo que estiver procurando uma ocupação remunerada tem garantia de acessar um emprego a uma faixa de pagamento determinada pelo governo federal.

A garantia de emprego tem suas origens na tradição de Franklin Delano Roosevelt, que queria que o governo garantisse que o emprego fosse um direito econômico de todos. Também integrou o movimento pelos direitos civis liderado pelo Dr. Martin Luther King Jr., sua esposa, Coretta Scott King e o reverendo A. Philip Randolph. O influente economista Hyman Minsky defendeu esse princípio como um pilar fundamental em seu trabalho contra a pobreza. É importante notar que a garantia de emprego não exige que os formuladores de políticas tentem adivinhar se há capacidade ociosa no mercado de trabalho usando uma NAIRU ou algo semelhante. Em vez disso, o governo simplesmente anuncia a remuneração e depois contrata todos os que aparecem à procura de emprego. Se ninguém aparecer, significa que a economia já está operando em pleno emprego. Mas se surgirem 15 milhões de pessoas, é indício que há capacidade ociosa substancial. Em um viés realista, é a única forma de se saber com certeza se a economia está realmente subutilizando seus recursos.

Por que o financiamento deve vir do Tio Sam? Simples. Ele não ficará sem dinheiro. Para um usuário da moeda, como um governo estadual ou prefeitura, seria quase impossível se comprometer em contratar cada um que aparecesse pedindo trabalho. Imagine o que aconteceria se o prefeito de Detroit anunciasse que a cidade estava preparada para oferecer emprego a qualquer um que quisesse trabalhar, mas não estivesse encontrando emprego na região. A cidade ficaria atolada de candidatos. Mesmo em uma economia relativamente boa, dezenas ou centenas de milhares de pessoas apareceriam, sobrecarregando enormemente o orçamento do governo local. Agora imagine o que aconteceria se a economia entrasse em recessão e o número de candidatos dobrasse, enquanto as receitas fiscais de Detroit estivessem à beira de um precipício. Lembre-se: governos municipais e estaduais realmente dependem da receita tributária para pagar suas contas. Eles não podem simplesmente se comprometer a gastar mais, enquanto suas receitas se esvaem ao longo de uma recessão. Mas é precisamente aí que o programa estará sob a maior pressão (e é nesse momento que será mais essencial).

Relembrando o capítulo anterior, Mosler levou seus filhos a fazer as tarefas de casa quando impôs um tributo, que só poderia ser pago com seus cartões de visita. Nesse sentido, o imposto (ao menos a partir de sua criação) é o que leva as pessoas a procurar emprego. A TMM conclui que, como o governo impõe o imposto que leva as pessoas a procurarem formas de ganhar a moeda, ele deve garantir que sempre haja uma maneira de ganhá-la.

Com uma garantia de emprego em andamento, a economia pode passar por um período difícil sem lançar milhões de pessoas no desemprego. Os duros percalços são inevitáveis. Não existe uma economia capitalista na Terra que tenha encontrado uma maneira de erradicar o ciclo econômico. As economias crescem, geram empregos e então, no fim das contas, algo acontece para jogá-las numa recessão. Podemos e devemos usar políticas discricionárias para tentar domar o ciclo. Trânsitos mais suaves são preferíveis a viagens acidentadas. Mas nenhum país descobriu como evitar todos os perigos possíveis. Nos últimos sessenta anos, os EUA foram atingidos por recessões de 1960 a 1961, de 1969 a 1970, de 1973 a 1975, em 1980, de 1981 a 1982, de 1990 a 1991, em 2001 e de 2007 a 2009. Bons tempos são seguidos de tempos ruins, que no fim acabam por preparar o terreno para o próximo ciclo de períodos bons.

Um dos principais benefícios da garantia de emprego é que essa estratégia ajuda a isolar a economia enquanto ela passa pelo inevitável ciclo de retração/expansão. Ao invés de deixar milhões de pessoas desempregadas quando a economia desacelera, a garantia de emprego permite à população transitar de uma forma de trabalho pago para outra. Você pode perder seu emprego separando caixas em uma empresa de distribuição privada, mas pode imediatamente garantir trabalho atuando em um emprego útil no serviço público. Como a garantia de trabalho permite que trabalhadores transitem entre empregos alternativos, ao invés de formarem as filas de desempregados, o programa ajuda a fazer uma rede de proteção para a economia como um todo, sustentando salários e preservando (ou até melhorando) habilidades dos trabalhadores, até que a economia se recupere e eles comecem a transitar de volta para empregos do setor privado. E como os gastos de contratação de trabalhadores no programa se tornam automáticos quando a garantia de emprego entra em vigor, não precisamos depender de gastos discricionários para facilitar o caminho.[24]

O governo federal garante o financiamento, estabelece os parâmetros amplos que definem os tipos de empregos que o programa objetiva abranger e providencia supervisão para garantir a conformidade com regras e responsabilidade. Praticamente todo o resto é tratado de forma descentralizada, aproximando a tomada de decisões ao máximo das pessoas e comunidades que se beneficiarão mais diretamente das tarefas a serem executadas. A principal característica do programa é que ele atuará como um novo e poderoso estabilizador automático para a economia como um todo.

A forma como a TMM combate o desemprego involuntário é eliminando-o. Na nossa visão, a política de pleno emprego mais efetiva é a que tem os desempregados como público alvo. Em vez de mirar os gastos em infraestrutura e esperar que os empregos se redistribuam até chegar aos desempregados, a TMM propõe o que a economista do Bard College, Pavlina Tcherneva, descreve como abordagem do fim para o começo.[25] Ela considera os trabalhadores como e onde estão, e ajusta os empregos às suas capacidades individuais e às necessidades de sua comunidade. Não estamos falando de criar um trabalho comum qualquer. Não é um esquema para botar para trabalhar somente, voltado para simplesmente dar ao desempregado um empurrão para justificar seu salário. É uma forma de melhorar o bem público, enquanto nossas comunidades são fortalecidas por meio de um sistema de governança compartilhada. Como disse Vickrey, esses empregos em serviços públicos nos permitiriam "converter o trabalho do desempregado em melhores instalações e serviços públicos de vários tipos".[26] A ideia é conceder às pessoas um trabalho útil, que seja valorizado pela comunidade, e compensar esse trabalho com um salário e um conjunto de benefícios decentes.

Se a economia fosse desabar do jeito que desabou em 2008, a garantia de trabalho federal poderia "segurar" centenas de milhares de pessoas, ao invés de permitir que caíssem no desemprego.[27] O setor privado dispensaria trabalhadores, mas novos trabalhos surgiriam imediatamente no serviço público. Como o governo federal se comprometeria a financiar esses novos empregos, a desaceleração seria amortecida por uma expansão do déficit fiscal. Isso acontece automaticamente, sem a necessidade de esperar que o Congresso delibere e negocie se deve ou não resgatar a economia com estímulo fiscal. Como o programa sustenta a renda, a economia se estabiliza mais rapidamente do que se não existir uma garantia de emprego. A recessão é menos severa e a recuperação chega mais cedo. E por ser um programa permanente, estará lá para sustentar a economia nos bons e nos maus momentos.

Sendo um programa permanente, a garantia de trabalho assegura uma viagem mais suave para a economia, o que ajuda a estabilizar a inflação. Sem ela, a renda cai mais abruptamente quando os clientes desaparecem e as empresas começam a demitir funcionários, o que gera também um acúmulo de estoques que leva as empresas a buscarem formas de reduzir preços para liquidar os itens não vendidos. Quando a recuperação finalmente chega, as empresas podem aumentar preços para restabelecer as margens de lucro habituais. Quanto mais a economia oscila, mais os preços se moverão em resposta à oscilação. Ao estabilizar a renda do consumidor, a garantia de emprego ajuda a evitar ajustes mais amplos nos seus gastos, que podem resultar em maior variação de preços.

A garantia de emprego também ajuda a estabilizar a inflação ao ancorar um preço-chave na economia — o preço pago aos trabalhadores no programa de garantia de emprego. Ao estabelecer um piso salarial, o governo acaba por determinar a compensação salarial mínima; por exemplo, US$ 15 por hora. Essa se torna a faixa de remuneração contra a qual todos os outros trabalhos podem ser precificados. Atualmente, o salário mínimo é zero. Sim, o salário mínimo federal é de US$ 7,25 por hora, mas, como o economista Hyman Minsky frequentemente observava, para os desempregados, o salário mínimo é US$ 0. Você precisa estar empregado para ganhar pelo menos o salário mínimo federal, e milhões de americanos desempregados não têm acesso a esse salário mínimo. Para se estabelecer um diminuto universal, é necessário existir uma oferta válida para pleitear a mão de obra a um preço positivo. A garantia de emprego estabelece esse lance mínimo, tornando o salário de garantia de emprego o salário mínimo real em toda a economia. Uma vez estabelecido, espera-se que qualquer outra forma de emprego ofereça uma bonificação sobre o salário-base.[28] Já fazemos isso com a taxa de juros, quando o Federal Reserve define a taxa *overnight*, que se torna a taxa básica contra a qual hipotecas, cartões de crédito, empréstimos para compra de carros etc. são precificados. Quando o Fed aumenta a taxa de curto prazo, outras taxas geralmente sobem.[29] Ao ancorar o preço do trabalho, a garantia de emprego proporciona maior estabilidade por todo um espectro de salários e preços na economia.

Finalmente, a garantia de emprego ajuda a combater a pressão infla-cionária, pois mantém uma gama pronta de pessoas *empregadas*, que as empresas poderão contratar com facilidade quando quiserem expandir a produção. Sabemos, das pesquisas com empregadores, que o candidato menos atraente é aquele que passou um longo período desempregado. Os empregadores simplesmente não querem correr o risco de contratar alguém que não tenha histórico de emprego recente.[30] Eles querem saber o máximo que puderem sobre quem estão contratando. Contratar desempregados envolve riscos substanciais. Não há como descobrir se aqueles há tem-pos desempregados tiveram bons hábitos de trabalho, se podem interagir bem com os outros e assim por diante. As habilidades de um datilógrafo eficiente ou de um técnico manualmente habilidoso podem se deteriorar por falta de uso. Você está arriscando quando contrata alguém que esteve desempregado por um período de tempo relativamente longo. Para evitar a incerteza, as empresas muitas vezes tentam atrair trabalhadores e retirá-los de seus cargos do momento, oferecendo salários mais altos para aquele determinado nível com intenção de seduzi-los a mudar de emprego. Se todo empregador seguir isso à risca, então estamos numa dança das cadeiras, em que aqueles com cadeiras estão constantemente indo para cadeiras que pagam mais e aqueles sem cadeiras ficam fora do jogo. Aumentar os salários dessa maneira introduz um viés inflacionário, que, por outro lado, é mitigado quando as empresas têm a opção de contratá-los de um grupo de funcionários públicos empregados. Com a garantia de emprego em vigor, os empregadores têm um conjunto ampliado de trabalhadores em potencial para contratar. Isso beneficia não apenas os empregadores e aqueles que, de outra forma, ficariam desempregados, mas também o resto de nós.

Por ser um programa estabilizador automático, a garantia de emprego move o orçamento federal para cima e para baixo — mais dinheiro é gasto quando a economia enfraquece, e menos é gasto quando fica forte —, garantindo, assim, que os déficits se movam em sentido contrário ao ciclo econômico e evitem gastos excessivos nessa parte do orçamento. Obviamente, o Congresso ainda teria controle *discricionário* sobre outras partes do orçamento. Como emissor da moeda, o Tio Sam exerce o poder do erário, e ele sempre pode decidir gastar mais em coisas como infraestrutura, educação ou defesa. Se existirem bens e serviços à venda e o Tio Sam os desejar, ele tem o poder de fazer um lance sobre o nosso. Ele não tem restrições financeiras. Como emissor da moeda, ele tem o poder de se comprometer a gastar dinheiro que ele não tem, e ele não vai falir por isso. Essa é a realidade que a TMM expõe.

Como o Stan Lee, criador dos quadrinhos do Homem-Aranha, ensinou-nos, "Com grandes poderes vêm grandes responsabilidades". O Senador Enzi estava certo de expressar sua preocupação a respeito de gastos excessivos. Mas ele falhou em identificar o perigo real. A ameaça ao nosso bem-estar comum não é déficit no orçamento. É inflação em excesso.

Então, como tiramos vantagem dos potenciais benefícios que uma moeda soberana oferece às pessoas de nossa nação, ao mesmo tempo em que nos resguardamos do risco dos gastos excessivos? Você pode ficar tentado a argumentar que já temos garantias em vigor. O teto máximo da dívida, a regra de Byrd e o PAYGO podem parecer regras eficazes contra gastos excessivos. Mas não são. E não é porque é fácil para o Congresso contornar as regras. É porque, sob os procedimentos orçamentários atuais, o Congresso não precisa considerar o risco de inflação quando quer gastar mais. Lembre-se, ele colocou o Federal Reserve no comando da estabilidade de preços. E assim, os membros do Congresso perguntam apenas se os novos gastos aumentarão o déficit, e não a inflação. E essa é a pergunta errada.

De fato, como a TMM mostra, isso coloca de lado a grande responsabilidade que deveria ser exigida de qualquer governo que acessa o poder do erário. Para entendermos o porquê, vamos considerar um exemplo. Suponhamos que a economia esteja perto de sua capacidade máxima, com a maioria dos trabalhadores e negócios produzindo todos os bens e serviços possíveis de se produzir. Agora suponha que o Congresso queira gastar US$ 2 trilhões para modernizar e elevar a qualidade da infraestrutura deteriorada do país (aeroportos, hospitais, estradas, pontes, estruturas de tratamento de água etc.). [31] Uma vez que ninguém no Congresso pensa como um emissor de moeda, todos acreditam que a coisa com que mais devem se preocupar é se os gastos aumentarão o déficit. Para evitar aumentar este, suponha que eles combinem os gastos com uma proposta de arrecadar US$ 2 trilhões, lançando um pequeno imposto sobre um punhado de americanos cujo patrimônio líquido exceda US$ 50 milhões. Hoje, esse projeto iria para o Escritório de Orçamento do Congresso (*Congressional Budget Office, CBO*), onde provavelmente receberia uma boa pontuação, alegando que não aumenta o déficit ao longo do tempo. Com farol verde do CBO, os congressistas estariam livres para seguir em frente com a votação para autorizar os gastos. O que aconteceria em seguida poderia ser um desastre.

À medida que o Departamento de Transportes tenta contratar a mão de obra, descobre rapidamente que não há recursos não-empregados suficientes para o governo contratar. Isso ocorre porque o imposto recaiu sobre um pequeno número de indivíduos (cerca de 75 mil), que, antes de qualquer coisa, não iriam gastar muito desse dinheiro (isso, se gastassem). Tal situação não deve ser interpretado como um argumento contra taxar os ricos. É um argumento contra tomadas de decisões arbitrárias quando o assunto é a política tributária. Há fortes razões para se tributar os ricos, e precisamos fazê-lo. Mas precisamos tributar estrategicamente, reconhecendo que o objetivo do imposto não é pagar os gastos do governo, mas ajudar a reequilibrar a distribuição de riqueza e renda, porque as concentrações extremas que existem hoje são uma ameaça tanto para nossa democracia quanto para o funcionamento da nossa economia. Pense nisso. Jeff Bezos, o homem mais rico da América, tem um patrimônio líquido estimado em US$ 110 bilhões. Quantos carros, piscinas, quadras de tênis ou férias de luxo a menos Bezos comprará depois que 2% de sua riqueza for tributada? A resposta é: não muitas. Um diminuto imposto anual sobre uma fração de seu patrimônio líquido não eliminará muito de seus gastos. Quando se trata de gastos, ele é mais um poupador do que gastador. Os bilionários economizam sua riqueza na forma de ativos financeiros, imóveis, obras de arte e moedas raras. Um imposto sobre a riqueza pode fazer com que o projeto de lei para infraestrutura pareça fiscalmente responsável, mas é uma péssima compensação se o governo quiser elevar os gastos em uma economia que não tem muita capacidade ociosa disponível.

Numa economia em profunda recessão, não importaria. Haveria bastante "espaço fiscal" porque as empresas estariam operando com muita capacidade ociosa e haveria toneladas de trabalhadores desempregados à disposição para contratação. Mas quando nos aproximamos do pleno emprego, esses recursos reais se tornam cada vez mais escassos. Uma vez que a economia esgote sua capacidade produtiva real, o único jeito para o governo conseguir os trabalhadores de construção, arquitetos e engenheiros, o aço, o concreto, os caminhões, guindastes e todo o necessário é conseguir bancar que saiam de seu trabalho ou uso em andamento. Esse processo de ofertas empurra os preços para cima, gerando pressões inflacionárias. Para mitigar esse risco, o imposto criado precisa compensar gastos correntes suficientemente, de forma a liberar os recursos reais que o governo precisa contratar. O problema é que, como esse imposto específico é cobrado de um pequeno grupo de pessoas super ricas, ele não abrirá muito espaço fiscal (isso, se abrir).

Esse fator, porém, não faz disso uma má ideia em outros contextos! Apenas significa que não é uma forma efetiva de mitigar o risco de inflação, o que é especialmente importante quando a economia estiver funcionando próxima ao seu limite de velocidade máxima.

É por isso que a TMM recomenda uma abordagem diferenciada ao processo de orçamento federal, uma abordagem que integre o risco inflacionário ao processo de tomadas de decisão, para que os legisladores sejam forçados a parar para pensar se tomaram os passos necessários para se resguardar dos riscos de inflação *antes* de aprovar qualquer outro novo gasto. A TMM nos deixaria mais *seguros* a esse respeito, porque ela reconhece que a melhor defesa contra a inflação é um bom ataque. Não devemos permitir que gastos excessivos causem inflação e então combater a inflação, depois que ela acontecer.[32] Queremos que agências como o CBO ajudem a avaliar a nova legislação quanto ao risco potencial de inflação *antes* que o Congresso se comprometa a financiar novos programas, para que, assim, os riscos sejam mitigados preventivamente. Em essência, a TMM considera que deve ser feita uma substituição de uma restrição artificial (receita) por uma restrição real (inflação). [33]

A realidade é que o Tio Sam não enfrenta nenhuma restrição de receita que o limite. Ele gasta primeiro e depois tributa para retirar o dinheiro. Em vez de começar com a premissa de que cada dólar dos novos gastos deve ser pareado com um dólar de receita nova, a TMM nos exorta a começar tudo com uma pergunta: quanto dinheiro deve ser subtraído? Isso vira o PAYGO de cabeça para baixo. Em vez de aceitar o pressuposto de que sempre devemos evitar um aumento no déficit, a TMM nos diz para começar por perguntar se algum dos gastos propostos precisa realmente ser compensado para se amortecer o risco de inflação.

Ainda considerando a proposta de investimento em infraestrutura de US$ 2 trilhões, a TMM nos faria começar perguntando se seria seguro para o Congresso autorizar US$ 2 trilhões em novos gastos *sem* compensações. Uma análise cuidadosa da capacidade ociosa existente (e prevista) na economia orientaria os legisladores a determinar isso. Se o CBO e outros analistas independentes concluíssem que haveria o risco de se empurrar a inflação acima de alguma taxa almejada, os legisladores poderiam começar a montar um menu de opções para identificar as maneiras mais *eficazes* de se atenuar esse risco. Talvez apenas um terço, ou metade, ou três quartos dos gastos precisem ser compensados. Também é possível que nenhum deles exija compensações. Ou talvez a economia esteja tão perto de seu pleno potencial de emprego que o PAYGO seja a política certa. A questão é que o Congresso deve trabalhar *no caminho inverso* para chegar à resposta, em vez de começar com a presunção de que cada novo dólar gasto precisa ser totalmente compensado. Isso ajuda a nos proteger de aumentos de impostos não justificados e de inflação não desejada. E também garante que sempre exista uma verificação de qualquer gasto novo. O melhor jeito de combater a inflação é antes que ela aconteça.

De certo modo, nós tivemos sorte. O Congresso faz grandes comprometimentos fiscais rotineiramente, sem pausar para avaliar os riscos de inflação. Pode adicionar centenas de bilhões de dólares ao orçamento de defesa ou aprovar cortes de impostos que adicionem trilhões ao déficit fiscal ao longo do tempo; na maioria das vezes em que o fez, nós saímos ilesos — pelo menos em termos de inflação. Isso ocorre porque normalmente há folga suficiente para absorver déficits maiores. Embora o excesso de capacidade tenha servido como uma espécie de apólice de seguro contra um Congresso que ignora o risco inflacionário, a manutenção de recursos ociosos tem um preço. Diminui nosso bem-estar coletivo, privando-nos da variedade de coisas que poderíamos ter desfrutado se tivéssemos aplicado de uma boa maneira nossos recursos. A TMM pretende mudar isso.

A TMM trata de acessar o poder do erário público para construir uma economia que funcione em seu pleno potencial, enquanto monitora devidamente esse poder. Ninguém pensaria no Homem-Aranha como um super-herói se ele se recusasse a usar seus poderes para proteger e servir. "Com grandes poderes vêm grandes responsabilidades." O poder do erário pertence a todos nós. Ele é exercido por membros democraticamente eleitos do Congresso, mas devemos pensar nele como um poder que existe para servir a todos nós. Gastar demais é um abuso de poder, mas recusar-se a agir quando mais pode ser feito para elevar as condições de vida sem aumentar a inflação também o é.

3
A DÍVIDA FEDERAL (QUE NÃO É DÍVIDA)

MITO #3: De um jeito ou de outro, estamos todos endividados.

REALIDADE: A dívida federal não representa nenhuma sobrecarga financeira.

Quando eu cheguei a Washington, DC, em janeiro de 2015, eu era a única funcionária no Comitê de Orçamento do Senado americano que olhava o mundo através das lentes de um emissor de moeda. Eu sabia que o governo federal não era como um núcleo familiar ou como uma empresa privada. Eu sabia que o Tio Sam nunca poderia ficar sem dinheiro. Sabia que mais do que a insolvência, a inflação era a punição pertinente aos gastos excessivos. E também sabia que apenas eu pensava assim.

Todas as outras pessoas podiam ser divididas em dois grupos: os falcões (*hawks*) do déficit e os pombos (*doves*) do déficit. Os falcões eram os linhas-duras. Eram principalmente, mas não exclusivamente, republicanos, que olham para os déficits fiscais como evidência de má administração colossal das finanças da nossa nação. Orçamentos têm que ser equilibrados. Ponto final. Qualquer desequilíbrio entre os gastos e a tributação os perturbava. Diziam para termos cuidado com uma crise da dívida iminente e pediam ação rápida para conter os déficits fiscais. O apelido simboliza sua determinação feroz — pelo menos retoricamente — de equilibrar o orçamento e zerar a dívida federal. Os falcões provocavam seus oponentes, os pombos do déficit, acusando-os de serem muito otimistas (como pombas inocentes) a respeito da ameaça que a dívida crescente da nação representava. Os falcões culpavam em especial os programas de benefícios — Previdência Social, Medicare e Medicaid —, enquanto os pombos apontavam as reduções de impostos sobre os ricos e as guerras de trilhões de dólares como os principais impulsionadores da dívida do governo.

Ao passo que experts e insiders de Washington os retratavam como opostos diametrais, eu os via como pássaros do mesmo bando. Ambos consideravam a perspectiva fiscal de longo prazo um problema que precisava ser corrigido. As essenciais diferenças entre eles se resumiam a divergências sobre quem (e o quê) nos havia colocado nessa confusão e a rapidez com que deveríamos agir para reparar os danos. A maioria dos republicanos queria reduzir os direitos enquanto a maioria dos democratas queria aumentar os impostos. Caminhos diferentes para o mesmo destino.

No momento em que entrei para o Comitê de Orçamento, eu me havia estabelecido nessa arena como uma inconformista. Segundo o boato que se espalhou de que eu iria para a capital do país para ser conselheira dos Democratas, os jornalistas disparavam artigos com títulos como "Sanders Contrata Coruja do Déficit". Eu havia cunhado esse termo em 2010, como uma forma de distinguir os pontos de vista dos economistas da TMM daqueles dos pássaros mais ansiosos em relação ao déficit. Decidi que a coruja seria uma boa mascote para a TMM porque as pessoas associam as corujas à sabedoria e também pela capacidade delas de girar a cabeça quase 360 graus, permitindo que observem os déficits de uma perspectiva diferente.

A maioria dos senadores no comitê nunca havia ouvido falar da TMM. Até mesmo o senador que me contratou, Bernie Sanders, ficou inicialmente surpreso com a atenção dada pela mídia para sua escolha. Quando me encontrei com os membros do comitê pela primeira vez, o senador Tim Kaine, da Virgínia, disse-me que havia lido sobre minha indicação no Kansas City Star. Ninguém foi rude, mas eu podia sentir que havia reticências quanto a expandir o aviário do déficit.

Não foi fácil ser o novo pássaro no ninho. Eu sabia que minha visão diferia completamente da deles. Entre os democratas aos quais eu deveria prestar serviço estavam vários senadores que haviam ganhado reputação de serem conservadores em relação às questões fiscais. Três deles haviam

A DÍVIDA FEDERAL (QUE NÃO É DÍVIDA)

inclusive sido ungidos como "heróis fiscais" pelo notório grupo de ataque ao débito Fix the Debt.[1]

Em vários aspectos, o trabalho foi frustrante. Quanto às questões fiscais, eu não compartilhava as opiniões dos próprios membros para quem eu trabalhava. Procurei maneiras de ajudar o comitê sem reforçar mitos e mal-entendidos sobre as finanças de nossa nação. Escrevi pontos para discussão cuidadosamente roteirizados e esbocei comentários preparados para serem lidos em voz alta pelo membro eleito do comitê. Às vezes, o que você não diz é tão importante quanto o que você faz. Então, procurei maneiras de reformular o pensamento de maneiras sutis, esporadicamente pressionando colegas da equipe a escrever uma frase ou duas de um comunicado de imprensa ou um artigo de opinião do autor. Eu ainda era uma educadora de coração, portanto não conseguia suprimir totalmente o desejo de introduzir novas formas de pensar. Além disso, um raciocínio ruim leva a uma política ruim. E políticas ruins afetam a todos nós.

Uma das coisas que aprendi que mais me abriram os olhos veio de um jogo que eu fazia com membros do comitê (ou seus funcionários). Fiz isso dezenas de vezes, e sempre obtive a mesma incrível reação. Eu começava pedindo a eles para imaginarem que haviam descoberto uma varinha mágica que lhe dava o poder de eliminar toda a dívida federal com um giro da mão. Então eu perguntava: "Você usaria a varinha?". Sem hesitar, todos eles queriam que a dívida sumisse. Depois de estabelecer um desejo firme de zerar tudo, eu perguntava uma questão supostamente diferente: "Suponha que a varinha tenha o poder de livrar o mundo dos títulos do Tesouro americano. Você a usaria?". A questão eliciava olhares confusos, sobrancelhas tensionadas, expressões pensativas. No fim, todo mundo decidia contra usar a varinha.

Eu achava fascinante! Essas pessoas prestavam serviço em um comitê que havia sido criado literalmente para lidar com assuntos relacionados ao orçamento federal, e nenhuma delas parecia captar a mensagem. Todos tinham uma relação de amor e ódio com a dívida federal. Eles adoravam os títulos do Tesouro, desde que pensassem neles como *ativos* financeiros de posse do setor privado. Mas eles odiavam os mesmos títulos quando os consideravam *obrigações* do governo federal. Infelizmente, você não pode descartar a dívida federal sem também eliminar o instrumento que compõe a dívida — os títulos do Tesouro dos EUA. Eles são a mesma coisa.

No fim das contas, eu indicava que havia perguntado duas versões da mesma pergunta. Era como se eu tivesse perguntando aos colegas se preferiam o clima quando estivesse 77 graus Fahrenheit ou 25 graus Celsius. Por vezes era estranho. Alguns deles me diziam que entendiam que girar a varinha incluía eliminar todo o mercado de títulos do Tesouro americano, mas queriam de qualquer maneira que a dívida sumisse, porque ela assusta os eleitores.

É MUITO.OOO.OOO.OOO.OOO GRANDE

É claro que os eleitores ficam aterrorizados! Como não ficariam? A menos que você consiga se distanciar de todo discurso político, é praticamente impossível atravessar sua semana de trabalho sem se deparar com alguma forma de histeria sobre os déficits fiscais e a dívida federal. As manchetes dos jornais gritam sobre endividamento recorde e desastre iminente. Um relógio da dívida se impõe sobre pedestres da West 43rd Street, em Nova York, apresentando números assustadores em tempo real. Os cartunistas políticos retratam a dívida federal como um tiranossauro faminto devorando tudo ao longo de seu caminho pelas ruas da cidade ou como um balão em constante expansão, à beira de explodir. As livrarias estão repletas de títulos bombásticos com palavras feitas para gerar ansiedade como "Fim de Jogo" (*Endgame*), "No Vermelho" (*Red Ink*) e "Terapia Fiscal" (*Fiscal Therapy*). Circulam alertas de notícias de última hora, nas mídias sociais, informando as últimas projeções aterrorizantes do Escritório de Orçamento do Congresso. O rádio repete uma gravação alarmante da ex-secretária de Estado Hillary Clinton alertando que "nossos níveis crescentes de dívida representam uma ameaça à segurança nacional". Até mesmo cidadãos comuns, como aquela que colocou o adesivo do Tio Sam falido no para-choque de seu SUV, tornaram-se mensageiros da catástrofe.

A DÍVIDA FEDERAL (QUE NÃO É DÍVIDA)

É de se espantar que não estejamos todos enfiados em um bunker, preparando-nos para o Armagedom. O fim sempre está próximo.

A verdade é que estamos bem. O relógio da dívida na West 43rd Street mostra simplesmente um registro histórico de quanto dinheiro o governo federal vem adicionando ao bolso da população sem subtraí-lo (tributá-lo) de volta. Esse dinheiro está sendo economizado na forma de títulos do Tesouro americano. Se você tem sorte de ter um, parabéns! Eles são parte da nossa riqueza. Apesar de que alguns chamam o relógio de contador de dívidas, aquilo é, na verdade, um relógio de poupança em dólares americanos. Mas você não ouvirá isso de ninguém no Congresso. Você pode imaginar o porquê. Pense no que aconteceria se um membro do Congresso voltasse ao seu distrito de base e tentasse convencer uma sala cheia de eleitores em pânico de que tudo o que eles temem profundamente a respeito de nossa crescente dívida federal é na verdade um grande sanduíche de nada. Junto a todas as vozes com algum conhecimento sobre o assunto lançando exatamente a mensagem oposta, isso soaria como palavras de um adivinho, que seriam carregadas pelo vento como um balão de chumbo. Como disse Mark Twain, às vezes "é mais fácil enganar as pessoas do que convencê-las de que foram enganadas".

Mesmo se o pensamento deles não estivesse tão deturpado, há razões pelas quais os membros do Congresso podem não querer que o resto de nós veja a chamada dívida pelo que ela realmente é — nada mais do que aqueles dólares amarelos que fornecem juros, chamados títulos do Tesouro americano, dos quais falamos no Capítulo 1. Para alguns políticos, associar a palavra *dívida* a um número *bem grande* cria o efeito perfeito. A "meganumerofobia" — o medo de números grandes — pode não ser um transtorno de ansiedade medicamente reconhecido, mas muitos políticos parecem pensar que é bem real.

Eu me lembro de ter ficado impactada durante um encontro com membros do Comitê de Orçamento do Senado dos EUA. O Escritório de Orçamento do Congresso (CBO) havia acabado de publicar sua perspectiva de orçamento para o período de 2015 a 2025, e os senadores estavam se debruçando sobre as descobertas do relatório.[2] O CBO tinha projetado que o déficit fiscal seria de US$ 1,1 trilhão e a dívida federal bruta chegaria a US$ 27,3 trilhões em 2025. O presidente do comitê, Mike Enzi, achou os números impressionantes. Mas não impressionantes o suficiente. O que o preocupava era que, com pontos decimais em vez de vírgulas, o relatório não conseguiria estimular a resposta emocional correta de nossos cidadãos. Para dramatizar os números, ele sugeriu que o CBO os escrevesse de forma extensa: US$ 1.100.000.000.000 e US$ 27.300.000.000.000.

Relembremos que o Senador Enzi administrava uma loja de sapatos antes de se envolver em política. Como homem de negócios, ele deve ter aprendido a importância de uma boa campanha de marketing. Um caimento mais confortável, seleção mais variada, desenhos mais elegantes. Encontrar a mensagem certa para atrair compradores é fundamental para sustentar a base de clientes. Acesse as emoções certas e uma boa campanha de marketing trará as pessoas da rua para dentro da loja. Perceba que Enzi estava basicamente procurando uma maneira de lançar informações sobre as finanças do governo de uma forma que provocasse uma certa reação emocional dos eleitores. Uma vez que políticos como o senador Enzi consigam nos deixar ansiosos a respeito do tamanho dessa coisa que chamamos de dívida, eles podem manipular esse medo de várias maneiras.

Ao persuadir o eleitor de que algo precisa ser feito a respeito desses números grandes e assustadores, os políticos podem pressionar por cortes em programas populares como a Previdência Social e o Medicare.[3] Ganhar apoio para uma agenda que demande cortes dolorosos requer manter a revolta constante do público contra as finanças federais. São programas que beneficiam eleitorados enormes. A população lutará com unhas e dentes para os proteger. A menos, é claro, que eles possam ser convencidos de que não há alternativa. Que devemos agir para "liquidar a dívida" antes que seja tarde demais.

A TMM mostra que nós não precisamos consertar a dívida. Precisamos consertar nossa forma de pensar. Não apenas para evitar cortes insensatos a programas que apoiam milhões de americanos, mas também para construir um debate mais esclarecido sobre a ampla variedade de coisas que conseguiríamos alcançar se não tivéssemos tanto medo. A dívida não

A DÍVIDA FEDERAL (QUE NÃO É DÍVIDA)

é a razão pela qual não podemos ter coisas boas. É nossa forma de pensar distorcida. Para consertar nossa forma de pensar errada, precisamos superar mais do que apenas uma aversão a números grandes com a palavra *dívida* pendurada. Nós temos que lutar contra todo mito destrutivo que deturpa nosso modo de pensar.

CHINA, GRÉCIA E BERNIE MADOFF

Eu duvido que a mulher que colocou aquele adesivo no para-choque de seu SUV estivesse simplesmente ansiosa em relação ao tamanho do mercado do Tesouro americano — ou seja, a dívida federal. A probabilidade é que ela tinha outras preocupações. Talvez ela tivesse ouvido Barack Obama quando era candidato presidencial, reclamando que os EUA estavam tomando emprestado da China e "aumentando nossa dívida federal, que precisaremos quitar". O relógio da dívida na West 43rd Street não mostra apenas um registro em tempo real do total pendente. Também divide esse total pela população dos EUA, calculando a "sua parcela" da dívida federal. Talvez ela fosse uma mãe que carregava um sentimento de culpa por ter ouvido Paul Ryan, congressista de Wisconsin, dizer que precisamos lidar com a dívida para "proteger nossos filhos e netos de um fardo esmagador de dívidas e impostos". Ou talvez ela estivesse achando que nossa nação quebraria. Nós todos sabemos o que aconteceu com a Grécia. Talvez ela temesse por nossa grandiosa nação. Afinal, o Obama havia descrito a dívida federal como "irresponsável" e "não patriótica".

Sou mãe e sou patriota, e nenhum desses fatos me preocupa. Também porque sou uma economista da TMM, que enxerga tudo isso com um olhar fundamentalmente diferente. Eu consigo ler o último relatório do CBO e não entrar em pânico com o aumento projetado da dívida federal. Não sofro pela "minha parte" da dívida federal e nunca me preocupei com os EUA acabarem se tornando uma Grécia. Não me preocupo com a possibilidade de a China um dia fechar a torneira e privar os EUA dos dólares de que precisamos para pagar nossas contas. Deus do céu;

69

eu nem acho que deveríamos chamar a venda de títulos do Tesouro dos EUA de empréstimo ou rotular os títulos de dívida federal. Isso apenas traz confusão para a questão e causa sofrimento desnecessário às pessoas. Pior ainda, medos manipulados atrapalham o pensamento sobre políticas públicas melhores. E isso afeta todos nós. Então, vamos tentar consertar nossa forma de pensar.

Foi numa parada de campanha em Fargo, na Dakota do Norte, que Obama disse a uma pequena multidão que os Estados Unidos estavam se apoiando em "um cartão de crédito do Banco da China". Sua escolha de palavras foi importante, porque toca em duas de nossas ansiedades básicas. De um lado, há o medo de se apoiar em dinheiro emprestado para se pagar contas. Sabemos, por experiência própria, que assumir muitas dívidas pode causar dependência financeira. Fazer empréstimo para comprar uma casa, um carro ou até mesmo para fazer compras do mês irá obrigá-lo a efetuar pagamentos futuros. Não tardará e o pagamento da casa, do empréstimo do carro ou da fatura do cartão de crédito chegará e você precisará de dinheiro para pagar o que tomou emprestado. Ouvir que nosso país está acumulando trilhões de dólares em dívidas de cartão de crédito é o suficiente para deixar qualquer um preocupado. Saber que devemos esse dinheiro a uma nação estrangeira — e ainda mais uma adversária — só aumenta a ansiedade.

Não é que não tenhamos nada com que nos preocupar quando falamos de nossos parceiros comerciais internacionais. Como vamos descobrir mais tarde no Capítulo 5 ("'Vencer' no Comércio"), há razões legítimas para preocupação. Mas depender da China para pagar nossas contas não é uma delas. Para entendermos o motivo disso, vamos retroceder e pensar primeiramente em como a China (e outros países estrangeiros) acabam por possuir títulos do governo dos EUA.[4] Onde a China conseguiu o US$ 1,11 trilhão em títulos do governo americano que tinha em maio de 2019? O Tio Sam viajou para Pequim, de chapéu estrelado na mão, para pedir um empréstimo ao governo chinês? De jeito nenhum.

O que aconteceu primeiro foi que a China decidiu que queria vender um pouco do que produz para compradores fora da China, inclusive aos

Estados Unidos. Os EUA fazem isso também, mas exportam menos do que importam de outros países. Em 2018, os EUA exportaram US$ 120 bilhões em produtos manufaturados para a China, enquanto a China enviou US$ 540 bilhões de seus produtos aos EUA. A diferença deu à China um superávit comercial de US$ 420 bilhões (os EUA tiveram o oposto, um déficit de US$ 420 bilhões em relação à China). Os americanos pagaram por essas mercadorias com dólares americanos e esses pagamentos foram creditados na conta bancária da China no Federal Reserve. Como qualquer outro detentor de dólares americanos, a China tem a opção de ficar com esses dólares ou usá-los para comprar outra coisa. O Tio Sam não paga juros sobre os dólares que a China mantém em sua conta corrente no Fed, então a China geralmente prefere transferi-los para algo que é como uma conta poupança no Fed. Ela faz isso comprando títulos do Tesouro dos EUA. "Tomar emprestado da China" nada mais é do que um ajuste contábil, pelo qual o Federal Reserve subtrai números da conta de provisões (corrente) da China e adiciona números à sua conta de títulos (poupança). Ela ainda está apenas guardando seus dólares americanos, mas agora a China está em posse de dólares amarelos no lugar de dólares verdes. Para pagar a China, o Fed simplesmente reverte os lançamentos contábeis, subtraindo o número na conta de títulos e adicionando-o à conta de provisões. Tudo é feito com nada mais do que um teclado no Banco do Federal Reserve de Nova York.

O que faltava ao discurso do Obama era o fato de que os dólares não vêm da China. Eles se originam dos Estados Unidos. Na verdade, não estamos tomando emprestado da China, estamos fornecendo dólares à China e permitindo que esses dólares sejam transformados em títulos do Tesouro dos EUA. O problema, de verdade, está com as palavras que usamos para descrever o que está realmente acontecendo. Não existe cartão de crédito nacional. E expressões como "tomar emprestado" são enganosas. Da mesma forma como rotular esses títulos de dívida federal. Não há obrigação *real* de dívida. Como Warren Mosler gosta de dizer: "A única coisa que devemos à China é um extrato bancário". Você poderia até argumentar que esse é realmente um mau negócio para a China (e outros países que têm superávit comercial contra os Estados Unidos). Afinal, significa que os trabalhadores estão usando seu tempo e energia para produzir bens e serviços reais que a China não direciona para seu próprio povo. Ao gerar superávits comerciais, a China está essencialmente permitindo que os EUA obtenham seus produtos em troca de uma entrada contábil que estipula que estamos acompanhando quanto obtivemos de sua produção. Mas, como veremos no Capítulo 5, a China se beneficia do comércio com os EUA de várias maneiras.

Apesar de a China ser o detentor estrangeiro com maior número de títulos do Tesouro americano, ela tinha menos do que 7% do total em posse pública no momento em que este livro foi escrito. Ainda assim, as pessoas temem que isso dê à China grande alavancagem sobre os EUA, porque a China pode decidir vender seus papéis, fazendo com que o preço dos títulos do governo americano caia e o rendimento desses papéis (ou seja, a taxa de juros) aumente. A preocupação gira em torno de que o Tio Sam possa perder acesso a financiamentos mais baratos se a China se recusar a continuar comprando títulos do Tesouro. Há uma série de problemas nesse viés. Por um lado, a China não pode evitar de ter ativos em dólar sem que elimine seu superávit comercial com os Estados Unidos. Isso não é algo que a China deseja, já que diminuir suas exportações para os EUA terminaria por desacelerar seu crescimento econômico. Uma vez que a China deseje manter seu superávit comercial intacto, acabará mantendo ativos em dólar. Como disse o comentarista financeiro e ex-banqueiro de investimentos Edward Harrison, "a única questão para a China é quais dos ativos em dólares [dólares verdes ou dólares amarelos] ela comprará, e não se ela entrará em uma greve de dólares americanos".[5] E mesmo se ela decidir manter uma quantidade menor de títulos do Tesouro dos EUA (dólares amarelos) em seu portfólio, isso não deixará o Tio Sam sem dinheiro. Lembre-se, os EUA são emissores de moeda, o que significa que nunca ficarão sem dólares. E além disso, como observou Marc Chandler, comentarista de televisão popular e autor do livro *Making Sense of the Dollar* ("Entendendo o dólar", em tradução livre), a China reduziu sua carteira de títulos do Tesouro dos EUA em 15% de junho de 2016 a novembro de 2016, e a taxa para dez anos dos títulos "ficou praticamente inalterada".[6]

A DÍVIDA FEDERAL (QUE NÃO É DÍVIDA)

Ainda que isso não possa acontecer aos Estados Unidos, é possível que um país perca acesso ao financiamento de preços acessíveis. Foi o que aconteceu com a Grécia em 2010. Mas isso aconteceu porque a Grécia minou sua soberania monetária ao deixar o dracma para assumir o euro como moeda em 2001. A adoção do euro mudou tudo. Toda a dívida do governo grego foi convertida em euros, uma moeda que o governo grego não podia emitir. Daquele ponto em diante, qualquer pessoa que comprasse títulos do governo grego estava assumindo um novo tipo de risco — o de inadimplência. Empréstimos para a Grécia agora eram muito parecidos com empréstimos para um estado individual dos EUA, como a Geórgia ou Illinois. Como aprendemos no Capítulo 1, estados são usuários de moeda, não emissores. Eles realmente *dependem* de receita tributária e de empréstimos para pagar as contas. Claro, eles podem vender títulos para levantar dinheiro, mas o mercado financeiro normalmente demanda um prêmio pelo risco adicional de emprestar a alguém que pode não ser capaz de pagar de volta. Foi uma lição que a Grécia aprendeu do jeito difícil (junto a Irlanda, Portugal, Itália e Espanha).

Quando a crise financeira de 2008 se espalhou pela Europa, a economia grega sofreu uma grave desaceleração econômica. Empregos começaram a desaparecer em uma velocidade vertiginosa, e as receitas fiscais entraram em queda livre. Ao mesmo tempo, para dar suporte à economia avariada, o governo grego fazia gastos maiores. Essa combinação de forças — receita tributária despencando e gastos em crescimento — fez o déficit orçamentário da Grécia subir para mais de 15% do seu PIB em 2009. De acordo com as regras sobre as quais o euro foi criado, esperava-se que governos dos países-membros evitassem que o déficit orçamentário subisse mais de 3% de seu produto interno bruto (PIB). Mas a desaceleração foi tão severa que empurrou o déficit orçamentário grego bem acima do limite de 3%. Para cobrir esse déficit, a Grécia teve que fazer empréstimos. O problema era que, operando dentro do sistema do euro, o governo grego não tinha mais um banco central nacional que pudesse agir em seu nome e liquidar seus pagamentos. Para financiar seus gastos, o governo realmente precisava "arrumar o dinheiro" antes. O modelo (TE)G não se aplica a um governo emissor de moeda como os Estados Unidos, mas sim a um país como a Grécia, que se tornou um usuário de moeda quando cindiu a ligação entre o banco central grego e o parlamento grego. E como a Grécia descobriu rapidamente, o problema era que os credores não estavam dispostos a comprar títulos do governo grego, a menos que recebessem um prêmio substancial pelo óbvio risco que estavam assumindo ao emprestar bilhões de euros a um usuário de moeda que poderia ter dificuldades para pagar o empréstimo de volta. De 2009 a 2012, a taxa de juros de dez anos dos títulos do governo grego subiu de menos de 6% para mais de 35%.

Compare isso com o que aconteceu em países que emitem sua moeda, como os EUA e o Reino Unido, onde os déficits fiscais mais que triplicaram de 2007 a 2009. Por volta de 2009, ambos os países viram o déficit disparar de menos de 3% de seu PIB para perto de 10%. E, ainda, durante o mesmo período, a taxa de juros média dos títulos de dez anos do governo caiu de 3,3% para 1,8% nos Estados Unidos e de 5% para 3,6% no Reino Unido. Foi assim porque os dois países têm um banco central que atua em nome do governo como produtor monopolista da moeda. Essa proteção tranquiliza os investidores, que entendem que o banco central tem firme controle sobre sua taxa de juros de curto prazo, juntamente com uma influência substancial sobre as taxas de títulos de longo prazo.[7] A Grécia abriu mão dessa proteção quando adotou o euro. Ela poderia literalmente ficar sem dinheiro, e todo mundo sabia disso. É por isso que não conseguiu evitar os chamados "vigilantes de títulos". Esse termo (*bond vigilantes*) se refere ao poder dos mercados financeiros (ou, mais precisamente, dos investidores nos mercados financeiros) de forçar movimentos bruscos no preço de um ativo financeiro, como títulos do governo, para que a taxa de juros oscile inesperadamente. Em última análise, o Banco Central Europeu os manteve à distância, mas não sem impulsionar a exigência de uma austeridade dolorosa ao povo grego.[8]

Em 2010, vários países europeus, incluindo a Grécia, estavam atolados em uma crise de endividamento total. Agências de avaliação de risco de crédito como o Fitch Group, a Moody's e a Standard & Poor's reduziram a nota dos títulos do governo grego, e os custos de empréstimos dispararam, ficando fora de controle. À medida que a crise se aprofundava, o governo grego chegou perto de dar calote em sua dívida. Políticos americanos viram

A DÍVIDA FEDERAL (QUE NÃO É DÍVIDA)

a crise engolindo partes da zona do euro e começaram a demandar que o Congresso agisse para reduzir o próprio déficit americano, alertando que uma crise de dívida ao estilo da grega poderia em breve aportar nos Estados Unidos.[9] Investidores experientes, como Warren Buffett, investidor bilionário e CEO da Berkshire Hathaway, foi mais sábio. Como Buffett explicou, os EUA não podem "ter uma crise de dívida de qualquer tipo enquanto continuarmos emitindo nossas notas em nossa própria moeda".[10] Buffett também compreendia que a crise de dívida da Grécia havia acontecido porque "a Grécia perdeu o poder de emitir seu dinheiro. Se eles pudessem imprimir dracmas, teriam outros problemas, mas não teriam um problema de dívida".[11]

Ainda assim, não há um limite? Como Isaac Newton nos ensinou, "o que sobe, tem que descer". Com certeza, a dívida não pode continuar aumentando para sempre. Se o governo nunca a quitar, precisará seguir encontrando novos compradores para seus títulos.[12] Isso parece ser arriscado. Como Margaret Thatcher brincou, o problema é que "no fim, você fica sem dinheiro dos outros". Para alguns, encontrar novos investidores para comprar uma montanha interminável de dívida do governo pode começar a parecer um esquema de pirâmide fraudulento.[13] O tipo tocado pelo notório vendedor Bernie Madoff. Mas não é.

Madoff fraudou investidores. O Tesouro dos Estados Unidos não faz isso. Como Alan Greenspan explicou em uma aparição no programa *Meet the Press* da NBC, os investidores têm "probabilidade zero de calote" quando o assunto são títulos do Tesouro dos EUA.[14] E aqui devemos distinguir entre inadimplência voluntária e involuntária. A declaração de Greenspan se referia ao segundo termo. Seu argumento era que os EUA não poderiam acabar como a Grécia, desejando fazer pagamentos programados aos detentores de títulos, mas sem autoridade para instruir seu banco central a liquidá-los. O Congresso poderia fazer algo estúpido, como se recusar a aumentar o limite máximo da dívida, o que poderia desencadear um calote *voluntário*. Mas há risco zero de os EUA serem forçados a entrar em inadimplência em relação a seus credores. E isso é assim porque o governo federal sempre pode cumprir sua obrigação de transformar esses dólares amarelos em dólares verdes. Tudo o que precisa fazer é alterar

O MITO DO DÉFICIT

determinados números no balanço do Federal Reserve. Também não há risco de ficarem sem "dinheiro dos outros". Lembre-se, a Thatcher entendeu tudo ao contrário. Seu modelo lidava com o governo britânico como se fosse uma família com orçamento doméstico, que não tinha alternativa para pagar suas contas que não fosse cobrar impostos ou pedir dinheiro dos outros emprestado.

A TMM vira isso do avesso, mostrando que a sequência mais apropriada e realista é G(TE). O governo gasta primeiro, tornando o dinheiro disponível para se pagar impostos e comprar títulos do governo. Vejamos um exemplo. Suponha que G (gastos) seja igual a US$ 100, o que significa que o governo gasta US$ 100 na economia. Agora, suponhamos que o governo nos tribute em US$ 90, ou seja, o déficit do governo nos deixou com US$ 10. Atualmente o governo coordena qualquer gasto deficitário vendendo uma quantidade equivalente de títulos — em outras palavras, "tomando emprestado". O ponto importante é que os US$ 10 que são necessários para comprar os títulos foram gerados pelo próprio gasto deficitário do governo. Nesse sentido, os gastos do emissor de moedas são um autofinanciamento. Não são vendas de títulos, porque ele precisa desses dólares. Vendas de títulos apenas permitem que os detentores dos saldos de reserva (dólares verdes) os negociem por títulos do tesouro americano (dólares amarelos). Isso é feito para dar base a taxas de juros, e não para financiar o governo.

Como nossos legisladores ainda não tiveram o benefício de experimentar os insights da TMM, eles veem a dívida como um fardo financeiro crescente para o governo federal. Isso é um erro. Na verdade, pagar os juros dos títulos do governo não é mais difícil do que processar qualquer outro pagamento. Para pagar os juros, o Federal Reserve simplesmente credita a conta bancária apropriada. No presente momento, o Congresso vê o orçamento federal como um jogo de soma zero. Os legisladores encaram o aumento de despesas com juros da mesma forma que enxergamos um aumento na conta de TV a cabo — é menos dinheiro para gastar com o resto. Assim, quando o CBO diz que o governo federal está a caminho de "gastar mais em pagamentos de juros do que com todo o orçamento discricionário, que inclui a defesa e todos os programas domésticos, até 2046", muitos dos legisladores começam a entrar

A DÍVIDA FEDERAL (QUE NÃO É DÍVIDA)

em pânico.[15] Eles acreditam que isso faz a quantidade de dinheiro que sobra encolher, forçando-os a gastar menos em outras prioridades. Isso simplesmente não é verdade. O orçamento do Congresso é limitado apenas pelo próprio Congresso. Para evitar cortes nos programas que as pessoas valorizam, o Congresso pode simplesmente autorizar *um orçamento maior* para financiar suas outras prioridades. Não existe um potinho de dinheiro, de tamanho fixo. No entanto, existe na economia um espaço limitado para se absorver os gastos mais altos com segurança. É com essa restrição que o Congresso precisa se preocupar.

Esse limite, como vimos no Capítulo 2, é a capacidade de nossa economia de absorver esses gastos adicionais sem fazer a inflação subir. Cada dólar que é pago na forma de juros se torna *renda* para os investidores. Se esses pagamentos de juros se tornarem muito altos, o risco é que o gasto total possa empurrar a economia para além de seu limite de velocidade. A TMM vem enfatizando que um aumento na receita de juros pode servir como uma forma potencial de estímulo fiscal. O governo federal é que paga os juros líquidos, e todos os juros pagos são recebidos pelos detentores de títulos do governo. Pelo menos *parte* dessa receita de juros irá para pessoas que a gastam de volta na economia, comprando bens e serviços que acabaram de ser produzidos. Se uma alta porcentagem da receita de juros fosse gasta na economia de volta, isso poderia empurrar os gastos agregados para acima do seu potencial, alimentando um pouco de pressão inflacionária. Porém, como indica o ex-economista-chefe do vice-presidente Joe Biden, Jared Bernstein, parece pouco provável que os pagamentos de juros do governo possam alimentar um superaquecimento tão cedo, em parte porque "cerca de 40% de nossa dívida pública [estão] agora nas mãos de estrangeiros", o que significa que "uma parcela crescente dos pagamentos de juros agora se espalha país afora".[16] Mesmo que os portadores de títulos não estejam gastando o suficiente de sua receita de juros para dar força à *inflação de preços comuns* (como no IPC), eles ainda podem alimentar a *inflação de preços de ativos*, usando sua receita de juros para fazer ofertas que aumentem preços de commodities, imóveis, ações, e assim por diante.

Existe potencial para inflação, e há também implicações distributivas envolvidas, mas o pagamento de juros sobre títulos do governo não representa um desafio financeiro para o governo federal. Algumas pessoas reclamam e dizem que o governo não deveria pagar juros nenhum. Veem os títulos do Tesouro como uma espécie de bem de luxo, algo que só está disponível para aqueles que já têm muito dinheiro. Ao transformar seus dólares verdes em dólares amarelos, o governo acaba aumentando as riquezas dessas pessoas ao longo do tempo, potencialmente ampliando o abismo entre os que estão na base e os que estão no topo da pirâmide de distribuição de renda. Essa é uma maneira de olhar para isso. É claro que os títulos do Tesouro também são ativos seguros que ajudam a diversificar o risco, proporcionando uma camada de proteção para muita gente da classe trabalhadora que tem pensões ou outros tipos de planos de aposentadoria onde, por sua vez, investem parte de seu dinheiro em títulos do governo. Problemas de distribuição à parte, o Tio Sam sempre pode dar conta dos pagamentos de juros.

NÓS PODERÍAMOS QUITAR TUDO AMANHÃ

Em abril, a revista Time dedicou sua capa à dívida federal americana. Começava assim: "Querido Leitor, você deve US$ 42.998,12. Isso", continuava o texto de capa, "é o que todo homem, mulher e criança americana iria precisar pagar para eliminar os US$ 13,9 trilhões da dívida americana".[17] Eu não sei quanto a você, mas eu não tenho US$ 43.000,00 guardados por aí. Também não estou poupando dinheiro à espera do dia em que me pedirão para assinar um cheque gordo para o Tio Sam com a "minha parte" da dívida federal. Isso nunca irá acontecer. A ideia de que todo o restante de nós é pessoalmente responsável por uma porção da dívida federal é absurda. É uma extensão da filosofia do orçamento doméstico, que leva erroneamente em consideração que o governo, em última instância, depende de nós — contribuintes — para pagar suas contas. Espero que agora esteja claro por que essa lógica não faz sentido quando é aplicada a um governo emissor de sua moeda. Porque a verdade é que toda a dívida federal poderia ser paga amanhã, e nenhum de nós teria que desembolsar um centavo.

A DÍVIDA FEDERAL (QUE NÃO É DÍVIDA)

Não é dessa forma que a maioria dos economistas vê o assunto. Alguns argumentarão que um crescimento mais rápido nos ajudaria a lidar com nosso "problema de dívida", pois é a proporção da dívida em relação ao tamanho da nossa economia (dívida versus PIB) que realmente importa. O numerador (a dívida) está aumentando, mas a razão cairá se o denominador (a economia) crescer mais rápido que a dívida. Para muitos economistas, essa é a maneira correta de encarar o problema. O truque, então, é evitar que o índice de endividamento suba perpetuamente. A certa altura, ela terá que cair, ou o caminho da dívida seria considerado matematicamente insustentável. Por décadas, a forma de pensar convencional dizia que a dívida americana seguia um caminho insustentável, porque todos os modelos formais usados para calcular sua trajetória mostravam o índice subindo de modo estável, cada vez mais alto, futuro adentro.[18]

Hoje, alguns dos economistas mais influentes do mundo estão nos dizendo que, no fim das contas, a dívida pode ser sustentada, ao menos por enquanto. Esses economistas tradicionais não chegam às conclusões capazes de mudar paradigmas, como faz um economista da TMM, mas alguns deles suavizaram sua retórica de maneira a moderar as ansiedades a respeito de uma iminente crise de dívida. Por exemplo, em janeiro de 2019, Olivier Blanchard, economista de renome mundial e ex-chefe do Fundo Monetário Internacional, fez do assunto o foco de seu discurso presidencial na reunião anual da American Economic Association (Associação Americana de Economia).[19] No discurso, Blanchard explicou que as trajetórias das dívidas de muitos países, incluindo dos Estados Unidos, parecem estar em um caminho sustentável, pelo menos a curto prazo. Isso se dá porque Blanchard espera que o futuro seja muito semelhante ao passado recente, ou seja, ele espera que os juros da dívida (r) permaneçam abaixo da taxa de crescimento da economia (g), uma condição (r < g) que garante que o índice de endividamento não suba infinitamente. Se ele estiver certo, então seu modelo prevê que os EUA não sofrerão uma crise de dívida tão cedo. Mas Blanchard não descarta a possibilidade de uma crise futura. Para ele, estaremos seguros até o dia em que os mercados financeiros empurrarem a taxa de juros acima da taxa de crescimento da nossa economia (r > g). Quando esse dia chegar, estaremos de volta a uma trajetória insustentável da dívida, a menos que o orçamento tenha passado a apresentar superávit no meio-tempo. Até lá, podemos relaxar e talvez até mesmo aumentar com segurança o déficit fiscal. Como as descobertas de Blanchard foram contrárias à narrativa dominante (na mídia e na política) sobre a dívida pública, estas receberam significativa atenção da mídia. Apenas alguns dias após o pronunciamento, o MarketWatch publicou um artigo com o título "Economista Renomado Diz que Dívida Pública Alta 'Pode Não Ser Tão Ruim'" *("Leading Economist Says High Public Debt 'Might Not Be So Bad'")*.[20] Pouco depois, o Wall Street Journal perguntava: "Preocupar-se Com a Dívida? Não Tão Rápido, Alguns Economistas Dizem" (*"Worry About Debt? Not So Fast, Some Economists Say"*).[21] Essas foram importantes descobertas, mas é imprescindível indicar que o economista da TMM Scott Fullwiler fez uma observação similar treze anos antes.[22]

A diferença entre os trabalhos passados de Fullwiler e o estudo mais recente de Blanchard é que Fullwiler analisa a questão da sustentabilidade da dívida através das lentes da TMM.[23] Diferente de Blanchard, ele reconhece que um governo que toma emprestado em sua própria moeda soberana sempre pode manter a condição crítica para sustentabilidade (r < g). Ele nunca precisa aceitar a taxa de juros do mercado. Para Fullwiler, o "conceito de sustentabilidade fiscal [de Blanchard] é falho por considerar que uma variável-chave — a taxa de juros paga sobre a dívida federal — é determinada nos mercados financeiros privados".[24] Em outras palavras, o viés mais cauteloso de Blanchard sobre a sustentabilidade se apoia na possibilidade de que as taxas de juros poderiam, no fim, disparar, levando ao tipo de crise de dívida que se desdobrou na Grécia ou na Argentina. Mas os EUA não são como a Grécia (que toma emprestado em euros) nem como a Argentina (que deu calote numa dívida em dólares americanos). Os EUA não podem perder controle de sua taxa de juros. Como Fullwiler observou, juros sobre a dívida federal são "uma questão de política econômica", dizendo em outras palavras que os criadores das políticas podem sempre se impor sobre tendências do mercado.[25] Ou, como James Galbraith disse de forma cheia de humor: "É a taxa de juros, seu estúpido!". Para evitar que os juros da dívida subissem acima da taxa de crescimento da economia, Galbraith simplesmente aconselhou o banco central a "manter

A DÍVIDA FEDERAL (QUE NÃO É DÍVIDA)

baixa a taxa projetada de juros".[26] É uma percepção altamente importante que distingue a perspectiva da TMM sobre a sustentabilidade da dívida do pensamento mais convencional. Pela TMM, é a inflação — não a relação entre taxas de juros e taxas de crescimento — que importa. Ainda assim, é fácil para os EUA (e outros países soberanos monetários) satisfazer os critérios convencionais de sustentabilidade.

Basta olhar para o Japão. A taxa de endividamento do Japão em relação ao PIB, a 240%, é a maior do mundo desenvolvido. No final de setembro de 2019, a dívida nacional do Japão atingiu um recorde de ¥ 1.335.500 bilhões.[27] Isso é mais de 1 milhão de bilhões. Imagine o horror pelo qual o senador Enzi passaria ao pensar em mais de um *quadrilhão* em dívidas. É uma montanha de zeros! Se isso fosse publicado na revista *Time*, a capa diria: "Você Deve ¥ 10,5 milhões" (equivalente a cerca de US$ 96.000). Mas o Japão está bem, assim como os EUA, pelo menos quando se trata de sustentabilidade da dívida, porque é um governo emissor de moeda e possui um banco central que consegue quitar toda obrigação de pagamento que expirar. Os mercados financeiros não podem impulsionar uma crise no país, já que o Banco do Japão (BOJ) pode passar por cima de qualquer movimento indesejado nas taxas de juros. Ele também poderia, essencialmente, quitar toda a dívida usando nada mais do que um teclado de computador do banco central japonês.

Grande parte dos bancos centrais mais importantes do mundo focam em determinar somente uma taxa de juros — uma taxa de prazo muito curta, conhecida como taxa overnight. Eles fixam essa taxa com rigorosidade e, em seguida, permitem que as taxas de longo prazo reflitam o sentimento do mercado a respeito da expectativa sobre a trajetória futura da taxa básica de juros de curto prazo. Isso significa que a taxa de juros paga pelos títulos do governo de longo prazo está relacionada à taxa overnight, que seu próprio banco central define. Como Fullwiler disse, "isso significa que taxas de prazo mais longas se baseiam em ações presentes e esperadas do [banco central]".[28] Isso deixa os investidores com *um pouco* de influência sobre a taxa de juros que o governo dos EUA paga sobre os títulos do Tesouro ou que o governo britânico paga sobre os seus *gilts* (no Reino Unido, os títulos do governo são conhecidos como "gilt-edged bonds", ou títulos com bordas douradas; encurtando, "gilts"). Mas — isso é muito importante — o governo sempre pode extirpar qualquer influência dos mercados sobre a taxa de juros dos títulos do governo. Na verdade, isso foi exatamente o que o Federal Reserve fez durante e imediatamente após a Segunda Guerra Mundial, e é o que o Banco do Japão está fazendo hoje.[29]

Para conter as taxas de juros durante a Segunda Guerra Mundial, o Federal Reserve "formalmente se comprometeu a manter uma taxa de juros baixa de 3/8% nos títulos do Tesouro de curto prazo" e "também limitou implicitamente a taxa de juros de longo prazo".[30] Mesmo quando os déficits explodiram e a dívida nacional subiu de US$ 79 bilhões em 1942 para US$ 260 bilhões quando a guerra terminou, em 1945, o governo federal pagou apenas 2,5% de juros sobre os títulos de longo prazo. Para manter as taxas nessa porcentagem, o Fed simplesmente tinha que comprar grandes quantidades de títulos do Tesouro dos EUA. Isso exigiu um compromisso unilateral por parte do Fed, mas era um compromisso fácil de cumprir, já que tal instituição compra títulos (dólares amarelos) simplesmente creditando reservas (dólares verdes) na conta do vendedor. Mesmo após o fim da guerra, o Fed continuou a fixar a taxa de juros de longo prazo em nome do governo. A coordenação com a política fiscal terminou oficialmente em 1951, com um acordo conhecido como Acordo Tesouro-Federal Reserve, que liberou o Fed para buscar uma política monetária independente.[31]

Em outros lugares, os bancos centrais estão retornando à coordenação explícita das políticas fiscal e monetária.[32] Há mais de três anos, o BOJ está engajado em uma política conhecida como controle da curva de juros. Além de ancorar a taxa de juros de curto prazo, o BOJ se comprometeu a fixar taxas em títulos do governo de dez anos (conhecidos como títulos do governo japonês ou JGBs) perto de zero. Para executar essa política, o BOJ comprou grandes quantidades de dívida do governo, contabilizando ¥ 6,9 trilhões somente em junho de 2019.[33] Como resultado de seu programa agressivo de compra de títulos, o BOJ agora detém cerca de 50% de todos os títulos do governo japonês. Assim, embora o Japão seja frequentemente descrito como o país desenvolvido mais endividado do mundo, metade de sua dívida já foi essencialmente eliminada (ou seja, paga) pelo seu banco

A DÍVIDA FEDERAL (QUE NÃO É DÍVIDA)

central. E essa soma poderia chegar facilmente aos 100%. Se caso fosse, o Japão iria se tornar o país desenvolvido menos endividado do mundo. Do dia para a noite.

Os economistas da TMM entendem isso. Mas poucos dos outros economistas parecem se dar conta de como seria fácil para um país como o Japão (ou outros países soberanos emissores de suas moedas) quitar a dívida pública inteira. Isso poderia ser feito amanhã, sem que um centavo fosse recolhido dos contribuintes.

Um dos poucos que parecem entender isso é o economista Eric Lonergan. Em 2012, ele publicou um experimento mental em que perguntava: "E se o Japão liquidasse 100% dos JGBs pendentes?"[34] Era uma maneira elegante de se perguntar o que aconteceria se o banco central eliminasse toda a dívida federal. Como? Da mesma forma que o BOJ obteve os títulos que já detém; em termos mais específicos, creditando as contas bancárias dos vendedores. É um experimento mental, então Lonergan imagina o BOJ fazendo isso com um floreio de uma varinha mágica. "Vamos supor que o BOJ se manifeste amanhã e compre todo o estoque de JGBs, com reservas bancárias que ele crie (dinheiro), e cancele a dívida." Puf! A dívida acabou. Lonergan então pergunta: "O que aconteceria com a inflação, o crescimento e a moeda?". Na visão dele, "nada mudaria se 100% do estoque de JGBs fossem transformados em dinheiro!".

Para alguns, pode parecer absurdo.[35] Como o BOJ pode fabricar ¥500 trilhões do nada sem consequências inflacionárias devastadoras? Grande parte dos economistas é treinada para aceitar alguma versão da teoria quantitativa da moeda (TQM). Adeptos ortodoxos, como os seguidores de Milton Friedman, provavelmente gritarão: "Zimbabwe!", "Weimar!" ou "Venezuela!"[36] Isso porque a TQM ensina que "a inflação é sempre e em todos os lugares um fenômeno monetário".[37] A ideia de conjurar ¥500 trilhões de dinheiro novo em folha para comprar dívidas do governo os leva a imediatamente antecipar a hiperinflação. Lonergan, que trabalha no mercado financeiro, tem um parecer mais sagaz. Observa, corretamente, que trocar JGBs por dinheiro não tem efeito sobre a riqueza líquida do setor privado. Em vez de manter títulos do governo, os investidores agora "possuem o mesmo valor, em dinheiro". Embora a *riqueza líquida* não seja afetada, a compra dos JGBs realmente tem um efeito sobre a *renda*. Isso ocorre porque os títulos são instrumentos que geram juros, e dinheiro não. Quando o BOJ substitui os títulos pelo dinheiro, o setor privado perde quaisquer juros que seriam pagos. Então, eliminar a dívida também retira a renda de juros do setor privado. Com isso em mente, Lonergan pergunta: "por que razão o setor doméstico japonês sairia correndo para comprar coisas se a taxa de juros caiu, sua riqueza não mudou e estão acostumados com preços em queda?". A resposta curta é: eles não sairiam às compras. No máximo, transferir toda a dívida do governo pendente no balanço do banco central tenderia a empurrar os preços para baixo, não para cima. Eu pensaria duas vezes antes de arrancar todos os títulos governamentais a juros do setor privado de uma só vez, mas o governo japonês certamente poderia fazê-lo. E os EUA também.[38]

UMA VIDA SEM DÍVIDAS?

Pense nisso. Seria o fim das paralisações do governo, enquanto os legisladores encampam revoltas teatrais perante o aumento do teto da dívida. Ninguém mais compararia o Tio Sam a um esbanjador que está torrando no cartão de crédito e tomando emprestado da China. Seria o fim do medo de perder o acesso ao mercado de títulos e ser forçado a entrar em inadimplência como a Grécia. O fim das discussões dos economistas sobre se as taxas de juros serão baixas o suficiente para manter a dívida em um caminho sustentável. E o melhor de tudo, seria o fim do estresse de pensar em como cobrir "sua parte" da dívida federal. Poderíamos até arrancar o adesivo do para-choque do carro.

Na verdade, fizemos isso uma vez.[39] Foi em 1835 — Andrew Jackson era o presidente — e foi a única vez na história dos Estados Unidos em que a dívida pública foi totalmente paga. Isso foi muito antes de o Federal Reserve ser criado, portanto a dívida não foi engolida pelo banco central.[40]

A DÍVIDA FEDERAL (QUE NÃO É DÍVIDA)

Em vez disso, foi eliminada à moda antiga — ou seja, revertendo os déficits fiscais e pagando os detentores dos títulos. Não terminou tão bem.

Demorou mais de uma década para toda a dívida ser quitada. Isso aconteceu porque o governo teve superávits fiscais de 1823 a 1836. Como estava recolhendo mais dinheiro por tributos do que gastava em cada um desses anos, não emitiu novas dívidas. Em vez disso, à medida que os títulos amadureciam, o governo simplesmente os liquidava.[41] Em 1835, os EUA estavam livres de dívidas. Também estavam a caminho de uma das piores crises econômicas que o país já experimentou. Em retrospectiva, parece óbvia a razão pela qual as coisas se desenrolaram da forma como foi.

Superávits fiscais sugam dinheiro da economia. Déficits fiscais fazem o contrário. Se não forem excessivos, os déficits podem ajudar a sustentar uma boa economia, dando base à renda, aos salários e aos lucros.[42] Não são indispensáveis, mas se desaparecerem por muito tempo, a economia bate num teto.[43] Como escreveu em 1996 o prolífico escritor e professor de assuntos públicos e internacionais da Universidade de Pittsburgh, Frederick Thayer, "os EUA experimentaram seis depressões econômicas significativas" e "cada uma foi precedida por um período contínuo de equilíbrio orçamentário".[44] A Tabela 1 detalha suas descobertas.

TABELA 1. Histórico de Superávits Orçamentários e Redução de Dívida dos EUA

Anos em que a dívida é paga	Queda percentual no endividamento	Ano de início da depressão
1817–1821	29%	1819
1823–1836	**100%**	1837
1852–1857	59%	1857

Anos em que a dívida é paga	Queda percentual no endividamento	Ano de início da depressão
1867–1873	27%	1873
1880–1893	57%	1893
1920–1930	36%	1929

O registro histórico é claro. A cada vez que o governo reduziu substancialmente a dívida nacional, a economia entrou em depressão. Pode ter sido uma notável coincidência? Thayer não pensava assim. Ele culpou os "mitos econômicos" que levaram os políticos a brigarem por superávit em seus orçamentos, na crença equivocada de que o pagamento da dívida era de responsabilidade tanto moral quanto fiscal.[45] Como vemos através dos insights da TMM, os superávits do governo *transferem os déficits* para o setor não governamental.[46] O problema é que os usuários da moeda não conseguem sustentar esses déficits indefinidamente. No fim, o setor privado alcança um ponto em que não pode lidar com a dívida que acumulou. Quando isso acontece, os gastos despencam abruptamente e a economia cai em depressão.

Desde a publicação de Thayer, os EUA experimentaram outro período breve (de 1998 a 2001) de superávits fiscais continuados. Aconteceu durante o mandato de Bill Clinton, e muitos democratas ainda olham para isso como uma conquista suprema. Números em vermelho haviam sido eliminados e o Tio Sam estava de volta ao positivo pela primeira vez em décadas. Os superávits começaram em 1998 e, em 1999, a Casa Branca estava pronta para festejar, como se fosse, bem, 1999.[47] No ano seguinte, os economistas da Casa Branca começaram a trabalhar em um relatório intitulado "Vida Após a Dívida". Era para dar a notícia comemorativa de que os Estados Unidos estavam a caminho de quitar toda a dívida federal até 2012.

A princípio, pagar a dívida parecia o tipo de conquista que poderia ser digna de um desfile nacional. A Casa Branca se preparava para dar a notícia em sua publicação anual, o *Relatório Econômico do Presidente*. Mas, então, ficaram com receio e esse capítulo do relatório foi retirado da vista do público. Só sabemos disso porque o *Planet Money*, programa da National Public Radio, "obteve um relatório secreto do governo descrevendo o que antes parecia uma crise em potencial: a possibilidade de o governo dos EUA pagar toda a sua dívida".[48] Ao invés de gritarem aos quatro ventos, os funcionários da Casa Branca discretamente ocultaram a informação. A razão? Eles estavam preocupados com as implicações mais amplas de se eliminar todo o mercado do Tesouro dos EUA. Foi um retorno à relação de amor e ódio que muitos funcionários públicos têm com a dívida federal. Por um lado, a Casa Branca adoraria eliminar a dívida. Por outro, não poderia arriscar se livrar de todos os títulos do Tesouro.

O que mais preocupava os formuladores de políticas era a perspectiva de privar o Federal Reserve de seu instrumento-chave para conduzir políticas monetárias — a dívida federal. Naquele período, o Fed estava usando títulos do governo para administrar a taxa de juros de curto prazo. Quando queria aumentar as taxas de juros, vendia um pouco de títulos do Tesouro. Os compradores pagavam por esses títulos usando uma parte de suas reservas bancárias. Ao remover reservas suficientes, o Fed poderia elevar a taxa de juros.[49] Para cortar as taxas, o Fed fazia o oposto, comprando títulos do Tesouro e pagando por eles com reservas recém-criadas. Sem os títulos, o Fed precisaria arrumar outro jeito para estabelecer as taxas de juros[50].

No fim, o problema se resolveu sozinho. Em 2002, o superávit havia sumido, e os EUA não mais buscavam quitar a dívida federal, e muito menos eliminar seu montante total de dívidas. O orçamento federal voltou ao déficit depois de 2001, quando a bolha do mercado de ações — que vinha dando base aos gastos do consumidor — estourou. Uma recessão começou em 2001. Foi uma recessão bem leve, mas o estrago já estava feito.[51] Como veremos no próximo capítulo, os superávits de Clinton haviam enfraquecido os balanços do setor privado, o que depois ampliou os danos causados pela chegada da Grande Recessão, que começou em 2007.

A Grande Recessão mudou a forma como o Federal Reserve conduzia a política monetária. Em novembro de 2008, o Fed lançou a primeira de três rodadas de um programa poderoso de compra de títulos chamado flexibilização quantitativa.[52] Dentre outras coisas, o Fed esperava que, ao reduzir as taxas de juros de longo prazo, seu programa estimulasse a economia dos Estados Unidos. Quando o programa acabou, o Fed havia devorado cerca de US$ 4,5 trilhões em títulos, sendo quase US$ 3 trilhões em títulos do Tesouro dos EUA.[53] Além de usar a flexibilização quantitativa para reduzir as taxas de juros de *longo prazo*, o Fed também mudou a maneira como administrava sua taxa de juros de *curto prazo*. Ao invés de comprar e vender títulos do Tesouro para adicionar e subtrair das reservas, o Fed passou a um "método mais direto e eficiente de apoio à taxa de juros".[54] Simplesmente começou a pagar juros sobre os saldos das reservas. Hoje, o Fed pode ajustar a taxa de juros de curto prazo a qualquer momento, simplesmente anunciando que pagará uma nova taxa.

Isso significa que os tempos estão mudando. O dólar não está mais lastreado em ouro. Os EUA emitem uma moeda fiduciária de flutuação livre, então não precisam aplicar tributos ou tomar emprestado antes para poderem gastar. Realmente, como aprendemos no Capítulo 1, o modelo G(TE) reflete o modo como a economia funciona de verdade. Os impostos não são importantes por auxiliarem o governo no pagamento das contas. Eles são importantes porque ajudam a prevenir que os gastos do governo gerem um problema inflacionário. De forma similar, as vendas de títulos não são importantes por permitirem que o governo financie os déficits fiscais. São importantes porque drenam excessos de reservas, capacitando o Fed a alcançar uma meta de taxa de juros positiva. Mas hoje o Fed paga juros sobre saldos de reservas, então ele não se apoia mais nos títulos do Tesouro para alcançar sua meta para a taxa.[55]

Então, por que mantê-los? Devemos abraçá-los ou abandoná-los? A dívida federal é um "tesouro nacional", como acreditava Alexander Hamilton? Ou é "irresponsável" e "antipatriótica", como Barack Obama a descreveu? Devemos valorizá-la ou descartá-la?

Uma coisa é certa. Não devemos começar a eliminar os títulos do Tesouro dos EUA da maneira errada, como em 1835, ou como foi com Clinton, ao construir superávits fiscais com base em déficits insustentáveis do setor privado. Como veremos no próximo capítulo, isso gera consequências previsivelmente negativas para nossa economia. Se realmente queremos que a dívida nacional desapareça, existem maneiras mais indolores de fazê-la. A opção mais simples é a maneira descrita por Lonergan. Simplesmente deixe o banco central comprar títulos do governo em troca de reservas bancárias. Uma transação indolor, que transforma dólares amarelos em dólares verdes, de novo, e pode ser realizada utilizando nada mais do que um teclado no Federal Reserve. Outra opção seria eliminar a emissão de títulos do Tesouro, ao longo do tempo. Ao invés de vender títulos para drenar os saldos das reservas resultantes dos gastos deficitários, poderíamos simplesmente deixar as reservas no sistema[56]. Podemos fazê-lo sem interferir na capacidade do Federal Reserve de conduzir a política monetária, porque o Fed não precisa dos títulos do governo para atingir sua meta para a taxa de juros de curto prazo. Com o tempo, todos os títulos em circulação vencerão e a dívida desaparecerá gradualmente[57].

E há outra opção. Nós poderíamos aprender a viver com eles. Não há nada inerentemente perigoso em oferecer às pessoas um modo seguro de poupar seus dólares, de forma que renda juros[58]. Se escolhermos conviver com eles, nós devemos aceitar o fato de que o que chamamos de dívida federal nada mais é do que uma pegada no rastro do passado, que nos diz onde estivemos, e não para onde vamos. Ele registra a história dos muitos déficits que ocorreram desde o nascimento de nosso governo em 1789[59]. As sangrentas guerras mundiais, nossas muitas recessões e as decisões tomadas pelos milhares de indivíduos eleitos para o Congresso ao longo dos anos. O que importa não é o tamanho da dívida (ou quem a detém), mas se podemos olhar para trás com orgulho, sabendo que nosso estoque de títulos do Tesouro existe por causa das muitas intervenções, na sua maioria positivas, que foram tomadas em prol de nossa democracia.

Se não formos eliminar os títulos do Tesouro, devemos então encontrar uma maneira de fazer as pazes com a dívida federal. Talvez devêssemos começar dando outro nome a ela. A dívida federal não tem nada a ver com dívida doméstica, então usar a palavra dívida só traz confusão e angústia desnecessárias. Poderíamos nos referir a ela apenas como parte de nossa oferta monetária líquida. Duvido que o nome *dólares amarelos* será popular, mas, ei, vale a pena tentar! Na peça *Romeu e Julieta*, de Shakespeare, Julieta faz uma famosa pergunta: "O que há em um nome?". Ela não ficou preocupada quando soube que Romeu era um Montéquio. Para ela, "uma rosa com qualquer outro nome teria perfume igualmente doce". Como dizem, o amor é cego. No palco político, as palavras importam. É hora de criar outro nome para esses dólares que rendem juros.

4

O NEGATIVO DELES É NOSSO POSITIVO

MITO #4: Os déficits governamentais afastam o investimento privado, tornando-nos mais pobres.

REALIDADE: Déficits fiscais aumentam nossa riqueza e nossa poupança coletiva.

Por muitas vezes, somos bombardeados com mitos bem simples sobre o déficit. Dizem-nos que devemos pensar no governo federal como uma família com orçamento doméstico (Capítulo 1) que está gastando demais, de forma imprudente (Capítulo 2) e no cartão de crédito federal (Capítulo 3). Esses mitos são construídos para consumo de massa. São frases de efeito que ficam ótimas na televisão e em discursos políticos, por serem muito fáceis de serem articuladas. Você não precisa de experiência em economia (ou qualquer outra coisa) para absorver rapidamente a mensagem. Outros mitos são mais difíceis de serem embalados como mensagens eficazes, porque usam jargão da economia convencional e são adotados principalmente por acadêmicos e pelos chamados especialistas em políticas fiscais e monetárias. Podemos não nos deparar com eles com tanta frequência, mas isso não os torna menos perigosos. E o exemplo por excelência desse tipo de mito é conhecido como *crowding-out*, ou efeito de exclusão ou afastamento.

Na sua forma mais comum, o mito do crowding-out diz que déficits fiscais demandam que o governo faça empréstimos, o que força o Tio Sam a entrar em competição com outros potenciais mutuários. Conforme todos competem por uma oferta limitada de reservas disponíveis, os custos de se tomar emprestado sobem. Com as taxas de juros mais altas, alguns mutuários — especialmente empresas privadas — não conseguirão garantir financiamento para seus projetos. Isso causa uma queda no investimento privado, levando a um futuro com menos fábricas, menos máquinas etc. Com uma reserva menor de bens de capital, a sociedade acaba com uma mão de obra menos produtiva, crescimento de salários mais lento e uma economia menos próspera. Soa *realmente* como um mau presságio!

É uma narrativa complexa que se apoia em variadas proposições teóricas. Se você já se deparou com o assunto, provavelmente foi no C-SPAN, o canal do Senado, nos EUA, em vez de na Fox News ou na MSNBC. Mesmo aqueles de nós que seguem notícias da política de perto podem passar a vida sem ouvir alguém articular cuidadosamente a história do crowding-out. Mas em Washington, DC, está em todos os lugares.

Ela tem lugar fixo no relatório Perspectivas de Orçamento de Longo Prazo (*Long-Term Budget Outlook*) do CBO, um dos relatórios orçamentários anuais mais amplamente aguardados. Pegue praticamente qualquer edição e você encontrará uma seção descrevendo a tese do crowding-out. O relatório de 2019 descreveu o suposto risco de déficits fiscais da seguinte maneira: "A trajetória projetada de empréstimos federais reduziria a produção no longo prazo. Quando o governo toma emprestado, ele o faz de indivíduos e empresas cujas economias, de outra forma, financiariam investimentos privados em capital produtivo, como fábricas e computadores".[1]

Uma classe profissional de especialistas em orçamento, acadêmicos e insiders de Washington tratam isso como uma verdade absoluta. O jargão técnico e um punhado de gráficos e dados dão a essa narrativa uma fachada de credibilidade impressionante, que pode dar aos leitores a impressão de que o crowding-out é algo que acontece de maneira mecânica e inevitável, semelhante a uma série matemática de testes de cenários de possibilidades de causa e efeito ("se x, logo y") rigorosamente testados. *Se* os déficits exigem mais empréstimos, *logo* a oferta de poupança disponível para financiar o investimento privado é reduzida. *Se* a oferta de poupança for reduzida, *logo* as taxas de juros aumentarão. *Se* as taxas de juros subirem, *logo* o investimento privado diminuirá. *Se* o investimento privado diminuir, *logo* a economia crescerá mais devagar ao longo do tempo. Derrube o primeiro dominó, e o resto cairá, obedientemente.

A história toda está enraizada em uma versão da economia tradicional que domina nosso discurso público. Você a ouve da boca de ícones liberais como Paul Krugman[2], do New York Times, como também de comentaristas conservadores, como George Will[3], do Washington Post. E se você, por acaso, assistiu ao canal do Senado, pode ter ouvido alguém como Jason Furman, um economista formado em Harvard que trabalhou na Casa Branca como presidente do Conselho de Assessores Econômicos do Obama, invocando o mito em depoimento perante o Congresso. Por exemplo, em 31 de janeiro de 2007, ele compareceu à Comissão de Orçamento do Senado dos Estados Unidos, apelando aos membros do Congresso que "freassem a corrida para o vermelho". Ele descreveu as perspectivas orçamentárias como "um grande desafio fiscal" que "reduz as economias nacionais". Ele alertou que a reação em cadeia de eventos que no fim acabaria por detonar nosso bem-estar econômico seria "lenta e gradual, mas implacável e inevitável".[4]

O crowding-out é uma narrativa que retrata o déficit do governo como um vilão contra o progresso. Poupar é considerado um ato virtuoso porque se acredita que as economias proporcionam o combustível para financiar os tipos de investimentos no setor privado que tornam nossa sociedade mais próspera. Fala-se que os déficits minam essa prosperidade ao desviar parte desse combustível para seu próprio uso. Os déficits fiscais e o investimento privado são, portanto, vistos como fatores em tensão um com o outro, uma vez que os empréstimos do governo necessariamente resultam em uma disponibilidade menor de poupança para atender às necessidades da indústria privada.[5] Essa é a forma de pensar convencional entre economistas tradicionais. Pode parecer direto e convincente, mas é melhor pensar nisso como uma série de mitos conectados um ao outro, como um jogo de dominó.

DOIS BALDES

Quando Furman apelou aos legisladores para que "freassem a corrida para o vermelho", ele estava preocupado com um déficit fiscal projetado de US$ 198 bilhões, cerca de 1,5% do PIB. Ele encorajou o Congresso a restabelecer o PAYGO para evitar que o déficit subisse ainda mais. Ele também reclamava que "a taxa de poupança privada [estava] em seu nível mais baixo desde 1939". Na sua visão, o déficit estava "reduzindo a poupança nacional". Ele havia entendido tudo de trás para frente.

Para entender o porquê, imagine dois baldes. Um pertence ao Tio Sam. O outro pertence ao resto de nós, sendo uma espécie de balde coletivo em nome de todos que não são o Tio Sam. É uma maneira simples de se pensar em como os dólares fluem entre essas duas partes de uma economia — um balde governamental de um lado e um balde não governamental do outro.

Eu aprendi o valor de se pensar dessa forma com Wynne Godley, economista britânico que foi um pioneiro na visão de equilíbrio de setores. Era 1997, e eu havia acabado de receber uma bolsa de pesquisa de um ano que me levou ao Levy Economics Institute, um grupo de estudos localizado no Vale Hudson de Nova York. Foi lá que conheci Godley. Ainda estava na pós-graduação, mas me alocaram em uma sala ao lado da dele, e nós sentávamos e conversávamos por horas.

Godley tinha uma fala mansa, mas intensa. Ele tocava oboé (muitas vezes em seu escritório) e havia estudado para ser músico profissional. Ele viveu a maior parte de sua vida no Reino Unido, onde atuou como oboísta principal na BBC Welsh Orchestra, e depois dirigiu a Royal Opera (1976–1987). Seu outro amor profissional era a economia. Após uma longa carreira no Tesouro Britânico, ele foi persuadido a se mudar para a Universidade de Cambridge, onde se tornou chefe do Departamento de Economia Aplicada. Era uma figura altamente respeitada nos círculos da Inglaterra, servindo como um dos "sete sábios" do Tesouro britânico. Ele sempre parecia conseguir prever para onde a economia estava indo. O Times de Londres se referia a ele como "o mais visionário prognosticador macroeconômico de sua geração — apesar de, muitas vezes, ser um renegado".[6] Três anos após sua morte, o New York Times prestou uma homenagem ao seu legado, apresentando-o em um artigo intitulado "Conhecendo Wynne Godley, um Economista que Modelou a Crise" (*Embracing Wynne Godley, an Economist Who Modeled the Crisis*").[7]

Tive a sorte de chegar ao Levy Economics Institute apenas dois anos depois de Godley se estabelecer em Nova York. Ele era alto e esguio, tinha cabelos brancos ralos que ele puxava com frustração enquanto se esforçava para encontrar a frase perfeita antes de permitir que qualquer um de seus trabalhos fosse publicado. Godley era macroeconomista, como eu, mas sua maneira de pensar a economia parecia completamente original. Ele construía modelos macro e usava-os para analisar a economia dos EUA. Certa manhã, ele me convidou para sentar com ele enquanto ele usava seu modelo para simular os efeitos de um aumento nos gastos do governo. "Sabe", disse ele, "todo pagamento tem que vir de algum lugar e depois tem que ir para outro".

Godley era obcecado em construir modelos que não deixassem nada de fora. Ele construía matrizes enormes com muitas linhas e colunas para conectar todas as partes variáveis da economia. Ele me dizia que era o único modo que ele poderia garantir que havia levado em conta todo pagamento financeiro que se movia pelo sistema. Cada vez que um pagamento fosse feito por alguém na economia, deveria ser recebido por outro alguém. Era isso que ele queria dizer quando falava que tudo deveria vir de algum lugar e ir para outro. Ele construiu modelos bem sofisticados, mas o que ele parecia achar mais útil era o que ele chamava de "modelo do mundo em uma equação". Não era como nenhum dos modelos que eu havia aprendido na pós-graduação. Não dependia de conjecturas. Não havia suposições comportamentais escondidas ali. Na verdade, não era nem um modelo econômico. Era apenas uma simples identidade contábil, verdadeira por definição em qualquer circunstância.

Não precisamos de uma matriz complicada para entender o modelo mais simples de Godley. Tem apenas duas partes que variam: o equilíbrio financeiro do governo e o nosso. Como há apenas dois jogadores nesse jogo — o Tio Sam e nós —, é algo lógico que cada pagamento que o governo faz tem apenas um lugar para ir. Pelo mesmo raciocínio, há apenas um lugar de onde qualquer pagamento recebido pelo governo poderia ter vindo. É uma maneira simples, mas poderosa de se pensar sobre como o equilíbrio financeiro do governo — seu superávit ou déficit — afeta o resto de nós. E mostra por que a história do crowding-out está errada, começando com o primeiro dominó.

A EQUAÇÃO É ASSIM:

Saldo financeiro do governo +

Saldo financeiro não governamental = Zero

Como não é uma teoria, não se apoia em qualquer conjunto de pressupostos que não tenha base no mundo real. É uma identidade contábil rígida que sempre produzirá uma declaração precisa dos fatos. Você pode pensar nela como uma versão da terceira lei do movimento de Isaac Newton, que afirma que "para cada ação, há uma reação igual e oposta". No modelo de Godley, podemos ver que para cada déficit que existe em uma parte da economia, há um superávit igual e oposto na outra parte. Não há como evitar isso. Se uma parte da economia está pagando mais dinheiro do que está recebendo, a outra parte deve estar recebendo exatamente essa quantia. Do outro lado de cada sinal de menos (-) existe um sinal de mais (+) de tamanho idêntico. Colocando a mesma equação de forma diferente, Godley escreveu:

Déficit do governo = Superávit não governamental

É uma observação poderosa, que emite um golpe fatal contra a fábula simplista do crowding-out. Para vermos o porquê, vamos traduzir o modelo de Godley numa linguagem ainda mais simples. Vamos precisar de apenas dois baldes. O objetivo é examinar a parte da história do crowding-out que argumenta que os déficits do governo consomem parte das nossas economias. Primeiro, vejamos um exemplo de como os pagamentos financeiros se movem entre as duas partes da nossa economia. Suponha que o governo gaste US$ 100 em uma frota de veículos novos para a comitiva presidencial. Os veículos serão produzidos por trabalhadores e empresas da parte não governamental da economia. Cada dólar que o governo gasta tem que ir para algum lugar, e só há um lugar para onde esse dinheiro pode ir — para o balde não governamental. Vamos supor também que o resto de nós, coletivamente, pague ao governo US$ 90 na forma de impostos.

DÉFICIT FISCAL

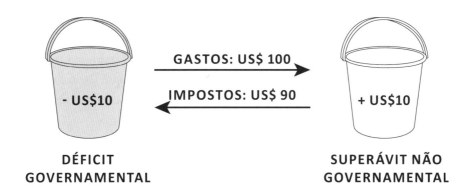

APRESENTAÇÃO 3: O Governo Entra em Déficit Fiscal

Se esses fossem os únicos pagamentos feitos pelo Tio Sam e para ele, o CBO diria que o governo havia gerado déficit fiscal e registraria um menos US$ 10 em seu relatório anual de orçamento. Mas, espere! Isso não foi tudo que aconteceu. O déficit fiscal do governo é espelhado por um superávit financeiro igual e oposto na parte não governamental de nossa economia. Os números negativos do Tio Sam são equivalentes aos nossos positivos! O déficit dele é o nosso superávit financeiro. Basta seguir o dinheiro: US$ 100 vão para o nosso balde; US$ 90 voltam para pagar impostos; US$ 10 ficam no nosso balde. Todo déficit fiscal faz uma *contribuição financeira* para o balde não governamental.

Godley era um minucioso. Seus modelos eram, como ele dizia, consistentes com estoques e fluxos. É uma maneira elegante de se dizer que todas as contribuições financeiras que *fluíam* para nosso balde ao longo do tempo corresponderiam exatamente ao *estoque* de ativos em dólares que deveríamos acumular. Em outras palavras, toda saída financeira deveria se tornar uma entrada financeira e, com o tempo, esses fluxos deveriam se acumular em ações de ativos financeiros correspondentes. Para compreender isso, pense em sua banheira. A água flui para a banheira quando você abre a torneira e a água flui para fora da banheira quando você abre o ralo. Se a água estiver sendo drenada pelo menos tão rápido quanto estiver entrando, a banheira nunca acumulará água. Mas se você adicionar água mais rápido do que a drena, o nível da água aumentará e a banheira começará a encher. Isso é o que está acontecendo na Apresentação 3. O governo está deixando US$ 100 fluírem para nosso balde e puxando apenas US$ 90 para o ralo. A corrida para o vermelho de que Jason Furman tanto lamenta enche nosso balde de dinheiro. Déficits fiscais não devoram nossas poupanças, eles as fazem crescer!

Se o Tio Sam continuar a gastar em déficit nesse ritmo, ele deixará US$ 10 no nosso balde todo ano. Ao longo do tempo, esse dinheiro se acumulará e construirá nossa riqueza financeira. Nesse ritmo, em uma década, terminaremos com uma pilha de US$ 100 em nosso balde. Chegaremos ao assunto do empréstimo daqui a pouco. Mas, primeiro, vamos considerar o que aconteceria se o Congresso tivesse seguido o conselho de Furman, eliminando os déficits orçamentários e administrando seu orçamento com base no PAYGO, conforme a Apresentação 4.

ORÇAMENTO EQUILIBRADO

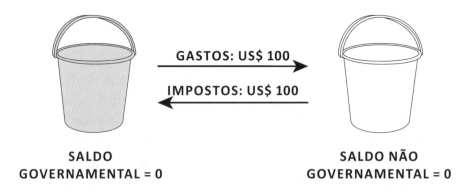

APRESENTAÇÃO 4: O Governo Equilibra Seu Orçamento

O NEGATIVO DELES É NOSSO POSITIVO

Alinhando seus gastos com os impostos, o temido risco de ir para o vermelho é eliminado. Mas o que é isso? O balde não governamental perdeu seu superávit. Agora é possível que este seja um bom resultado. Lembre-se, a TMM nos pede para focar nos resultados *econômicos*, não nos resultados *orçamentários*. Portanto, se um orçamento equilibrado pode proporcionar boas condições gerais para nossa economia — ou seja, pleno emprego e estabilidade de preços —, então, não há motivo para reclamar que o governo equilibrou suas contas. Na maioria das vezes, no entanto, nossa economia precisará do apoio dos déficits fiscais para manter tudo em equilíbrio. O truque é evitar que o déficit fique grande ou pequeno demais.

Como aprendemos no Capítulo 2, gastar demais ou tributar muito pouco podem gerar problemas. Imagine um cenário extremo, onde o governo nos permitisse manter cada dólar que colocasse em nosso balde, sem nunca tributar nada. É como tampar o ralo da banheira e deixar que cada gota de gasto se acumule em nosso balde. Em pouco tempo, a banheira transbordaria e nossa economia iria superaquecer. À medida que o dinheiro em excesso derramasse de nosso balde, a inflação iria pegar embalo rapidamente. O déficit do tamanho certo é aquele que fornece suporte suficiente para manter nossa economia funcionando sem aumentar a inflação.

Os déficits podem ser grandes demais, mas podem ser também pequenos demais. Podemos usar nossos dois baldes para analisar, uma última vez, os superávits de Clinton (de 1998 a 2001), que foram muito comemorados. Antes de 1998, o governo vinha passando por déficits persistentes. Então, de repente, a situação se inverteu. Ao invés de o dinheiro fluir do balde do Tio Sam para o nosso, ele começou a se mover na direção oposta. Como mostra a Apresentação 5, o Tio Sam recebeu o sinal (+) e nós ficamos com o sinal (–). Podemos ilustrar isso usando números simples. Para colocar o Tio Sam em superávit, o governo teve que tributar mais (US$ 100) do que gastou (US$ 90) em nosso balde em 1998. A única forma do Tio Sam recolher mais dinheiro do que gasta *no presente* é recuperar um pouco dos dólares que ele nos forneceu em anos *anteriores*.

99

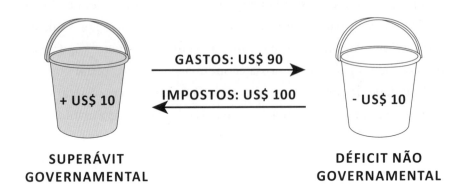

APRESENTAÇÃO 5: O Governo Entra em Superávit Fiscal

Mais uma vez, nós eliminamos a pavorosa perda no balanço do governo. Realmente, agora o Tio Sam está lucrando. Mas não abra a champanhe ainda. Lembre-se: do outro lado de todo superávit financeiro deve estar um déficit financeiro de valor igual. Isso significa que os números de ganho do governo viraram nossos números de perda! O superávit do Clinton nos forçou a sacrificar parte dos dólares que vínhamos economizando em nosso balde. O conto do crowding-out interpretou tudo ao contrário. É o superávit fiscal que corrói nossas economias financeiras, e não o déficit fiscal.

Por que tão poucos economistas se preocupam em apontar isso? Quando o CBO publica sua perspectiva orçamentária anual, eles estão contando apenas metade da história. Eles apresentam o saldo financeiro atual (e projetado) do governo, mas não se preocupam em apontar o que isso implica para nós no outro balde. Eles fornecem os dados — grandes números assustadores do déficit — que políticos e especialistas usam para aterrorizar a população, mas não fazem nenhuma tentativa de mostrar como esses déficits *necessariamente* impactam nossos saldos financeiros. Assim, o público é bombardeado com uma visão unilateral que analisa os déficits fiscais sob apenas uma perspectiva privilegiada.

Por exemplo, em julho de 2019, o conselho editorial do New York Post publicou um artigo de opinião com o título "Presos em um Futuro de Déficits de Trilhões de Dólares" *("Locking in a Future of Trillion-Dollar Deficits")*[8]. Um ano antes, o Wall Street Journal havia previsto isso com um título semelhante: "Por Que Déficits de Trilhões de Dólares Podem Ser a Nova Normalidade" *("Why Trillion-Dollar Deficits Could Be the New Normal")*. O problema é que ninguém se preocupa em mostrar aos leitores como as peças se encaixam. A perspectiva fiscal do governo é considerada a história toda. Mas não é.

Para melhorar o discurso público, precisamos pensar como uma coruja do déficit. Aqueles falcões e pombos que encontramos no Capítulo 3 gastam muito tempo arrulhando sobre números em vermelho e muito pouco tempo ajudando a população a ver o que o vermelho significa para o restante de nós. Para enxergar o quadro completo, você precisa ser capaz de olhar para o fluxo de pagamentos de um ângulo diferente. É isso que torna a coruja do déficit a ave adequada para avaliação (diga isso três vezes rápido). A coruja tem total amplitude de movimento: ela pode girar a cabeça para ver o que os outros estão perdendo de vista. Uma colega útil para ter por perto se você quiser enxergar a situação como um todo.

Godley era uma coruja do déficit. Por isso que ele foi capaz de ver o que muitos outros estavam deixando passar quando o orçamento do governo entrou em superávit a partir de 1998. Enquanto os políticos democratas e a maioria dos economistas aplaudiam os superávits de Clinton, Godley soou o alarme.[9] Como seu modelo não deixava nada de fora, ele pôde ver que os superávits do governo estavam drenando uma parte de nossas economias financeiras. Enquanto o Conselho de Assessores Econômicos do presidente estava ocupado redigindo o infame relatório "Vida Após a Dívida"[10], Godley publicava relatórios que destacavam os *déficits do setor privado* que quase todo mundo estava ignorando. Ele estava praticamente sozinho ao prever que o superávit de Clinton prejudicaria a recuperação e, em última análise, levaria o orçamento federal de volta ao déficit.[11] Isso ocorre porque os superávits financeiros arrancam a riqueza financeira do resto de nós, deixando-nos com menos poder aquisitivo para bancar os gastos que mantém nossa economia girando.

A abordagem de Godley mostra que, em *termos puramente financeiros*, todo déficit fiscal é bom para alguém. Assim é porque os déficits do governo são sempre compensados — centavo a centavo — com um superávit no balde não governamental. No nível macro (o quadro mais amplo), os números negativos do Tio Sam são sempre nossos números positivos. Quando ele gasta mais dinheiro em nosso balde do que tributa, nós acumulamos esses dólares como parte de nossa riqueza financeira. Mas quem, exatamente, somos *nós*?

De um nível nos 9 mil metros de altitude, tudo que vemos abaixo é o dinheiro fluindo para um balde gigante que inclui todo mundo que não se chama Tio Sam. Você está no balde, e eu também. Empresas como a Boeing e a Caterpillar estão lá conosco. Nosso parceiros comerciais — China, México, Japão e assim por diante — estão no balde também. O presidente John F. Kennedy gostava de dizer que "a maré alta ergue todos os barcos". O que ele queria dizer era que, quando nossa economia melhora, a vida de todos nós melhora também. O modelo de Godley mostra que o déficit fiscal *sempre* erguerá nosso barco coletivo não governamental (financeiro). Mas e todos os barcos individuais que estão flutuando dentro daquele grande balde?

Os déficits fiscais têm o *potencial* de erguer milhões de barcos pequenos, mas, por vezes, os benefícios dos déficits do Tio Sam não são distribuídos amplamente pela economia. Cortes de impostos que atendem às maiores corporações e às pessoas mais ricas da sociedade desproporcionalmente canalizam a riqueza para seus bolsos, enquanto milhões de famílias lutam para manter seus barquinhos flutuando. Se o objetivo for prosperidade amplamente compartilhada, então precisamos de déficits fiscais que canalizem os recursos de modo mais equitativo. Por exemplo, investimentos em saúde, em educação e em infraestrutura pública não beneficiarão somente os profissionais de saúde, professores e trabalhadores da construção civil que são pagos para executar esses trabalhos, mas também os pacientes, os estudantes e os motoristas que se beneficiam de serviços públicos melhores.[12] E quando o déficit fiscal ajuda famílias de média e baixa renda, esse dinheiro não é acumulado em contas bancárias offshore. Ele é gasto de volta na economia, ajudando a erguer os barcos que pertencem às famílias como as deles.

O fato é que nem todo déficit proporciona o bem público mais amplo. Déficits podem ser usados para o bem ou para o mal. Podem enriquecer um segmento pequeno da população, erguendo os iates dos ricos e poderosos para novas alturas, enquanto deixam milhões de pessoas para trás. Podem financiar guerras injustas que desestabilizam o mundo e custam as vidas de milhões. Ou podem ser usados para sustentar a vida e construir uma economia mais justa que funcione em prol de muitos e não de poucos. O que os déficits não conseguem fazer é devorar nossas economias *coletivas*.[13]

A TAXA DE JUROS É UMA VARIÁVEL DA POLÍTICA MONETÁRIA

A história do crowding-out está ancorada no modelo (TE)G que apresentamos no Capítulo 1. Lembre-se: esse modelo trata o Tio Sam como um usuário de moeda, que precisa financiar suas despesas, seja tributando ou fazendo empréstimos. Se ele deseja gastar (G) mais do que espera recolher em tributos (T), então ele precisa cobrir a diferença (ou seja, o déficit) tomando emprestado (E). De acordo com os economistas convencionais — tanto os falcões como os pombos —, se o governo toma emprestado para cobrir seu déficit, então fará uso de parte das economias que, de outra forma, estariam disponíveis para empresas privadas e outros mutuários. A história continua, dizendo que, *se* a disponibilidade de reservas for reduzida, *logo* as taxas de juros subirão conforme os mutuários competem por um universo decrescente de financiamento, por fim causando o aumento nos custos dos empréstimos.

Já mostramos aqui que o gasto deficitário aumenta nossas poupanças coletivas. Mas o que acontece se o Tio Sam fizer empréstimos quando já estão em déficit? É isso que consome as economias e força as taxas de juros para cima? A resposta é: não.

A história do crowding-out financeiro demanda que imaginemos que há uma oferta *fixa* de reservas, da qual qualquer um pode tentar tomar emprestado. Visualize uma imensa montanha de dólares americanos em algum canto do mundo. Agora imagine que esses dólares foram colocados lá por poupadores, que têm dinheiro, mas que não desejam gastar tudo o que possuem. Os poupadores disponibilizam esses fundos para os mutuários, mas por um preço. Aqueles ganham juros sobre o dinheiro que emprestam, enquanto estes pagam pelo uso desses fundos. É uma fábula de oferta e demanda muito direta, em que a taxa de juros equilibra a diferença entre a demanda por financiamento e a oferta disponível. Na ausência de déficit governamental, toda a demanda vem de tomadores privados. Ainda há concorrência por esses fundos emprestáveis, mas essas empresas estão apenas competindo com outros atuantes do setor privado por parte da oferta disponível.[14] Sem a concorrência do Tio Sam, todas as economias são usadas para financiar o investimento privado. Mas se o orçamento do governo entrar em déficit, o Tio Sam reivindicará parte desse dinheiro. Como consequência, a oferta de recursos disponíveis para financiar o investimento privado é diminuída, os custos de empréstimos aumentam e parte das empresas fica sem financiamento para seus projetos. Não são os déficits do governo em si, mas os déficits financiados por empréstimos que supostamente levam à exclusão (crowding-out) via taxas de juros mais altas.

A TMM rejeita a história dos fundos usados para novos empréstimos, que está enraizada na ideia de que os empréstimos são limitados pela escassez de recursos financeiros. Como disse o economista da TMM Scott Fullwiler, a "análise [convencional] é simplesmente inconsistente com o funcionamento real do sistema financeiro moderno".[15] Para entendermos por que, daremos uma olhada no que realmente acontece quando o governo federal vende títulos em coordenação com seus gastos deficitários. Como a TMM reconhece que o governo federal não gerencia seu orçamento como um orçamento doméstico, nós rejeitamos o modelo (TE)G, e usamos no lugar dele o modelo do emissor de moeda G(TE). Lembre-se: esse modelo reconhece que o governo não é limitado em termos de renda (como um núcleo familiar), então pode gastar primeiro, e depois tributar e tomar emprestado. Vamos supor que o Congresso autorize US$ 100 em novos gastos. Quando o governo começa a fazer os pagamentos, esse dinheiro flui para o balde não governamental. Suponhamos, agora, que US$ 90 sejam usados para pagar impostos.

DÉFICIT FISCAL

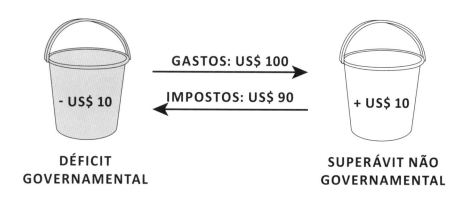

APRESENTAÇÃO 6: O Governo Entra em Déficit Fiscal.

Conforme mostra a Apresentação 6, o déficit do governo deposita US$ 10 no balde não governamental. Se o que aconteceu foi isso, o dinheiro simplesmente permaneceria na forma de moeda física ou digital — dólares verdes (vamos recordar o nosso uso de dólares verdes do Capítulo 1: os dólares verdes existem na forma de reservas bancárias ou notas e moedas). Caso o governo simplesmente nos deixasse com dólares verdes na mão, poderia gerar um déficit fiscal sem vender os títulos que acabam se somando ao que chamamos (infelizmente) de dívida federal. Mas não é assim que a situação funciona atualmente. Sob os acordos atuais, o governo vende títulos do Tesouro dos EUA sempre que gera um déficit fiscal. Isso é normalmente chamado de tomar emprestado, mas, como aprendemos no Capítulo 3, esse

O MITO DO DÉFICIT

é um nome bem impróprio, uma vez que *o próprio déficit do governo fornece o dinheiro necessário para a compra dos títulos*. Para alcançar seu déficit de US$ 10 com as vendas de títulos, o governo simplesmente tira US$ 10 do balde e recicla-os como 10 dólares amarelos — títulos do Tesouro americano. A Apresentação 7 mostra o governo removendo os dólares verdes do balde não governamental e substituindo-os por títulos a juros.

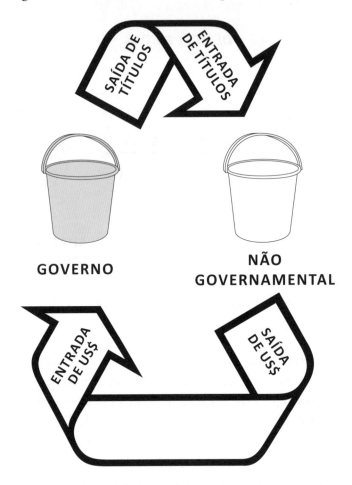

APRESENTAÇÃO 7: "Empréstimos" do Governo

Quando o processo todo se encerrar, o Tio Sam terá gasto (G) US 100 em nosso balde, taxado (T) de volta US$ 90, e transformado os US$ 10 restantes em dólares amarelos chamados títulos do Tesouro americano (E), ou "empréstimos". Esses títulos são agora parte da riqueza que é mantida por poupadores no país e pelo mundo afora. Como revela o modelo de Godley, déficits do governo sempre levam a um *aumento* equivalente na oferta de ativos financeiros líquidos no balde não governamental.[16] Isso não é uma teoria. Não é uma opinião. É apenas a realidade nua e crua da contabilidade consistente de estoque e fluxo.

Portanto, o déficit fiscal — mesmo com o governo tomando empréstado — não pode resultar em uma oferta menor de poupanças em dinheiro. E se isso não é possível, então uma disponibilidade menor de reservas de dólares não pode ser responsável por aumentar os custos de empréstimos. Isso representa claramente um problema para a teoria convencional do crowding-out, que afirma que gastos dos governos e investimentos privados competem por um universo *finito* de poupanças.

A razão da história dos fundos para empréstimos não estar em sincronia com a realidade é que ela demanda que tratemos o governo federal como um *usuário* de moeda. Quando rejeitamos esse ponto de vista ingênuo, enxergamos que países como os EUA não dependem de empréstimos para se financiar, e, quando realmente vendem títulos, não ficam à mercê de investidores privados.[17] O Tio Sam não é um pedinte, que precisa sair por aí de chapéu na mão em busca de financiamento para sustentar seus gastos almejados. Ele é um emissor de moeda bem forte! Ele pode optar por tomar emprestado ou não, e o Congresso sempre pode decidir qual taxa de juros pagará sobre quaisquer títulos que decida oferecer. Isso não ocorre em todos os países, mas sim naqueles que têm soberania monetária.[18]

Essa distinção é imensamente importante, pois há um elemento de verdade na narrativa convencional de que déficits orçamentários podem forçar as taxas de juros a subir. Mas devemos ter cuidado ao contar essa história. Mantendo o foco nos acordos monetários e na mecânica real de financiamento do déficit, a TMM nos ajuda a negar uma narrativa, simplista em excesso, sobre como esses fatos ocorrem. O mais importante é o *regime cambial* sob o qual o país opera. Ao contrário da Grécia, da Venezuela ou da Argentina, países com soberania monetária não estão ao arbítrio dos mercados financeiros. Para enxergarmos o porquê, vamos deitar os olhos sobre o que acontece quando um país soberano monetário como os EUA tem um déficit fiscal.

A TMM mostra que o governo dos EUA gasta ao creditar as contas de reservas ou provisões dos bancos privados, que, por sua vez, creditam as contas bancárias daqueles que recebem pagamentos do governo. Se você depositar um cheque do Tio Sam de US$ 1.000, seu banco receberá um crédito de US$ 1.000 na conta de provisões que tem no Federal Reserve e você receberá um crédito de US$ 1.000 na sua conta bancária pessoal. Os pagamentos que você faz para o governo federal têm o efeito oposto. Por exemplo, se você assinar um cheque de US$ 500 para pagar seu imposto de renda, o banco subtrairá essa quantia de seu saldo atual, e o Fed retirará US$ 500 da conta de provisões de seu banco. Quando o governo gasta mais do que tributa, ele deixa no sistema bancário uma quantidade maior de saldos de reservas. Em outras palavras, o déficit fiscal aumenta a oferta *agregada* de saldos de reservas.

O que acontece depois depende completamente da resposta em termos de política monetária. O governo pode tomar emprestado, como faz hoje, substituindo os saldos de reservas recém-criados por títulos do Tesouro. Isso permite ao governo que entre em déficit fiscal *sem alterar a quantidade de reservas no sistema bancário*. Da perspectiva da TMM, o propósito de se vender títulos não é "financiar" as despesas do governo (que já aconteceram), e sim prevenir que uma infusão vultuosa de reservas reduza a taxa de juros overnight para baixo da meta do Fed.[19] A venda de títulos é totalmente voluntária, no sentido de que o Congresso sempre pode decidir fazer diferente.[20]

Por ter soberania monetária, os EUA têm muitas opções quando se trata de tomar emprestado e administrar sua taxa de juros. Poderiam exercer um controle rígido sobre a taxa de juros de curto prazo, mas também permitir que os mercados financeiros realizassem um pouco de influência sobre os custos dos empréstimos de longo prazo. É assim que acontece nos EUA hoje. Ou poderiam assumir o controle dos custos de empréstimos de longo prazo, como fizeram durante e imediatamente após a Segunda

Guerra Mundial, e como o Banco do Japão (BOJ) faz hoje. Os EUA poderiam até dispensar totalmente os títulos, o que tornaria nada menos do que impossível a história do crowding-out, que se baseia no argumento de que é o fato do governo tomar emprestado que torna os juros mais altos. A verdade é que os déficits não carregam um risco de crowding-out inerente. A teoria de financiamentos para empréstimos está simplesmente errada. O déficit fiscal — com ou sem a venda de títulos — não significa um aumento inevitável nas taxas de juros.

Para entender a razão, vamos dar uma olhada rápida em como funciona isso hoje. Nos dias atuais, o Tesouro americano emite os conhecidos *securities*, títulos sem risco, sempre que entra em déficit. São considerados sem risco pelo fato de que um governo emissor de moeda sempre pode honrar qualquer promessa de pagar os detentores de títulos, contanto que os títulos sejam denominados na própria unidade de contabilidade do governo. O Japão sempre pode pagar de volta em ienes. Os EUA sempre podem pagar em dólares americanos. E o governo britânico sempre pode atender qualquer obrigação de pagamento subscrita em libras britânicas. Em cada um desses países (e outros), o governo federal adotou seus próprios procedimentos para colocar títulos do governo nas mãos de compradores privados.

Os EUA fazem uso de um sistema de leilão para vender títulos para o mercado privado. Sempre que se espera que o governo federal entre em déficit fiscal, o Tesouro oferece uma quantidade de títulos públicos equivalente ao déficit previsto. Os funcionários do Tesouro decidem quantos títulos oferecer, e os participantes do mercado — ou seja, os investidores — competem pela oferta limitada. A venda inicial ocorre no que é conhecido como mercado primário, onde uma determinada categoria de compradores, chamados *dealers* primários, faz lances pelos títulos. Os dealers ou revendedores primários são definidos como contrapartes comerciais do New York Federal Reserve Bank. Atualmente, existem duas dúzias de dealers primários, incluindo nomes conhecidos como Wells Fargo, Morgan Stanley, Bank of America e Citigroup. Depois da compra inicial no mercado primário, os títulos do Tesouro dos EUA podem ser renegociados no mercado secundário. É aí que eles ficam disponíveis para fundos de pensão, *hedge funds*, governos estaduais e locais, companhias de seguros, investidores estrangeiros e outros. A taxa de juros dos títulos do governo decorre do processo de leilão, no momento em que os dealers primários "fazem o mercado" com seus lances para toda a oferta de cada leilão.[21]

Se o governo tem a expectativa de entrar em déficit fiscal de US$ 200 bilhões, o Departamento do Tesouro organizará um leilão para esse valor.[22] Antes de cada leilão, os funcionários do Tesouro decidem a data do mesmo, o montante, o valor de face dos títulos e os períodos de maturação a serem oferecidos.[23] Como parte de seu leilão de US$ 200 bilhões, a equipe pode oferecer um bloco de títulos do Tesouro de dez anos com valor de face de US$ 1.000 cada. Quando o leilão for aberto, cada dealer primário faz o lance para sua parte no montante total. Um deles pode sinalizar disposição de comprar um certo número de títulos, mas apenas se renderem US$ 20 por ano. Outro dealer primário pode pedir US$ 18, e ainda outro pode lançar uma oferta buscando US$ 22 por ano. Cada oferta tem uma taxa de retorno implícita. Neste exemplo, os dealers primários estão buscando 2%, 1,8% e 2,2%, respectivamente. Se o dealer que propôs US$ 20 ganhar uma fatia do leilão, o Federal Reserve cobrará o número apropriado de suas reservas bancárias e creditará a ele títulos do Tesouro que pagarão 2% de juros em cada um dos próximos dez anos.[24] Após dez anos, cada título terá pago US$ 200 em receita de juros.[25]

Os dealers primários são obrigados a oferecer lances a taxas razoáveis, mas não precisam propor lances idênticos. Se eles acharem que 2% é uma taxa muito baixa, podem tentar obter um rendimento mais alto enviando um lance mais fraco. No entanto, lances mais fracos reduzem a probabilidade de se ganhar o leilão. Há um truque antigo que ajudará você a entender a relação entre os rendimentos dos títulos (taxas de juros) e seus preços. Usando o polegar, faça um sinal afirmativo para uma demanda forte dos investidores. Lances fortes significam que os preços dos títulos recebem sinal. A relação entre preços dos títulos e seus rendimentos é inversa, portanto, um sinal afirmativo para preços de títulos mais altos implica em um sinal negativo para as taxas de juros. É mais barato tomar emprestado quando os dealers primários indicam desejo de comprar as taxas de juros mais baixas. Quando os dealers fazem lances mais fracos, isso significa que estão pedindo retornos mais altos. Se essa fraqueza for generalizada, o departamento do tesouro pode acabar pagando mais do que calculou quando se anunciou o leilão.

Na prática, leilões do Tesouro sempre esgotam rápido, o que significa que sempre há mais lances do que títulos disponíveis. Como o ex-vice-secretário do Tesouro dos EUA Frank Newman me escreveu, "sempre há mais demanda por títulos do que pode ser alocada numa oferta limitada de novas emissões em cada leilão; os vencedores dos leilões conseguem aplicar seus fundos no instrumento mais seguro e mais líquido que existe para dólares americanos; os perdedores ficam com parte dos fundos presos em bancos, com o risco de crédito".[26] Como a demanda tende a sempre exceder a oferta, fazer um lance relativamente baixo significa que você pode sair de mãos abanando. Os compradores mais entusiastas conseguem trocar parte de seus saldos de reservas por títulos do Tesouro dos EUA. Para separar os vencedores dos perdedores, o governo ordena os lances do mais alto ao mais baixo. O lance mais alto — ou seja, com a menor taxa de juros — sempre vence. O próximo lote irá para o lance maior seguinte na ordem e assim por diante, até que todo o montante seja vendido.

Isso pode soar como o mercado de fundos para empréstimos imaginado pela história do crowding-out. Mas não é. O mercado de distribuição primária é um mercado do mundo real estabelecido pelo governo federal com a finalidade de negociar exclusivamente títulos públicos novos.[27] Em outras palavras, o governo criou o mercado de distribuição primária com o propósito único de colocar títulos do Tesouro americano em mãos privadas como parte de suas operações fiscais. O Tio Sam não entra no mercado em competição com outros tomadores de empréstimos. Pelo contrário, são as duas dúzias de dealers primários (emprestadores) que competem entre si para ganhar uma parte do leilão. Todo leilão envolve coordenação entre o Departamento do Tesouro e o Federal Reserve. Isso significa que mesmo déficits fiscais grandes e *imprevistos* nunca representam nenhum tipo de problema de financiamento. Tal ponto ocorre pelo fato do Fed criar uma barreira de proteção para os dealers primários. Proteger, no caso, significa basicamente que, se há qualquer engasgo no processo, o Fed garante que os dealers primários terão os fundos que precisam para que seja rentável para eles fazerem lances razoáveis pelo montante todo. Com esses arranjos, fica claro que as taxas de juros dos títulos do governo são uma escolha de política monetária, e não algo imposto sobre o governo federal pelos emprestadores.

Então, qual é a relação entre déficits e taxas de juros? Em certo aspecto, temos uma resposta inquestionável. O déficit empurra a taxa overnight *para baixo*. Em um mundo sem vendas de títulos ou outra ação defensiva do banco central, os déficits levariam a taxa de juros de curto prazo a zero, porque gastos deficitários enchem os sistemas bancários com excesso de reservas, e um aumento muito grande na oferta de reservas empurrará a taxa dos fundos federais para zero.[28] Se o banco central não quiser aceitar essa taxa zero, ele precisa fazer algo para mover a taxa para um nível positivo. Ao longo do seu histórico (pré-2008), o Fed o fez através de operações de open market, vendendo títulos do Tesouro americano e drenando saldos de reservas até que a taxa de juros subisse em direção à sua meta. Hoje, o Fed atinge sua meta de taxa de juros através da proclamação. Quando quer ajustar as taxas, simplesmente anuncia uma nova meta e — *voilà!* — a taxa de juros passa para um novo nível (mais alto ou mais baixo). No Brasil, o COPOM é quem decide a meta da taxa de juros do país. A questão é que, sem qualquer forma explícita de intervenção, os déficits fiscais naturalmente levariam a taxa de juros de curto prazo a zero.[29]

E as outras taxas de juros? Ser um dealer primário é meio como ter uma galinha dos ovos de ouro. Você tem lucro garantido simplesmente por ocupar um lugar especial na estrutura monetária que viabiliza as operações fiscais do Tesouro. É uma posição privilegiada que nenhum dealer quer arriscar perder. Para permanecer numa boa posição, tudo que precisa fazer é apresentar lances adequados que garantam sua parte dos títulos a cada leilão. *Adequado* é a palavra-chave. Significa que os dealers precisam fazer lances muito próximos das taxas de juros presentes, que são por si amplamente regidas pela política do Federal Reserve. Assim, enquanto formalmente os dealers primários fazem lances que expressam uma taxa de retorno desejada, a taxa de juros que eles devem aceitar, em última análise, está bem além de seu controle. Isso se torna ainda mais óbvio quando você observa o resto do mundo e percebe que cerca de um terço do mercado global de títulos governamentais é negociado a taxas de juros negativas (nominais). Isso ocorre porque o Banco do Japão, o Banco Central Europeu, o Riksbank da Suécia, o Banco Nacional da Dinamarca e o Banco Nacional da Suíça definiram suas taxas de juros de curto prazo abaixo de zero.

A venda de títulos para investidores privados dá a impressão — ou a ilusão — de que o governo é dependente dos poupadores para obter financiamento e que os mercados financeiros podem forçar os governos a tomar emprestado em termos definidos por emprestadores privados. Não é assim que funciona na prática. Um governo emissor de moeda não precisa tomar emprestado de ninguém em sua própria moeda para gastar. E mesmo se realmente tomar emprestado, ele pode exercer influência substancial sobre a taxa de juros que pagará sobre esses títulos. Os dealers primários podem sinalizar um *desejo* de obter taxas mais altas, mas o Fed sempre pode gerenciar taxas mais baixas se assim escolher. Há um ditado popular entre investidores experientes: "Não brigue com o Fed". Se o Fed está determinado a reduzir as taxas, é melhor se preparar para a queda das taxas de juros. Investidores que apostam contra um determinado banco central têm praticamente uma garantia de que sofrerão perdas financeiras. Um dos (maus) negócios mais notórios foi realizado por um investidor chamado Kyle Bass. Bass tinha certeza de que a dívida do governo japonês havia se tornado insustentável, então apostou contra ela vendendo JGBs. Quando um investidor vende a descoberto sua posição em títulos do governos, ele está apostando que o preço dos títulos irá cair (polegar para baixo para o preço) e o rendimento (polegar para cima para os juros) irá subir. Bass (e outros com ele) perdeu grandes somas de dinheiro com essa estratégia de trading. A venda dos JGBs ficou conhecida como o trade que faz viúvas, porque poucos investidores sobreviveram às perdas em que incorreram.

Apesar do que a maioria dos economistas diz, simplesmente não há relação predestinada entre o déficit fiscal e as taxas de juros. Se o banco central está comprometido a segurar as taxas no nível em que estiverem ou em manipulá-las para descerem, déficits fiscais não podem forçá-las a subir como o tradicional conto do crowding-out nos leva a imaginar. Um pouco de história provará isso.

De 1942 a 1947, o Federal Reserve — sob a coordenação do Departamento do Tesouro — gerenciou ativamente os custos de empréstimos feitos pelo governo. Mesmo em 1943, quando os gastos para combater na Segunda Guerra Mundial elevaram o déficit federal a mais de 25% do PIB, as taxas de juros tenderam a cair. Isso aconteceu porque o Fed fixou a taxa do título T-bill em 0,375% e manteve a taxa dos títulos de 25 anos em 2,5%. Como disse o economista da TMM L. Randall Wray, "o governo pode 'emprestar' (emitir títulos para o público) a qualquer taxa de juros que o banco central decidir reforçar. É relativamente fácil para o banco central fixar a taxa de juros de instrumentos de dívida pública de curto prazo, se prontificando a comprá-los a um preço fixo em quantidades ilimitadas. Isso é precisamente o que o Fed fez nos Estados Unidos até 1951 — proporcionar aos bancos uma alternativa ao excesso de reservas que renda juros, mas a uma taxa de juros muito baixa".[30]

O Acordo Tesouro-Fed de 1951 encerrou o compromisso oficial do Fed em administrar as taxas em nome do Tesouro, mas não tirou seu poder de fazê-lo. Na verdade, o Federal Reserve retém a capacidade de fazer as taxas descerem mesmo se os déficits aumentarem exponencialmente. É uma realidade que deveria ser óbvia para qualquer observador casual das políticas do Fed ao longo da última década. Quando a economia perdeu o chão em 2008, o déficit do orçamento disparou para mais de 10% do PIB. Enquanto os déficits subiam, o Federal Reserve cortou a taxa overnight para zero e manteve-a assim por sete anos consecutivos. Além disso, o Fed realizou três rodadas de flexibilização quantitativa, comprando títulos do Tesouro dos EUA e títulos lastreados em hipotecas, o que lhe permitiu reduzir, também, as taxas de juros de longo prazo. Qualquer um que diga que déficits fiscais forçam as taxas de juros para cima esqueceu o histórico durante a Segunda Guerra Mundial e ignorou a experiência recente, e não apenas a dos Estados Unidos.

Desde 2016, o banco central do Japão tem mirado explicitamente sua curva de juros.[31] Isso significa que o BOJ não está apenas controlando a taxa de juros overnight (como o Fed faz nos EUA), mas também efetivamente definindo as taxas de longo prazo. Essa prática é conhecida como controle da curva de juros, porque literalmente inclui o controle dos

O NEGATIVO DELES É NOSSO POSITIVO

rendimentos dos títulos do governo de dez anos. Hoje, o BOJ está comprometido a segurar a taxa de dez anos em torno de zero por cento. Para conseguir isso, o banco central simplesmente compra qualquer quantidade necessária de títulos para prevenir que os rendimentos subam para além de zero. É semelhante à flexibilização quantitativa no fato de que o objetivo são taxas de juros mais baixas. No entanto, o controle da curva de juros demanda um compromisso mais firme, pois a quantidade de títulos que o BOJ comprará em determinado período não é determinada antecipadamente. O controle da curva de juros é um compromisso com uma meta para a taxa de juros (preço) em detrimento do comprometimento de se comprar um determinado volume (quantidade) de títulos. A prática do BOJ demonstra claramente que o banco central pode definir tanto taxas de juros de curto prazo como as de longo, *mesmo quando os empréstimos do governo aumentam*. Exercendo seu poder como emissor de moeda soberana, o Japão sempre pode evitar o tipo de pressão sobre a taxa de juros imaginada pela história dos fundos para empréstimos.

Mas nem todo país tem esses poderes. Como Fullwiler explica, "as implicações para a política econômica são uma mudança de paradigma dos soberanos monetários". Para se colocar de forma mais simples, a história do crowding-out não funciona em países que tomam emprestado em suas próprias moedas soberanas.[32] Para os Estados Unidos, o Japão, o Reino Unido e outros países com soberania monetária, a taxa de juros da dívida federal é uma variável da política praticada. Como emissores de moeda, eles não precisam tomar sua própria moeda emprestada para gastar. As vendas de títulos são totalmente voluntárias, e a taxa de juros paga sobre quaisquer títulos que o governo opte por oferecer é sempre uma escolha dentro da política monetária.[33] A situação não é a mesma em países que não têm soberania monetária.

Países como Grécia e Itália, juntamente com os outros dezessete membros da zona do euro, abriram mão de suas moedas soberanas para usar o euro. Como não podem emitir o euro, os governos membros devem cobrir os déficits fiscais vendendo títulos. Isso significa encontrar investidores dispostos a abrir mão de euros por papéis da dívida pública. O problema é que emprestar a esses países se tornou especialmente arriscado quando eles começaram a prometer reembolsar os detentores de títulos em uma moeda que eles mesmos não podiam mais emitir. Isso ficou dolorosamente claro no decorrer da crise financeira de 2008, quando a recessão global forçou os orçamentos da Grécia e de outros países da zona do euro a entrar em déficit profundo. Para financiar seus déficits, cada país teve que buscar financiamento em um mercado não muito diferente daquele imaginado na história do crowding-out. Os governos não tinham escolha a não ser tomar emprestado nos mercados financeiros privados e tinham que pagar o que o mercado exigisse para garantir o financiamento de que precisavam. Com razão, os investidores estavam preocupados por fazer os empréstimos a governos que não podiam mais garantir o pagamento. Para compensar o risco adicional que estavam assumindo, os mercados financeiros exigiam taxas de juros cada vez mais altas. Em pouco tempo, desdobrou-se uma profunda crise de dívida. Na Grécia, a garota-propaganda da crise, as taxas de juros dos títulos do governo de dez anos dispararam de 4,5% em setembro de 2008 para quase 30% em fevereiro de 2012. No fim, o emissor da moeda — o Banco Central Europeu (BCE) — veio em resgate, e as taxas de juros caíram acentuadamente.[34]

Fazer empréstimos numa moeda que não podiam emitir criou nas nações da zona do euro o tipo de pressão nas taxas de juros prevista na história tradicional do crowding-out. Algo semelhante tende a acontecer quando os países unem o valor de suas moedas domésticas ao ouro ou atrelam-nas a alguma outra moeda — ou seja, fixam suas taxas de câmbio. A Rússia e a Argentina, por exemplo, já se comprometeram a converter suas moedas domésticas (rublos e pesos, respectivamente) em dólares americanos a uma taxa de câmbio fixa. O problema é que, para defender a paridade cambial, o governo precisa abrir mão de controlar a taxa de juros.

Vamos ao que aconteceu na Rússia. Você poderia manter a moeda doméstica — o rublo — ou poderia pedir ao banco central para converter seus rublos em outra coisa. Poderia trocar seus rublos por dólares americanos na taxa de câmbio fixa. Ou poderia usar seus rublos para comprar títulos do governo russo (conhecidos como GKOs). Como Forstarter e

Mosler observaram, "podemos ver os títulos do governo como competidores à opção de conversão [para dólares americanos]".[35] Enquanto a maioria da população estava disposta a manter rublos ou GKOs, tudo correu bem. O governo russo podia emitir os dois. Mas tudo foi por água abaixo em 1998, quando, de repente, todo mundo passou a querer dólares americanos. A demanda pelos GKOs evaporou, o preço dos títulos russos despencou, e os juros aumentaram drasticamente. Da mesma forma em que o governo grego não foi capaz de evitar um pico nos custos de tomada de empréstimos, países que fixam sua taxa de câmbio sacrificam o controle sobre suas taxas de juros. Do ponto de vista da TMM, "isso explica as altas taxas de juros pagas por governos com risco perceptível de inadimplência em regimes de câmbio fixo, em contraste com a facilidade que uma nação como o Japão tem em manter as taxas a zero em um regime de câmbio flutuante, a despeito dos déficits, que minariam um regime de câmbio fixo".[36]

A lição é simples. Regimes cambiais são importantes. A história simplista do crowding-out foi construída para um mundo que não existe mais. No entanto, a teoria econômica convencional trata a queda da sequência de dominós como consequência inevitável de gastos deficitários. A verdade é que a história tem aplicabilidade limitada. Como Timothy Sharpe colocou, "a teoria do crowding-out financeiro foi inicialmente proposta e analisada no contexto de um sistema de moeda conversível, ou seja, o padrão-ouro e o acordo de taxa de câmbio fixa de Bretton Woods (1946–1971)". Levar em consideração diferentes regimes monetários muda tudo. Foi o que Sharpe descobriu em uma investigação empírica abrangente, em que ele separou países que cabiam no modelo da TMM — isto é, aqueles com soberania monetária — daqueles que fixam sua taxa de câmbio ou tomam emprestado em moeda estrangeira. Em alinhamento com a TMM, ele concluiu que "a evidência empírica revela efeitos de crowding-out em economias não soberanas, mas não em economias soberanas". Em outras palavras, é um erro aplicar a história do crowding-out a países soberanos monetários como os EUA, o Japão, o Reino Unido ou a Austrália.[37]

A verdade é que déficits do governo não são vilões do progresso. Eles não dificultam a tomada de empréstimos e o investimento pelo setor privado. Na maioria dos casos, eles os facilitam. Isso ocorre pois o déficit do Tio Sam coloca dinheiro no nosso balde. Seja na forma de cortes nos impostos, seja em gastos na economia, esse dinheiro aumenta nosso poder aquisitivo. E gastos são a força vital do capitalismo. Sem eles, as empresas não teriam clientes, não teriam receita de vendas e nem lucros para se manter. Como disse o economista ganhador do Prêmio Nobel William Vickrey, déficits bem direcionados "irão gerar renda disponível adicional, aumentar a demanda pelos produtos da indústria e tornar o investimento privado mais lucrativo".[38] Em outras palavras, políticas fiscais bem planejadas, incluindo aquelas que aumentam os déficits fiscais, podem catalisar o investimento privado e desencadear um ciclo virtuoso que leva a adições ao investimento privado, e não à sua exclusão (ou crowding-out).

5

"VENCER" NO COMÉRCIO

MITO #5: Déficit comercial significa que os Estados Unidos estão perdendo.

REALIDADE: O déficit comercial dos Estados Unidos é um superávit de "coisas".

Eu me lembro de quando assisti ao Donald Trump batalhando para abrir caminho nos debates das primárias dos republicanos com meu filho, Bradley, que tinha apenas nove anos na época. Era 2015, e o Trump esbravejava sobre o comércio, reclamando que países como o México, a China e o Japão estavam nos enganando, e prometendo acabar com a ladroagem se os eleitores o colocassem na Casa Branca. Esse se tornou um tema central de sua campanha: *Estamos perdendo a guerra comercial contra os estrangeiros*. "Não vencemos mais", bradou Trump durante um debate das primárias em Cleveland, no estado de Ohio. "Não ganhamos da China no comércio. Não ganhamos do Japão e dos milhões e milhões de carros deles que entram neste país no comércio".[1] A mensagem ressoou em milhões de americanos, especialmente em estados como Ohio, Michigan, Pensilvânia, Carolina do Norte e Wisconsin, onde muitos eleitores ligavam o esvaziamento de suas comunidades e a perda de empregos de boa remuneração à concorrência com as importações e com os crescentes déficits comerciais.

Como presidente, Trump continuou obcecado pela diferença entre importações e exportações, ou seja, o déficit comercial dos Estados Unidos com o resto do mundo. Para ele, o déficit é evidência primeira de que os EUA estão perdendo no comércio. Por um lado, ele enxerga perdas em termos monetários, e escreve no Twitter: "Os Estados Unidos vêm perdendo no comércio há muitos anos, de 600 a 800 bilhões de dólares por ano. Perdemos 500 bilhões de dólares para a China. Desculpe, mas não vamos mais fazer isso!".[2] Parece que ele acredita que o problema é que os estrangeiros estão fugindo com nosso dinheiro. E quando ele olha para os *termos reais do comércio* — os bens reais que estão sendo negociados entre americanos e estrangeiros —, ele novamente vê os Estados Unidos como o elo mais fraco do acordo comercial. Em agosto de 2019, Trump deu uma explicação sobre o que acontece em troca dos milhões de carros que o Japão nos envia: "Enviamos trigo. Trigo! Isso não é um bom negócio".[3] Naquele momento, meu filho Bradley, na época com treze anos, virou-se para mim com um olhar perplexo e disse: "Então, o problema é que nós recebemos os carros e eles só pegam o nosso trigo? Seria como eu dar para o Ian duas cartas minhas de valor baixo e receber dez cartas de valor alto dele em troca. Eu ficaria muito feliz com esse negócio!".

Vendo dessa perspectiva, pode-se dizer que um país "ganha" maximizando seus benefícios (importações) e minimizando seus custos (exportações). Mas isso implicaria, contraintuitivamente, que o déficit comercial de aproximadamente US$ 700 bilhões dos Estados Unidos fosse evidência de que o país já está ganhando no comércio. Isso pode estar certo? Será que Trump entendeu tudo às avessas? Ao invés de usar tarifas para travar uma guerra comercial, com o objetivo de reduzir o volume de mercadorias que chegam aos Estados Unidos, vindas da China e de outros lugares, os EUA deveriam tentar gerar déficits comerciais ainda maiores? Isso nos tornaria o invencível campeão do comércio global? Como veremos abaixo, o assunto é muito mais complicado do que o simples preto e branco de se ganhar ou perder no comércio.

Então, por que tantos americanos sentem que todos estão "nos batendo" quando o assunto é o comércio? Em poucas palavras, a resposta é: pelos empregos. Como Richard Trumka, líder da maior federação de sindicatos do país, explicou a Trump apenas uma semana antes de sua posse que acordos comerciais ruins custaram a milhões de americanos seus empregos sindicalizados bem remunerados. "Comunidades inteiras perderam seu propósito e sua identidade", ele disse ao presidente eleito, "e temos que consertar isso".[4] Ele prometeu apoiar o compromisso de Trump de renegociar o Tratado Norte-Americano de Livre-Comércio (NAFTA) e outros acordos, dizendo: "os trabalhadores estão aguardando um novo rumo para o comércio no futuro".

TIO SAM PELOS CALCANHARES

Assim como muitos trabalhadores nos Estados Unidos, milhões de assalariados na China, no Japão e em outros países dependem de seus trabalhos para a sobrevivência. Se a demanda pelas coisas que eles ajudam a produzir subitamente se vai, seus empregos podem desaparecer. É por isso que frequentemente ouvimos políticos e sindicatos clamando aos consumidores que comprem produtos americanos, ou pressionando empresas como a Ford ou a Apple para que manufaturem mais dos seus produtos nos Estados Unidos. Quando gastamos mais dinheiro comprando coisas que são produzidas no exterior, essa demanda dá base a empregos em outras partes do mundo, ao invés de sustentar os trabalhadores do nosso país.

Desde 1994, quando o presidente Clinton assinou o acordo do NAFTA, inaugurando uma nova era de "livre comércio", a vida ficou cada vez pior para milhões de americanos. À proporção que as corporações industriais realocaram seus centros de produção no México — e depois mudaram para países além da América do Norte, onde poderiam pagar salários ainda mais baixos aos trabalhadores —, milhões de empregos sindicalizados e bem remunerados desapareceram. A adesão total da China à Organização Mundial do Comércio (OMC), em 2001, causou danos semelhantes à classe trabalhadora dos EUA. Economistas do Instituto de Política Econômica concluíram que a demanda da China por exportações dos EUA pode ter sustentado 538 mil empregos americanos de 2001 a 2011, mas as importações da China para os EUA custaram os empregos de mais de 3,2 milhões de americanos — uma perda líquida de cerca de 2,7 milhões de empregos.[5] Somando-se a isso, mesmo quando esses trabalhadores deslocados conseguiram encontrar novos empregos, esses trabalhos pagavam uma média de 22,6% a menos do que eles ganhavam antes.

Esse tipo de deslocamento, impulsionado pelo comércio, deteriorou regiões inteiras, onde a manufatura era a força econômica vital para um grande número de comunidades; também levou grandes grupos de americanos ao desemprego permanente e involuntário, ou a um ciclo sinistro de trabalhos na prestação de serviços de baixa renda. E isso veio em um contexto no qual cidades e regiões já haviam sido profundamente destroçadas, uma década antes, pela consolidação da agropecuária corporativa. Essas comunidades continuariam a ser maltratadas durante a década seguinte; os choques comerciais da OMC relacionados à China, durante os quais muitos dos benefícios ao consumidor, anunciados pela ampliação do comércio com Pequim, acarretaram custos de ajustes substanciais em muitos mercados de trabalho regionais. Nestes, as indústrias expostas à nova concorrência com a China estavam concentradas. E anos mais tarde, a Grande Recessão de 2008 ainda traria outra rodada letal de perda de empregos.

Em 2016, quando Trump ascendia à presidência, seu temerário discurso sobre migrantes e déficit comercial encontrou uma plateia receptiva entre os trabalhadores já sitiados por uma calamidade econômica atrás da outra. Consequentemente, para muitos desses trabalhadores, não havia nada a perder se abraçassem o chamado para a luta de Trump: vencer no comércio, trazer empregos de volta para casa e "tornar os Estados Unidos grandiosos novamente" (*'Make America Great Again',* seu slogan de campanha)!

Enquanto isso, o Partido Democrata preparava uma resposta mal orquestrada. A campanha de Hillary Clinton comercializava bonés de beisebol azuis com o slogan "Os Estados Unidos já são grandiosos".[6] Talvez a secretária de Clinton tenha se sentido encurralada e, assim, sua campanha adotou uma estratégia que ignorava a maioria dos eleitores, que haviam sido esmagados pelas relações comerciais dos Estados Unidos e pelas misérias cumulativas associadas a elas. Ao invés de traçar um plano convincente para restaurar empregos bem remunerados e ajudar comunidades passando por dificuldades, os principais democratas simplesmente desistiram dos muitos eleitores da classe trabalhadora. Como exemplo, o líder da minoria no Senado, Chuck Schumer, argumentou: "Para cada trabalhador democrata que perdermos no oeste da Pensilvânia, conseguiremos dois republicanos moderados nos subúrbios da Filadélfia, e você pode repetir isso em Ohio, Illinois e Wisconsin".[7] Para o Partido Democrata, foi uma estratégia falível.

Após vencer as eleições de 2016, Trump continuou com a mensagem de que os EUA estão presos em uma competição desleal quando o assunto é comércio. Mesmo alguns de seus supostos oponentes ecoaram esses sentimentos. O senador Bernie Sanders, por exemplo, publicou no Twitter: "É errado fingir que a China não é um dos nossos principais concorrentes econômicos. Quando estivermos na Casa Branca, venceremos essa competição corrigindo nossas políticas comerciais". Decerto, Sanders pretendia (e ainda pretende) corrigir a política comercial, protegendo os trabalhadores e o meio ambiente. No entanto, há um toque de ansiedade que progressistas e conservadores compartilham: o medo do déficit comercial em si.

A verdade é que um déficit comercial não é algo a se temer por si só. Os Estados Unidos não precisam zerar seu déficit comercial para proteger empregos e reconstruir comunidades. Se o governo federal se preparar para usar sua capacidade fiscal para manter pleno emprego em casa, não há razão para recorrer a uma guerra comercial. Ao invés disso, podemos vislumbrar uma nova ordem de comércio mundial que funcione melhor, não para corporações que procuram explorar mão de obra barata e fugir das regulamentações, mas para milhões de trabalhadores que receberam tratamento tão injusto sob as políticas anteriores, de "livre comércio", na era pós-NAFTA. Repensar o comércio também pode levar a melhores políticas para os países em desenvolvimento e para o meio ambiente global.

TRÊS BALDES

Uma das formas de se pensar sobre desequilíbrios de comércio é adicionar um terceiro balde ao modelo que usamos no capítulo anterior. Antes, nós colocamos o Tio Sam em um balde e todo o resto em outro. Sempre que o Tio Sam gastava dinheiro, só havia um lugar para os dólares irem — para dentro de um balde coletivo, que chamamos de setor não governamental. Foi uma forma perfeitamente razoável de se ilustrar que, de fato, o déficit do Tio Sam derramava dinheiro no "nosso" balde. Agora é hora de olharmos mais atentamente ao balde não governamental. Como este capítulo discorre sobre comércio internacional, queremos ver como o dinheiro flui entre a economia dos EUA e o resto do mundo. Para isso, precisamos dividir o balde não governamental em dois baldes. Fazendo isso, temos um modelo de três baldes. Ainda temos o balde do governo americano, mas agora temos outro que pertence a todos os núcleos familiares e empresas dos EUA (ou o balde do setor privado doméstico) e mais um pertencente ao resto do mundo (ou o balde do setor estrangeiro).

Como anteriormente, é impossível para todos os baldes estarem em superávit (ou déficit) ao mesmo tempo. Se há números negativos em um balde, tem que haver números positivos em ao menos um dos outros baldes. Como Godley me disse, "Tudo precisa vir de algum lugar, e depois ir para outro." Para cada pagamento que flui para fora de um dos baldes, um pagamento igual deve ser recebido dentro de ao menos um dos outros baldes. Uma questão de contabilidade, que significa que o saldo entre os três baldes deve sempre resultar em zero. A Apresentação 8 captura essas relações.

APRESENTAÇÃO 8: Identidade Contábil de Três Setores

No mundo real, o dinheiro flui entre os três baldes todo dia. Se o governo americano compra escavadeiras da Caterpillar Inc. e contrata trabalhadores para fazer uma ponte, o dinheiro fluirá para dentro do balde do setor privado americano, quando o governo faz os devidos pagamentos para isso. Trabalhadores das empresas americanas (a maioria delas) também pagam tributos federais, então o Tio Sam subtrai alguns desses dólares do balde do setor privado doméstico.

Para simplificar, vamos supor que, como antes, o Tio Sam gaste US$ 100 e tribute US$ 90, deixando para trás um excedente de US$ 10 no balde do setor privado. Esses dólares podem girar no setor privado americano, mudando de mãos à medida que os americanos pagam por cortes de cabelo, ingressos para o teatro e mensalidades da faculdade. Eles também podem trocar de balde, se os americanos importarem produtos do exterior. Vamos imaginar que alguns americanos gastem US$ 5 comprando produtos e serviços do resto do mundo, enquanto estrangeiros gastem somente US$ 3 comprando produtos dos Estados Unidos. Ao importar mais do que exporta, os EUA são acometidos por um déficit comercial. Quando tudo estiver feito, o déficit comercial dos EUA transfere US$ 2 para o balde do setor externo. A Apresentação 9 faz a compensação de todos esses pagamentos e mostra que o déficit fiscal do governo dos EUA (menos US$ 10) é exatamente compensado pela soma dos superávits nos outros baldes (US$ 8 mais US$ 2). Contanto que a economia americana permaneça em pleno emprego, não há nenhum problema com esse resultado.

APRESENTAÇÃO 9: Déficit Fiscal Americano Mais o Déficit Comercial Americano (Déficits Gêmeos)

Como o Tio Sam é o *emissor* do dólar, ele nunca precisa se preocupar em ficar sem dinheiro. Seu balde pode produzir dinheiro à vontade. Mas todo o resto precisa obter a moeda de algum outro lugar. E o setor privado americano normalmente quer acumular mais dinheiro do que gasta — ou seja, ficar em superávit. Isso não quer dizer que o setor privado não pode entrar em déficit. Pode sim, como foi durante o fim da década de 1990 e começo dos anos 2000. Mas como Godley advertiu, essa é costumeiramente uma situação insustentável, porque com frequência implica em o setor privado assumir dívidas demais.[8] (Lembre-se, o setor privado não é um emissor de moedas, então não consegue sustentar déficits da mesma forma que o Tio Sam.) Para evitar que o setor privado entre em déficit, *alguém* deve fornecer dólares suficientes para que aquele balde seja mantido em superávit. Neste momento, esse alguém é o Tio Sam. Isso ocorre porque os EUA incorrem em déficits comerciais sem cessar (também conhecido como superávit de "coisas"), o que faz com que o dinheiro flua do balde do setor privado para o balde estrangeiro. Enquanto o cenário for esse, somente o Tio Sam pode fornecer dólares suficientes para manter o setor privado em superávit. Para fazer isso, o governo deve agir em relação aos déficits orçamentários que *excedam* o déficit comercial dos EUA.[9] A Apresentação 10 mostra o que acontece se o déficit do governo se tornar menor do que o déficit comercial.

APRESENTAÇÃO 10: Déficit Fiscal Americano Menor do que o Déficit Comercial Americano

Nesse exemplo, o governo quase equilibrou seu orçamento. Mas não totalmente. O Tio Sam entrou em um pequeno déficit, gastando US$ 100 na economia dos EUA e taxando US$ 99 de volta.[10] Como resultado, seu déficit adiciona somente US$ 1 ao balde do setor privado americano. Mas os EUA estão enviando esse dólar — e outros quatro mais — para o resto do mundo. E os estrangeiros estão mandando de volta somente US$ 3. Logo, os EUA estão em déficit comercial, gastando US$ 5 em bens e serviços produzidos pelo resto do mundo, mas recebendo apenas US$ 3 pelas coisas que vendem para o exterior. Olhando para todos esses pagamentos, o setor externo acumula um superávit de US$ 2, enquanto o governo e o setor privado acabam com um déficit de US$ 1. Um déficit

"VENCER" NO COMÉRCIO

do setor privado é a consequência inevitável de se permitir que o déficit do governo caia abaixo do déficit comercial.

O que seria necessário para levar o setor privado ao seu estado habitual de superávit? Uma opção é o Tio Sam colocar mais dinheiro no balde do setor privado, seja gastando mais dólares na economia dos EUA ou tributando menos. Assim que o déficit do governo superar o déficit comercial, o saldo financeiro do setor privado voltará a estar em superávit. Outra forma de eliminar o déficit do setor privado é tentar diminuir (ou reverter) o déficit comercial. Existem várias maneiras de se tentar fazer isso. Por vezes, alguns países tentam manter o valor de suas moedas baixo para tornar seus produtos mais competitivos nos mercados mundiais. O presidente Trump atacou a China repetidamente, acusando o governo chinês de manipular sua moeda, o yuan, para ter vantagem sobre os produtores dos EUA. Em dezembro de 2019, ele acusou o Brasil e a Argentina de "levar suas moedas a uma desvalorização maciça, o que não é bom para nossos agricultores".[11] Alguns países não têm a opção de enfraquecer suas moedas. Dezenove países da Europa, por exemplo, formaram uma união monetária (a União Econômica e Monetária ou UEM), impossibilitando a alteração do valor de suas moedas entre si (um euro é igual a um euro, em toda a zona do euro). Quando uma desvalorização *externa* (ou seja, da moeda) não é uma opção, os países geralmente buscam a desvalorização *interna* como forma de tentar "ganhar" no comércio. O termo neoliberal específico para essa estratégia em particular é *reforma estrutural*. É o jeito educado de nomear um plano voltado para a redução dos custos de trabalho (salários e pensões) para aumentar a competitividade, através da redução dos custos de produção. Na essência, isso significa que o país usa trabalhadores enfraquecidos como substitutos de uma moeda enfraquecida. Quando se trata dessa estratégia, a Alemanha é a garota-propaganda da Europa. Depois que o governo alemão se comprometeu com essa estratégia no início dos anos 2000, ele conseguiu substituir seus velhos e persistentes déficits comerciais por superávits comerciais enormes.[12]

A ideia por trás da política de Trump era usar tarifas (ou seja, taxações sobre importados) para reduzir o déficit comercial dos EUA. Tornando certos bens mais caros, Trump acredita estar encabeçando uma estratégia do tipo "Estados Unidos Primeiro", que faz com que os consumidores americanos comprem menos importados e gastem mais dinheiro em bens produzidos domesticamente. Isso significaria menos dólares saindo do balde do setor privado dos EUA e fluindo para o balde estrangeiro. Trump vê isso como "vencer", porque toda a sua visão de mundo é moldada por fluxos de caixa. Aquele com o maior balde de dinheiro ganha. A TMM reconhece a importância de manter saldos financeiros saudáveis, mas vê as tarifas como algo de grande contraprodutividade. A TMM vê as importações como benefícios *reais*. Enxergando por esse viés, as tarifas de Trump são, na verdade, um imposto sobre os benefícios dos EUA. Há formas mais saudáveis de se manter um equilíbrio saudável no setor privado e, como veremos, melhores formas de se proteger os empregos dos americanos.

SEM PLENO EMPREGO, NADA DE COMÉRCIO JUSTO

Agora que compreendemos os fluxos financeiros simples, podemos voltar a pensar sobre os impactos econômicos e humanos do comércio. Com demasiada frequência, os EUA perdem para o resto do mundo, não apenas em dólares, mas também em empregos. Como discutimos acima, grande parte da angústia que as pessoas sentem quando pensam nos déficits comerciais dos EUA parece vir da dor, em especial a dor que vem do desemprego, quando as empresas americanas fecham suas portas e criam empregos no exterior. Como a economista da TMM, Pavlina Tcherneva, documentou, o desemprego se assemelha a uma epidemia: como um vírus, afeta outras pessoas próximas, resultando não apenas em perda de renda, mas também no aumento das taxas de mortalidade e suicídio, além de um deterioração permanente do bem-estar.[13] Porém, é mais fácil culpar trabalhadores imigrantes, manipuladores de moeda estrangeira ou mesmo a tecnologia global do que aceitar o fato de que o desemprego é uma política oficial nos Estados Unidos.

Venho argumentando que uma das melhores respostas para a exclamação "Eles roubaram nossos empregos!" é: "Todo mundo tem emprego!". A solução da TMM para o desemprego involuntário é introduzir uma garantia federal de emprego que estabeleça um direito legal a um emprego bom, com bons salários

"VENCER" NO COMÉRCIO

e bons benefícios. Isso resolveria um dos efeitos mais perniciosos decorrentes do comércio — o desemprego, que frequentemente recai sobre comunidades inteiras, quando o trabalho é perdido para a concorrência estrangeira. Não basta proporcionar treinamento e outras formas temporárias de assistência aos trabalhadores cujos empregos são perdidos para a concorrência estrangeira. Programas federais como a Assistência de Ajuste ao Comércio (Trade Adjustment Assistance, TAA)[14] são importantes, mas é necessário algo mais.

Esse algo mais é a garantia de emprego federal. Não é de jeito nenhum uma panaceia mas, no mínimo, começa a lidar com o problema do desemprego diretamente (opondo-se aos subsídios para os efeitos do desemprego).

Passando pelos altos e baixos do ciclo econômico, deixamos dezenas de milhões de americanos ociosos, na crença de que isso faz sentido em termos políticos, econômico e sociais. Consideremos o fechamento da fábrica da Harley-Davidson em Kansas City, no Missouri, cidade em que lecionei por dezessete anos. Os oitocentos trabalhadores da empresa ficaram surpresos com a notícia, que acabou resultando em uma perda líquida de 350 empregos.[15] O momento em que aconteceu isso foi particularmente pernicioso, pois teve como pano de fundo um aumento de dividendos para os acionistas e o anúncio de que a empresa gastaria milhões comprando de volta até 15 milhões de suas próprias ações. Se um programa federal de garantia de empregos estivesse em vigor, teria mitigado o impacto do fechamento. No mínimo, forneceria aos trabalhadores, cujos empregos foram perdidos, uma maneira de permanecerem empregados dentro de suas comunidades. Contudo, teria feito mais do que isso.

Os benefícios de uma garantia federal de emprego não incluem apenas a produção de bens, serviços e renda. A garantia também inclui treinamento no local de trabalho e desenvolvimento de habilidades; alívio da pobreza; construção de comunidades e contatos profissionais; estabilidade social, política e econômica; e multiplicadores sociais (ciclos de feedback positivo e dinâmicas de reforço que criam um ciclo virtuoso de benefícios socioeconômicos). Com um programa desses em andamento, o governo teria mitigado a devastação localizada de comunidades que experimentaram diretamente a perda de trabalhos bem pagos nas indústrias dos EUA.

Pode ser difícil imaginar uma economia que não deixe milhões caírem no limbo. Mas isso ocorre, pois os Estados Unidos quase nunca alcançaram algo como o pleno emprego. É algo que raramente vivenciamos fora dos tempos de guerra. Uma das mais importantes características do programa de garantia de emprego é que ele mantém uma forma de trabalho ao imediatamente recontratar os desempregados para o serviço público, promovendo renda e novos treinamentos necessários quando são desalojados por choques comerciais. Dessa forma, a garantia de emprego pode servir como a resposta de base tanto para o "livre comércio" como para a "guerra comercial". Com uma garantia de emprego, o livre comércio deixa de ser uma ameaça ao pleno emprego, e guerras comerciais não são mais necessárias para se evitar o desemprego.

Então, as negociações comerciais podem focar em padrões melhores de trabalho e sustentabilidade do meio ambiente, e os EUA podem usar sua força comercial para promover condições de trabalho aceitáveis e padrões ecológicos ao redor do mundo.[16] Hoje, as empresas chinesas vendem aos lares americanos muitos produtos prejudiciais ao meio ambiente. Além disso, na atualidade, pessoas em todo o mundo enfrentam condições de trabalho de risco e insalubres para fornecer aos EUA seus produtos exacerbados. Se quisermos priorizar o bem-estar dos trabalhadores em todo o mundo, das comunidades e do planeta como um todo, precisamos de uma nova abordagem ao comércio global.

Especialmente em uma era de crise climática global, não devemos ser enganados pela retórica simplista de países "ganharem" e "perderem" no comércio. A *qualidade* do comércio é, pelo menos, tão importante quanto a *quantidade*. Nossas relações comerciais estão servindo a que fins e a quais interesses? Assim como na política fiscal, o grande número assustador do déficit comercial não merece tanta atenção. Como a TMM nos lembra: recursos reais, necessidades sociais reais e benefícios ambientais reais são o que mais importa quando se trata de política comercial.

A essa altura, é importante entendermos um pouco mais sobre nossos parceiros comerciais pelo mundo — e os privilégios especiais dos Estados Unidos em comparação a outros países. Até agora, discorremos sobre o efeito comércio global nos Estados Unidos e como a TMM pode tornar os fluxos de comércio para dentro e para fora do país mais produtivos e humanos. Mas e quanto à Grã-Bretanha, França, Arábia Saudita, Turquia, Venezuela e todas as outras nações?

A POSIÇÃO ESPECIAL DO DÓLAR AMERICANO

Desde os anos 1970, vem ocorrendo uma mudança fundamental na forma pela qual o sistema monetário opera. Essa mudança redefine o jeito como devemos pensar na macroeconomia e no papel de um governo federal que emite sua própria moeda. Infelizmente, no quesito comércio, como em tantos outros assuntos, os formuladores de políticas permanecem amarrados a uma visão anacrônica que pertence à ultrapassada era do padrão-ouro.

Do meio do século XIX até o Choque de Nixon, que encerrou a conmonetária do dólar americano no início dos anos 1970, o padrão-ouro (de uma forma ou de outra) servia como a estrutura monetária comum, regulando as economias domésticas e o comércio entre elas. Ainda que as restrições desse sistema tenham, aos poucos, afrouxado, a autoridade monetária efetivamente lastreava o valor de sua moeda ao ouro, ao se prontificar em vender ou comprar ouro (ou dólares americanos) e atender qualquer desequilíbrio de oferta e demanda que viesse do comércio internacional. Para levar a cabo essas intervenções, o banco central (ou o equivalente, naqueles tempos) tinha que manter ouro (ou dólares americanos) o suficiente para dar suporte à moeda em circulação, a uma taxa fixa.

O padrão-ouro só é crível se o governo puder honrar sua promessa de converter a moeda em ouro a um preço fixo. Ter ouro suficiente era algo de importância última. E ter superávit comercial era o caminho mais seguro para se ampliar as reservas de ouro de um país. Por outro lado, déficits comerciais levavam à saída de ouro, uma vez que os países usavam o metal para pagar suas importações. Para tentar evitar perdas nas reservas de ouro, os países frequentemente aumentavam as taxas de juros para puxar o fluxo de barras de ouro de volta para si. A ideia é que taxas de juros mais altas iriam reduzir as demandas domésticas o suficiente (e, em consequência, haveria menos importações e, portanto, menos ouro fluindo para fora do país). Enquanto isso, os retornos mais altos, prometidos por uma elevação de juros, encorajariam mais entrada de ouro. Mas, aumentar as taxas de juros, para reverter a saída de ouro, por vezes significava que os governos não estavam livres para manter as taxas de juros baixas para sustentar suas economias domésticas. Mesmo quando as altas taxas de juros conseguiram proteger as reservas de ouro, essa política muitas vezes tinha consequências devastadoras. Isso porque o aumento das taxas de juros desencadeava, com frequência, uma desaceleração econômica, o que, por sua vez, levava os muitos cidadãos do país afetado a suportar recessões domésticas e desemprego persistente. Assim, o padrão-ouro criou um viés recessivo nas economias que operassem com déficits comerciais. A falta de flexibilidade desse sistema impedia que os governos focassem no pleno emprego.

O sistema do padrão-ouro foi suspenso durante as Primeira e Segunda Guerras Mundiais, conforme os EUA (e outras nações) precisaram de mais espaço nas suas políticas monetárias para gerenciar déficits altos (criando muitos "dólares verdes") e entrar nas guerras. Ele foi restabelecido no período entre guerras, gerando estresse considerável para a economia global durante a Grande Depressão. Se ainda estivéssemos nesse tipo de sistema hoje, o desejo de Donald Trump de eliminar o déficit comercial dos EUA faria bem mais sentido.

Após a Segunda Guerra Mundial, um novo sistema monetário internacional nasceu, com o intuito de restaurar a conversibilidade e substituir o antigo padrão-ouro por um novo padrão de câmbio-ouro. Ao invés de atrelar as moedas diretamente a um preço fixo de ouro, o sistema foi substituído pela conversibilidade em dólar americano, refletindo o domínio dos EUA no comércio mundial (e o fato de que os aliados haviam vencido a guerra!). Esse novo sistema — conhecido como sistema de Bretton Woods — exigia que o dólar americano fosse atrelado ao valor do ouro. Além disso, todas as outras moedas do sistema eram, então, atreladas ao valor do dólar americano. A taxa de câmbio aplicada na época fixava o preço do ouro em US$ 35 a onça.

Na prática, o Bretton Woods recriou o que seria uma comparação infiel de um sistema de padrão-ouro, com o dólar americano proporcionando

"VENCER" NO COMÉRCIO

o elo central na cadeia monetária. Os governos podiam, agora, vender ouro ao Tesouro dos Estados Unidos ao preço de US$ 35 por onça, e o Tesouro americano tinha que honrar os termos daquela troca. Em 1971, após crescentes déficits comerciais, em parte causados pela Guerra do Vietnã, outros países ficaram preocupados com o fato de as reservas de ouro dos EUA não serem mais suficientes para cobrir o número de dólares em circulação, à taxa de câmbio fixa. Para conter as pressões sobre o dólar, o presidente Richard M. Nixon chocou o mundo ao declarar uma suspensão temporária da conversibilidade do dólar em ouro. Um segundo choque ocorreu em 1973, quando Nixon anunciou que estava tornando permanente a suspensão, antes "temporária". O movimento de Nixon foi impulsionado pela compreensão de que os EUA precisavam de mais espaço na política monetária do que o disponível sob o sistema Bretton Woods.

Ao anunciar a mudança na política monetária, Nixon declarou: "Precisamos criar trabalhos melhores e em maior quantidade; precisamos parar de aumentar o custo de vida; precisamos proteger o dólar dos ataques de especuladores internacionais".[17] Para alcançar os dois primeiros objetivos, ele propôs cortes de impostos e um congelamento de preços e salários de 90 dias; para alcançar o terceiro, Nixon indicou a suspensão da conversibilidade do dólar em ouro.

Em última análise, a instabilidade social resultante em todo o mundo causou o colapso do sistema. Ele já havia estado sob pressão na década de 1960, com uma série de "desvalorizações competitivas" — o enfraquecimento da moeda para melhorar a competitividade na arena comercial —, realizadas pelo Reino Unido e por outros países, que enfrentavam desemprego cronicamente alto por causa de problemas comerciais persistentes. Richard Nixon deu o golpe de misericórdia em 1971. Isso acabou com o padrão-ouro. A partir deste ponto, a maioria das principais moedas deixou de funcionar sob uma taxa de câmbio fixa. O abandono destas e a flutuação da moeda deram aos governos emissores de moeda, como os EUA, um espaço ampliado para aplicação de políticas que sustentassem o pleno emprego.

Apesar do colapso do sistema de taxas de câmbio fixas de Bretton Woods, *a forma de pensar* do padrão-ouro ainda domina nosso discurso sobre política comercial, e é por isso que tantos políticos ainda consideram os déficits comerciais inerentemente perigosos. Em um sistema de padrão-ouro, o governo pode acabar ficando sem ouro.

Com o fim do padrão-ouro e/ou das taxas de câmbio fixas globais, essa forma de pensar não é mais válida. O único legado residual deixado por Bretton Woods é que o dólar ainda tem um papel central na economia global. Quando empresas e governos entram em negociações comerciais, eles subscrevem uma quantidade enorme de contratos em dólares americanos — mesmo quando o país que esteja vendendo e o que esteja comprando não usem o dólar como moeda interna doméstica! Outras poucas moedas, como o euro, têm um papel semelhante. Mas nenhuma delas chega perto de dominar os mercados, como o dólar americano. Perto de 90% da comercialização de moedas envolve o dólar americano.[18] É a essa situação que muita gente se refere quando dizem que o dólar americano é a moeda global dominante.[19] Isso poderia mudar? Sim, claro. Nada é para sempre. Como o economista da TMM L. Randall Wray colocou, "o dólar não reinará supremo para sempre, mas ainda tem bastante tempo de vida pela frente como o ativo mais desejado para os portfólios".[20]

O ESPECTRO DE SOBERANIA MONETÁRIA

A soberania monetária é de importância vital para se compreender a TMM. Os governos precisam ter um alto grau de soberania monetária para exercer autonomia de políticas — ou seja, ser capaz de levar a cabo suas políticas fiscais e monetárias, sem medo de um rebote doloroso dos mercados financeiros e de câmbio. Muitos países possuem soberania monetária, mas não fazem uso da totalidade de suas vantagens. Além dos Estados Unidos, países como o Reino Unido, o Japão, o Canadá e a Austrália (citando apenas alguns) desfrutam de um alto grau de soberania monetária. Todos eles emitem moedas fiduciárias não conversíveis e, na maioria das vezes, evitam fazer empréstimos em moedas que não sejam a sua. De um modo geral, os países que se enquadrarem nesse conjunto de critérios terão maior soberania monetária e, portanto, mais

"VENCER" NO COMÉRCIO

autonomia política na gestão de seus próprios destinos econômicos. Não precisam ficar agoniados com déficits governamentais ou déficits comerciais e são livres para focar sua agenda de políticas domésticas em objetivos macroeconômicos como o pleno emprego e a estabilidade de preços. Porém, nem todo governo desfruta de tanta flexibilidade política.

Algumas nações enfraqueceram sua soberania monetária ao fixarem suas taxas de câmbio (por exemplo, Bermudas, Venezuela e Níger), ou abandonando suas moedas nacionais (como exemplo, todos os dezenove países da zona do euro, o Equador e o Panamá) ou tomando empréstimos pesados em dólares americanos ou outras moedas estrangeiras (como fizeram a Ucrânia, a Argentina, a Turquia e o Brasil). Qualquer uma dessas ações compromete a soberania monetária de uma nação e diminui sua flexibilidade política.

A maioria das economias em desenvolvimento está na faixa mais fraca do espectro de soberania. Mesmo aquelas que podem emitir uma moeda fiduciária não conversível não conseguem ignorar desequilíbrios comerciais e fiscais. Isso acontece porque as nações em desenvolvimento mais pobres se apoiam em importações para atender necessidades sociais essenciais (como alimentos, petróleo, remédios e tecnologias). Isso, por sua vez, significa que devem se atentar a como obterão moeda estrangeira suficiente (em geral, o dólar americano) para pagar pelas importações. Muitas delas acabam fazendo empréstimos em dólares americanos e depois precisam batalhar para pagar esses empréstimos. Por essas e outras razões, vários países ao redor do mundo estão presos em uma situação em que não podem confiar em seus próprios poderes de emissão de moeda para construir uma boa economia para toda sua população. Países em desenvolvimento podem receber ajuda da comunidade internacional ou empréstimos de instituições como o Fundo Monetário Internacional (FMI), mas parece que isso nunca é suficiente para ajudá-los a escapar da armadilha de depender de moeda estrangeira para sua sobrevivência.

Ao incorrer em déficits comerciais, os EUA permitem que esses países acumulem suas reservas em dólares americanos. Esses dólares são uma tábua de salvação para alimentação, medicamentos e outras importações de relevância última, os quais muitos países em desenvolvimento dependem para sobreviver. Esses dólares também ajudam muitas nações endividadas, proporcionando a moeda de que precisam para pagar empréstimos ao FMI e a outros credores estrangeiros. De uma forma muito importante, os déficits comerciais dos Estados Unidos não são opcionais. Grande parte do mundo simplesmente *precisa* ter superávits comerciais com os EUA.

Mesmo países desenvolvidos (como a Coreia do Sul, Taiwan e o Japão) acabam por acumular dólares americanos. Esses dólares são costumeiramente mantidos como títulos do Tesouro americano. Quando outros países têm superávit comercial com os Estados Unidos, os EUA derramam dólares no balde estrangeiro. Assim como qualquer um que possua dólares verdes, os estrangeiros podem reciclá-los como os dólares amarelos, que chamamos de títulos do Tesouro. Certas pessoas ficam nervosas porque interpretam isso como um sinal de fraqueza dos EUA. Para elas, parece que os EUA é dependente de emprestadores estrangeiros para pagar suas contas (lembre-se que o Barack Obama disse que os EUA haviam tirado "um cartão de crédito do Banco da China"). Mas não é bem isso que realmente está acontecendo. Na verdade, se você observar atentamente os principais detentores internacionais de títulos do Tesouro dos EUA, descobrirá que quase todos são *exportadores líquidos* para os Estados Unidos (incluídos aqui China, Japão, Taiwan, Hong Kong e os maiores produtores mundiais de petróleo bruto).[21] É verdade que o governo dos EUA paga juros sobre esses dólares amarelos, mas, como aprendemos, as vendas de títulos são sempre opcionais em um país como os Estados Unidos. Dar acesso aos títulos do Tesouro a estrangeiros simplesmente proporciona a eles a mesma opção disponível para qualquer detentor de dólares verdes. O resto do mundo gosta disso, pela mesma razão que você e eu gostaríamos de ter a opção de manter parte do nosso dinheiro em uma conta corrente e parte dele em uma conta poupança. A questão é que não somos dependentes de estrangeiros da forma como muitos temem.

Em suma, tal como o déficit orçamentário do Tio Sam vem do desejo de empresas e famílias americanas de acumular um superávit de dólares americanos, os déficits comerciais dos Estados Unidos vêm do desejo do resto do mundo de acumular um superávit de moeda americana. A voracidade por dólares é, em grande parte, a razão pela qual os EUA têm vivido em déficit comercial sem pausa, por décadas. Nesse aspecto, os Estados Unidos realmente estão em uma posição poderosa se comparados ao resto do mundo — para o bem e para o mal.

"VENCER" NO COMÉRCIO

Graças ao papel único do dólar americano como moeda de reserva global, o Tio Sam nunca precisa tomar emprestado nada além de sua própria moeda (e ele não precisa nem fazer isso!). Isso dá aos EUA uma certa vantagem, mas não significa que os Estados Unidos sejam o único país com poder para levar a cabo sua agenda de políticas domésticas. Qualquer país com alto grau de soberania monetária tem a capacidade de cumprir pautas de políticas domésticas, destinadas a manter sua economia operando em pleno emprego. Como veremos, mesmo os países em desenvolvimento podem aumentar sua soberania monetária e abrir suficiente espaço para políticas que lhes permitam buscar o pleno emprego doméstico.

Muitas economias avançadas desfrutam de um alto grau de soberania monetária. Elas possuem vários setores de produção de alto valor agregado (um ponto ao qual retornaremos mais à frente). Oferecem enormes oportunidades para aqueles que desejam investir em suas economias, comprando ações, imóveis e muito mais. Uma vez que o investimento nesses ativos domésticos exige a obtenção das respectivas moedas dos países, a demanda por suas moedas permanece alta em todo o mundo (no jargão econômico, elas têm mercados de capitais profundos). Assim como a TMM argumenta que a demanda doméstica pelo dólar americano é impulsionada pela necessidade de se pagar impostos federais — e que essa demanda sustenta o valor do dólar —, a necessidade internacional de ativos de investimento impulsiona a demanda, tanto pelo dólar americano quanto por outras moedas importantes, ajudando a estabilizar seu valor. Como os EUA, essas outras nações avançadas deixam suas moedas flutuarem, ou seja, não tentam vincular o valor da moeda a qualquer outra coisa. Dessa forma, eles não precisam defender qualquer lastro comprando, vendendo ou tomando emprestado moedas que não controlam. Essa é outra razão pela qual eles desfrutam de graus muito altos de soberania monetária.

Muitos países enfraquecem sua soberania monetária ao continuar a lastrear suas moedas para o dólar americano (por exemplo, a Arábia Saudita, o Líbano e a Jordânia), ou vão ainda mais longe e usam o dólar americano como sua moeda doméstica oficial (por exemplo, o Equador, o Panamá e El Salvador). Em ambos os casos, torna-se uma necessidade se esforçar muito mais para se acumular e estocar dólares[22]. Atrelar a moeda também pode piorar a soberania monetária ao longo do tempo, à medida que o setor privado se acostuma, cada vez mais, a fazer empréstimos na moeda a qual se está atrelando a do país. Enquanto isso, os próprios governos podem ter que se afundar cada vez mais na dívida em dólares americanos, o que enfatiza a redução de sua soberania monetária.

Indo além no espectro, uma outra escolha que tira dos países sua soberania monetária é aderir a uma união de moeda. Nações como a França, a Espanha e a Itália, apesar de serem economias avançadas com mercados de capitais profundos, não podem operar como emissores de moeda. Todas são membros da zona do euro e usam uma moeda que só pode ser emitida pelo Banco Central Europeu (BCE). Isso relega todos os membros da zona do euro a meros usuários de moeda. Esse ponto é crucial para se entender a crise de dívida aparentemente interminável da Grécia, por exemplo.

Finalmente, na extremidade oposta do espectro de soberania monetária dos Estados Unidos estão os países mais pobres, em desenvolvimento, da África, da Ásia e da América Latina. Deveríamos fechar este capítulo discutindo a situação deles em detalhe, porque, apesar do dano causado pelas políticas comerciais à classe trabalhadora americana, os Estados Unidos estão longe de serem as vítimas que mais sofreram pelos abusos da ordem comercial internacional moderna.

FORA DA PANELA DE BRETTON WOODS, PARA CAIR NO FOGO DO COMÉRCIO LIVRE

Países em desenvolvimento, como diz o nome, não têm as indústrias diversas e maduras que os países desenvolvidos e avançados têm. Países como Bangladesh, Vietná ou Gana geralmente precisam fornecer ao resto do mundo mão de obra barata ou recursos naturais, como petróleo, metais ou minerais, e essas indústrias de exportação tendem a dominar suas economias. Para obter itens de alta tecnologia e valor como computadores, carros, remédios ou robótica de fabricação avançada, os países em desenvolvimento precisam importá-los de economias mais desenvolvidas. Muitos

"VENCER" NO COMÉRCIO

países em desenvolvimento também não têm capacidade — ou lhes foi dito assim — de produzir alimentos, energia e remédios suficientes para atender sua própria demanda doméstica. Assim, eles dependem dos países desenvolvidos para abastecê-los com importações de tais demandas. E, como discutimos, eles quase sempre precisam de dólares americanos para pagar essas importações cruciais.

Como argumentou o economista da TMM Fadhel Kaboub, essa posição na base das cadeias de fornecimentos globais traz problemas econômicos fundamentais — muitos deles decorrentes do legado histórico da própria colonização.[23] A exportação de trabalho barato e commodities, enquanto se importa itens caros de alto valor, tende a colocar os países em desenvolvimento em déficits comerciais perpétuos. O problema é que não há um apetite robusto e permanente por ativos financeiros ou imóveis de países em desenvolvimento. Economistas dizem que faltam mercados de capitais profundos nesses países. Embora os investidores especulem mercados emergentes ao comprar ativos financeiros, subscritos na moeda local de um país em desenvolvimento, este não tem o perfil para investimentos de longo prazo, que permitiriam a esses países a obtenção de acesso de longo prazo a moedas como o dólar americano. Enquanto o resto do mundo se recusa a aceitar moedas de países em desenvolvimento como pagamento por importações de maior significância, as nações em desenvolvimento serão forçadas a tomar emprestado dólares americanos e outras moedas estrangeiras que não controlam. Isso não apenas mina sua soberania monetária, mas também pode manter as ditas nações em um ciclo em que vendem a moeda local para obter a moeda estrangeira de que precisam, derrubando o valor da própria moeda doméstica e tornando mais alto o valor dessas importações indispensáveis — o que pode facilmente levar à inflação gerada por importações e até a tumultos políticos, como vimos na Venezuela, na Argentina e no país nativo do Professor Kaboub, a Tunísia.[24]

Como os países menos desenvolvidos não têm indústrias mais avançadas e mercados de capitais profundos, eles ficam vulneráveis a uma ampla gama de riscos externos imprevisíveis. Por exemplo, economias com necessidades de dólares frequentemente experimentam um salto de investimentos especulativos por investidores ocidentais, que aterrissam no país, lançando febrilmente em suas economias e elevando o valor de suas moedas, e depois perdem a coragem e retiram seu dinheiro dali, fazendo a moeda local despencar.[25] Ou talvez a demanda global por exportações-chave do país possa repentinamente cair, deixando o país despedaçado e tentando conseguir moeda estrangeira suficiente para financiar suas importações. Isso aconteceu com a Venezuela e a Rússia quando o boom do gás natural nos EUA (facilitado pelo "fracking", forma de perfuração que permite maior extração) derrubou os preços do petróleo drasticamente. E foi o que ocorreu na Argentina quando o preço da soja caiu, privando o país de uma fonte importante de dólares americanos. Tanto no caso de frenesi dos investidores como de um colapso do mercado, quem cai no buraco é a moeda do país em desenvolvimento, levando-o a inflação e mais tumultos.

Quando acontecem eventos como esses, até mesmo países que vinham teoricamente levando a cabo políticas economicamente sustentáveis podem acabar em perigo financeiro, sendo forçados a renegociar dívidas em moeda estrangeira, procurar ajuda de credores como o FMI, ou simplesmente dar calote.[26] Como muitos países em desenvolvimento têm déficits comerciais ou têm dívidas subscritas em dólares americanos (ou outras moedas estrangeiras), eles podem ter problemas sérios quando algo compromete sua capacidade de receber (ou tomar emprestado em termos acessíveis) divisas estrangeiras suficientes para financiar suas importações e pagar suas dívidas externas. Países com maior soberania monetária — os EUA, o Reino Unido ou a Austrália — não enfrentam esses mesmos riscos.

De fato, o papel do dólar americano como moeda hegemônica significa que o mundo inteiro está exposto ao controle dos Estados Unidos sobre as taxas de juros do dólar. As decisões tomadas pelo Federal Reserve podem ter consequências profundas para os países em desenvolvimento; e no entanto, esses países geralmente têm poucas maneiras de se defender. Por exemplo, a partir de 1979, o ex-presidente do Federal Reserve, Paul Volcker, iniciou uma série de aumentos substanciais nas taxas de juros, acreditando que essa era a única maneira de domar a inflação de dois dígitos que estava atravancado a economia dos EUA. Quando isso aconteceu, os países latino-americanos, endividados com os Estados Unidos e os países da África Subsaariana, endividados com ex-colonizadores europeus, de repente, se viram diante de custos muito mais altos nos empréstimos. Eles, que já exportavam tantos produtos manufaturados de baixo valor agregado, dependiam desses países mais ricos para importações mais cruciais. Ao mesmo tempo, o aumento das taxas de juros nos EUA elevou a taxa de câmbio do dólar, estimulando a demanda por ativos de investimento dos EUA. Isso deu um golpe duplo nos países em desenvolvimento, que não apenas viram o valor de suas moedas cair vertiginosamente, mas também enfrentaram custos de empréstimos mais altos, em uma pilha crescente de dívidas subscritas em moeda estrangeira. No final, os aumentos de Volcker nas taxas levaram muitos países em desenvolvimento à crise, alimentando uma queda econômica vertiginosa, da qual alguns países ainda não se recuperaram totalmente.[27]

No passado, quando o sistema Bretton Woods ainda estava em vigor, uma variedade de organizações internacionais foi estabelecida, incluídos aí o FMI, o Banco Mundial e o Acordo Geral de Tarifas e Comércio (hoje a Organização Mundial do Comércio, ou OMC). Dentro do sistema Bretton Woods, essas organizações focavam em governar ativamente as condições de comércio entre os países. Isso envolvia uma gama de ferramentas, como tarifas e controles de capitais, voltadas para manter os fluxos de comércio estáveis, e as economias domésticas ao menos um pouco protegidas, uma da outra.

Quando o Bretton Woods terminou, as instituições globais que ele criou permaneceram. Mas, ao longo do tempo, sua filosofia de governança mudou: a religião do livre comércio assumiu o comando, e as tarifas e controles de capitais foram relaxados, em virtude da liberalização do comércio. As elites ocidentais decidiram que expor totalmente os países em desenvolvimento ao comércio global e às entradas e saídas de dinheiro de investidores iria disciplinar suas economias e torná-las melhores. *Protecionismo* e *intervenção governamental* se tornaram palavras chulas. Os defensores dessa nova ordem insistiam que, no fim das contas, o livre comércio traria pleno emprego e relações comerciais harmoniosas às economias de cada país participante.[28]

É claro que nada disso aconteceu. O FMI, a OMC e o Banco Mundial, muitas vezes dirigidos por banqueiros e diplomatas de países ricos, não têm compromisso com o pleno emprego em todo o mundo. Ao invés disso, eles tendem a recomendar um pacote familiar para os países em desenvolvimento atingidos por crises: cortes drásticos nos gastos do governo (ou seja, austeridade fiscal) e política monetária rígida (taxas de juros muito altas) para aumentar o valor de sua moeda e atrair investidores de volta. E, claro, mais livre comércio. Eles também recomendam, com frequência, que os países em desenvolvimento atrelem o valor de sua moeda a uma moeda mais forte, como o euro, o yuan ou o dólar americano. Esse conjunto de políticas monetárias é o mesmo que recomendar que o país em desenvolvimento renuncie a qualquer esforço para aumentar sua soberania monetária.

Seja qual for a intenção, os resultados reais desse pacote são perversos: quando os países sacrificam a soberania monetária, mas não conseguem adquirir moeda estrangeira suficiente para defender a taxa de câmbio alvo, seus lastros de moedas caem em espiral descendente conforme governos, empresas e até famílias não podem converter favoravelmente a moeda nacional para pagar dívidas subscritas em moeda estrangeira.[29] A hiperinflação pode se instalar, à medida que a taxa de câmbio despenca e o custo de importações cruciais dispara. Então, a austeridade recomendada e a política monetária restritiva esmagam a economia doméstica, aumentando o desemprego e a pobreza, tudo em nome de atrair outro bando de investidores ocidentais que recomeçarão o ciclo todo.

E não é só isso. Historicamente, organizações internacionais (como o FMI) têm recomendado que os países em desenvolvimento, especialmente aqueles que conquistaram a independência das potências coloniais após a Segunda Guerra Mundial, concentrem-se em produzir e vender apenas alguns bens aos países mais ricos.[30] Essa sugestão vem de uma ideia que um economista inglês do século XIX, David Ricardo, chamou de *vantagem comparativa*. Essencialmente, Ricardo recomendava que os países se especializassem na produção daqueles bens e serviços em cuja produção fossem mais aptos e eficientes. Mas muitos economistas influentes levam a ideia de vantagem comparativa ao extremo. Por exemplo, argumentam que os países em desenvolvimento devem se concentrar no que podem produzir mais barato no curto prazo, no lugar de desenvolver novas indústrias que, ao longo do tempo, aumentariam sua soberania monetária.

Em outras palavras, as elites ocidentais internacionais dizem aos países mais pobres que *não* deveriam se envolver em estratégias de desenvolvimento focadas na geração de empregos, na independência energética ou quaisquer objetivos além da produção especializada. Na verdade, é uma recomendação que mantém os países em desenvolvimento sempre "em desenvolvimento", sem nunca alcançar o tipo de economia avançada e diversificada do Ocidente moderno. Essa recomendação é o *oposto* do caminho histórico seguido pelos Estados Unidos, pelo Japão e pela maioria das outras economias poderosas. Eles frequentemente se concentravam na produção de bens cruciais internos, ao invés de importá-los do exterior. Por exemplo, como um país gigante, com recursos reais muito variados, a China se desenvolveu significativamente, apenas aumentando o comércio interno, como os Estados Unidos fizeram, por bem ou por mal, durante séculos. Como era de se esperar, o governo chinês também limitou severamente o papel das finanças, de seguros e do mercado imobiliário no processo industrial.[31]

ADEUS, GUERRA COMERCIAL — OLÁ, PAZ COMERCIAL?

Apesar da TMM com certeza não ter todas as respostas, ela pode ser uma ferramenta útil para desamarrar os nós em que todos nós — os Estados Unidos, o Ocidente desenvolvido e o mundo em desenvolvimento — estamos engastalhados.

Para que a ordem comercial global seja reformulada, os EUA precisam dar os passos maiores nessa direção. De muitas formas, os EUA são os que precisam ir mais longe. Isso não significa vencer ou perder a guerra comercial. Isso simplesmente significa reconhecer o que espero que este capítulo tenha demonstrado: o comércio não é uma competição entre países, e sim o conjunto de relações de poder entre interesses específicos inerentes a países específicos.[32] De fato, se desejamos um mundo que seja seguro para todas as pessoas comuns e para o planeta, precisamos pensar um pouco menos sobre guerra comercial e começar a visualizar algo mais parecido com uma paz comercial.

Logo de início, precisamos parar de tratar o comércio como algo em que "vencemos" outros países, devido à obtenção de superávit comercial. O superávit de um país é o déficit de outro; então, por definição, nem todos podem ganhar dessa maneira ao mesmo tempo. Mas isso não significa que o país deficitário tenha que sustentar uma perda econômica real para acertar na sua matriz de políticas monetárias. A abordagem ao comércio de Trump cria conflitos e uma corrida de soma zero para o fundo do poço, por poucos empregos disponíveis pelo globo. As tarifas do presidente Trump falharam em reavivar a manufatura americana, aumentaram os preços para os consumidores dos EUA, provocaram a retaliação da China e contribuíram para uma desaceleração da economia global. Tudo em subserviência ao mito do déficit comercial.

Diferente disso, nós temos que reconhecer que o governo americano pode proporcionar todos os dólares que nosso setor doméstico privado precisa para alcançar o pleno emprego, *e* também pode fornecer todos os dólares que o resto do mundo precisa para construir suas reservas e proteger seus fluxos comerciais. Ao invés de usar seu status hegemônico, em termos de moeda, para mobilizar recursos globais para seus próprios interesses restritos, os EUA poderiam liderar o esforço de mobilizar meios para um New Deal Verde, mantendo as taxas de juros baixas e estáveis, para promover tranquilidade econômica global.

Obviamente, os EUA e outros países desenvolvidos com altos graus de soberania monetária podem tocar seus próprios programas de garantia de emprego. Mas e os países de renda média e em desenvolvimento? O México, por exemplo, poderia implementar uma garantia de emprego e acabar com parte desse sofrimento humano? Talvez. Quando se trata de criação direta de empregos, a história sugere que os países em desenvolvimento podem enfrentar menos barreiras do que a elite internacional diz.

Por exemplo, a Argentina geralmente é apresentada como a garota-propaganda dos problemas financeiros. Mas, durante a crise inflacionária do país, em 2001, Buenos Aires mudou drasticamente para uma estratégia de crescimento orientada para o mercado interno.[33] Primeiro, parou de lastrear sua taxa de câmbio e de acumular dólares americanos. Ao invés disso, os formuladores de políticas optaram por dar calote na dívida externa e investir em seu próprio povo. A Argentina criou, então, um programa maciço de geração direta de empregos que garantia trabalho para chefes de família pobres. Como relataram os economistas da TMM, L. Randall Wray e Pavlina Tcherneva, o Plano Jefes y Jefas de Hogar Desocupados (Plano para Homens e Mulheres, Chefes de Famílias Desempregados) criou empregos para 2 milhões de participantes, cerca de 13% da mão de obra. Composto principalmente por mulheres, os participantes focaram em projetos comunitários como jardinagem, reforma de centros sociais, administração de cozinhas ou aulas de saúde pública.[34] Esse programa, que ajudou a Argentina a evitar muitos dos problemas associados à dependência do capital estrangeiro, talvez forneça uma pista de como todos nós podemos avançar em direção a um planeta mais próspero, sustentável e pacífico.

Como recurso último, sugerido por Tcherneva, precisaremos de algo como uma garantia global de emprego.[35] Enquanto escrevo este livro, a Organização Internacional do Trabalho estima que quase 200 milhões de pessoas em todo o mundo estão involuntariamente desempregadas.[36] O crescimento gerado por exportações pode ser exibido como uma política de emprego para vários países, mas raramente tem sucesso. Além disso, precisamos de uma política de pleno emprego preventiva — um programa de ação em que se evite aceitar o desemprego como algo natural, em primeiro lugar. O emprego deve ser um direito humano, conforme previsto pela Declaração Universal dos Direitos Humanos das Nações Unidas, não apenas algo que flutue nos ventos das forças do mercado global.

Os Estados Unidos não podem ditar as políticas domésticas dos governos do resto do mundo. Mas podemos administrar a moeda dominante de uma forma que faça do pleno emprego global algo que todos possam realmente alcançar. Com trabalhos decentes garantidos para todos, os trabalhadores podem se engajar em políticas industriais guiadas pelo poder público, focadas em produzir infraestrutura sustentável e uma variedade mais ampla de serviços públicos.

Mais perto dos EUA, quando se considera a disparidade entre os padrões de vida no México e nos Estados Unidos, é difícil concordar que o México tirou vantagem de sua relação comercial com os EUA, como Trump argumentou.[37]

Ao contrário da China e do Japão, o México tem, com frequência, seguido as reformas neoliberais militantes propostas pelos Estados Unidos e pelas organizações internacionais. Como parte do NAFTA, por exemplo, o México reduziu as barreiras ao capital financeiro dos EUA e do Canadá e, talvez ainda mais importante, aos produtos agrícolas. Embora muitas empresas americanas tenham contratado empregados ao sul da fronteira, o influxo de produtos agrícolas americanos para o México, especialmente o milho, deixou milhões de trabalhadores rurais mexicanos desempregados. E isso levou muitos deles a cruzar a fronteira para buscar trabalho nos Estados Unidos.[38]

Isso nos traz a questão dos chamados acordos de livre comércio, que deverão ser repensados desde seus alicerces.

Neste exato momento, esses acordos favorecem investidores ricos pelo mundo, enquanto deixam os trabalhadores — sem mencionar o meio ambiente — para trás. Por exemplo, muitos acordos comerciais atuais incluem mecanismos de solução de disputas investidor–Estado (sistemas de arbitragem entre Estado e investidor, ISDS). Esses mecanismos proporcionam, às corporações, um sistema de justiça paralelo que lhes permite processar governos democraticamente eleitos pela adoção de políticas — restrições, regulamentações ou outras proteções — que a corporação vê como uma ameaça aos seus resultados. Ao invés de lidar com essas disputas em tribunais nacionais, o ISDS conta com arbitragem privada perante um órgão internacional, que é visto como mais favorável aos interesses corporativos. Depois, há a aplicação internacional da propriedade intelectual, que, entre outras coisas, permite que as corporações cobrem preços e taxas exorbitantes aos países em desenvolvimento para fabricarem medicamentos genéricos acessíveis. Para os pacientes de AIDS nos países mais pobres do mundo, as disposições de patentes, em acordos de livre comércio como o Acordo de Associação Transpacífico, são uma sentença de morte.

Esses acordos de "livre comércio" consolidam as divisões globais entre ricos e pobres. Eles empurram partes pobres do mundo para a extração de combustível fóssil, ajudando a acelerar as mudanças climáticas. Eles dão aos países em desenvolvimento pouca escolha a não ser submeterem-se ao crescimento gerado pela exportação — o que, na realidade, traduz-se em condições de trabalho exploratórias para se fabricar mercadorias baratas, em benefício das nações ricas e avançadas. Eles até expandem a soberania monetária dos países ricos a custo dos países mais pobres.

Os EUA podem atuar como líder global na reformulação desses acordos de comércio, definindo padrões nos negócios que estabelecerem. Podem demandar padrões ecológicos altos de seus parceiros comerciais, igualmente proteções laborais robustas, como uma garantia de emprego voltada para ajudar nações mais pobres a alcançarem soberania de alimentos e de energia. Os EUA podem insistir que seus parceiros comerciais compartilhem tecnologias sustentáveis e propriedade intelectual com outros parceiros de forma que beneficie a todas as partes envolvidas. Uma reforma da OMC poderia estabelecer esse tipo de exigência, também, em acordos comerciais, ao invés de proteger privilégios de poderosas corporações multinacionais, como ela faz hoje.

Enquanto isso, como Fadhel Kaboub recomenda, parcerias comerciais entre países do hemisfério sul podem ajudar países em desenvolvimento a cultivarem indústrias complementares e escapar de sua situação atual na cadeia produtiva global, onde acabaram presos, importando bens finalizados de alto valor e exportando bens intermediários, mais baratos. Caso contrário, precisaremos de um sistema que transfira esses recursos produtivos e know-how tecnológico do mundo desenvolvido para os países em desenvolvimento.[39] Isso forneceria às partes mais pobres do mundo a capacidade industrial necessária para desenvolver sua soberania energética (renovável) e alimentícia (sustentável) — e, assim, escapar da armadilha que discutimos anteriormente, de depender de importações para acessar recursos importantes.

Na teoria e na prática, a falta de soberania alimentar e energética são problemas solucionáveis. Mesmo os principais países importadores de alimentos, com clima em grande parte desértico, podem adotar um programa de agricultura sustentável, investindo na produção de alimentos hidropônicos e aquapônicos, mais eficientes no quesito irrigação. Bem como países sem reservas de petróleo ou gás natural podem adotar um programa de energia renovável, instalando parques solares e eólicos e investindo em eficiência energética para habitação e transporte. Assim, na medida em que encorajarmos um esforço global para conter os efeitos das mudanças climáticas, as políticas que ajudam o mundo em desenvolvimento a descarbonizar suas economias não apenas diminuirão sua dependência dos dólares americanos para comprar combustíveis fósseis, mas também aumentarão os esforços cooperativos globais para reduzir emissões de carbono danosas que continuam a ameaçar a sobrevivência do nosso planeta a longo prazo.

Enquanto a maioria dos países em desenvolvimento tiver que importar produtos básicos, eles permanecerão "em desenvolvimento" — presos em uma corrida desesperada para adquirir as moedas do mundo rico. As corporações em todo o mundo continuarão perseguindo, em frenesi, os lucros de curto prazo, extraindo recursos naturais escassos, poluindo ecossistemas preciosos e demitindo impiedosamente pessoas desesperadas; tudo em nome da maximização de valor para o acionista. Deixada sem controle, a situação é um convite aberto para demagogos como Trump aparecerem, culpando "estrangeiros" e exacerbando as tensões entre os povos do mundo.

Além dos acordos comerciais entre países do hemisfério sul, os países em desenvolvimento precisam voltar a regular as transações financeiras internacionais. Eles podem não ser capazes de implementar a forma clássica de controles de capital, que prevaleceu nos tempos do sistema Bretton Woods e dependiam da cooperação global, mas certamente podem fazer melhor do que estão fazendo agora. Os investidores estrangeiros deveriam ser limitados nas formas como podem investir em ativos domésticos e na sua capacidade de vender e criar pressão descendente no mercado cambial. Isso reduziria a necessidade de acumular reservas em dólares e ajudaria os países em desenvolvimento a perceber os benefícios que um sistema de taxa de câmbio flexível pode proporcionar. Em outras palavras, regular os fluxos internacionais de capital não deve ser algo visto como uma medida provisória de curto prazo, mas como uma política permanente para ajudar nações a alcançarem graus cada vez mais altos de soberania monetária.

Compartilhamos apenas um planeta. Nosso sistema comercial atual não está à altura da tarefa de enfrentar os desafios sociais e econômicos da pobreza e do desemprego mundiais. Enquanto isso, precisamos de um esforço global de todos para lidar com as mudanças climáticas. A paz comercial não é simplesmente algo que podemos conquistar; é algo que não podemos deixar de alcançar.

6
VOCÊ TEM DIREITOS!

MITO #6: Programas de benefícios como a Previdência Social e o Medicare são financeiramente insustentáveis. Não podemos mais bancá-los.

REALIDADE: Desde que o governo federal se comprometa a fazer os pagamentos, ele sempre poderá dar suporte a esses programas. O que importa é a capacidade a longo prazo de nossa economia de produzir bens e serviços reais, dos quais as pessoas precisarão.

Durante décadas, disseram-nos que deveríamos entrar em pânico com o custo de programas de benefícios como a Previdência Social, o Medicare e o Medicaid. Dizem-nos que eles estão crescendo muito rápido, que estão devorando o orçamento federal e que são insustentáveis. Dizem-nos que eles irão falir e derrubarão todo o governo junto, a menos que façamos mudanças drásticas.

O problema parece óbvio para a maioria das pessoas: mais cedo ou mais tarde, esses programas custarão mais do que o governo pode pagar. Prevendo a escassez financeira iminente, muitos argumentam que a única solução prática é reduzirmos esses programas e começarmos a "viver dentro de nossas possibilidades". Outros dizem que precisamos resolver o problema de solvência acrescentando mais dinheiro.

Os dois lados estão errados. Esses são programas *com financiamento de nível federal*. O dinheiro sempre estará lá.

O mito do déficit vem distorcendo nossa compreensão acerca de todos os gastos governamentais. Direitos e benefícios, em especial, têm sofrido, porém em parte por conta de decisões iniciais que pretendiam protegê-los. Quando Franklin D. Roosevelt estabeleceu a Previdência Social, tentou protegê-la definindo algumas regras especiais sobre a forma com que o programa deveria ser bancado. Isso acabou sendo um erro. Colocou a ênfase política na fonte das finanças do programa, quando na verdade deveríamos ter focado nos nossos valores, nas nossas prioridades e na real capacidade produtiva de nossa nação.

Antes de passarmos ao debate sobre a chamada crise financeira inerente a esses programas, vamos começar com uma pergunta mais básica sobre os direitos e benefícios: quem tem direito a eles e por que razão o tem?

QUEM VOCÊ CHAMA DE BENEFICIÁRIO?

Benefício é a palavra para qualquer programa do governo que garanta direitos e benefícios para certos grupos da população, incluindo os idosos, os deficientes e os menos favorecidos. O site do Senado dos EUA define "entitlement", a palavra equivalente em inglês, da seguinte forma[1]:

> entitlement *(direito/benefício)* — programa federal, ou dispositivo legal, que exige pagamentos a qualquer pessoa ou unidade do governo que atenda aos critérios de elegibilidade estabelecidos por lei. Benefícios ou direitos constituem uma obrigação do Governo Federal, e os beneficiários elegíveis têm direito a recursos legais se a obrigação não for cumprida. A Previdência Social e compensações e pensões para veteranos são exemplos de programas de benefícios.

Em outras palavras, se você estiver dentro dos critérios, você tem o direito. Você está qualificado para esses programas, porque você pertence a um dos grupos aos quais eles devem servir. É isso. Você tem direito legal de receber os benefícios, e ninguém pode negá-los a você. Nessa situação, o governo os paga automaticamente.

VOCÊ TEM DIREITOS

A maioria de nós acaba por receber ajuda de algum programa em algum momento ou outro. Quase todos os americanos se beneficiarão da Previdência Social e do Medicare quando se aposentarem. As pessoas que estão recebendo esses benefícios hoje podem ser nossos avós, nossos pais, nossos vizinhos, ou nós mesmos.

A Previdência Social também oferece seguro por invalidez, que protege a todos nós se ficarmos incapacitados ainda em idade produtiva. Em 2018, quase 10 milhões de americanos com deficiência estavam recebendo benefícios por invalidez por meio da Previdência Social.[2] Isso inclui pessoas como Shaun Castle, diretor executivo dos Veteranos Paralisados da América, que pode dar um testemunho pessoal comovente sobre como a Previdência Social o salvou de se tornar um sem-teto. Castle sofreu uma lesão na medula espinhal enquanto estava na ativa como policial militar, lesão essa que o levou à paralisia depois que ele voltou à vida civil. Como Castle explicou em entrevistas[3] e em depoimento ao Congresso,[4] ele dependeu do Seguro por Invalidez da Previdência Social (SSDI) para encarar as despesas enquanto aguardava a aprovação de seus benefícios militares.

A Previdência Social também ajuda os dependentes de pessoas que morrem em idade produtiva. Lembrei-me disso alguns anos atrás, quando uma amiga minha morreu em tenra idade. Ela era uma profissional, trabalhava, e perder sua renda foi uma dificuldade terrível para sua família. Seu marido, agora viúvo, teve que encontrar uma maneira de criar dois filhos sozinho. Foi terrível para todos, especialmente para as crianças. Mas pelo menos a família teve ajuda com suas necessidades financeiras, porque a Previdência Social enviava um cheque todo mês para cobrir uma parte da renda perdida. Esse dinheiro ajudou o marido a cuidar dos filhos até completarem dezoito anos.

Muitos de nós também precisarão da ajuda de um programa de combate à pobreza. Aproximadamente seis em cada dez pessoas nos Estados Unidos passarão pelo menos por um ano de pobreza entre as idades de vinte e sessenta e cinco anos.[5] Cerca de uma criança em cada cinco já vive na pobreza.

Receber benefícios por direito não é uma falha moral ou um sinal de fraqueza. Afinal, a segurança financeira básica não deve se limitar àqueles que podem fazer um pé-de-meia considerável para dias tempestuosos. Obviamente, é bom economizar. Mas milhões de pessoas estão lutando para sobreviver e não podem se dar ao luxo de guardar dinheiro para o futuro. Todos merecem saber que terão assistência médica quando precisarem, segurança financeira quando se tornarem idosos ou se ficarem incapacitados, e assistência no caso de perderem o emprego ou passarem por momentos difíceis.

Ao menos é assim que se supõe que os benefícios funcionem. Mas os programas de benefícios dos Estados Unidos — uma categoria que inclui a Previdência Social, o Medicare, o Medicaid, e programas contra a pobreza como vale-alimentação, assistência de habitação, créditos de impostos — sofrem ataques há anos. Alguns dos ataques são motivados por interesses pessoais, pois indivíduos e empresas ricas, muitas vezes, lutam contra programas que podem levar a uma demanda por impostos mais altos. Alguns opositores se motivam em uma ideologia que vê nesses programas uma redistribuição de renda de ricos merecedores para uma classe de famílias pobres e de baixa renda, que não os merecem.

O debate sobre o assunto pode esquentar. As realidades cotidianas do envelhecimento, de deficiências e das dificuldades econômicas não impediram que alguns críticos dos direitos se envolvessem em ataques pessoais às pessoas que se beneficiam deles. O senador Alan Simpson, que foi nomeado pelo presidente Obama para copresidir uma comissão do déficit, chamava os aposentados de "velhacos gananciosos", no que parecia ser uma tentativa de provocar ressentimentos e dividir jovens e mais velhos. Simpson também chamou as ativistas feministas a favor da Previdência Social de "Panteras Cor-de-Rosa" e disse a uma delas que a Previdência Social era "uma vaca leiteira com 310 milhões de tetas". A essa defensora dos direitos das mulheres idosas, Ashley B. Carson, ele também disse, "avise quando conseguir um trabalho honesto!".[6]

Ataques pessoais a beneficiários não começaram com Simpson. Os ataques são tão antigos quanto os próprios benefícios. Uma capa de revista de 1882 caricaturou um veterano como "O Glutão Insaciável", agarrando dinheiro público com a ajuda de seus muitos "braços", cada um sendo um estereótipo obscuro de um requerente de pensão.[7] Um desenho animado do século XXI com a legenda "Principais Ameaças aos EUA em 1991, 2001 e 2011" mostrou Saddam Hussein, Osama Bin Laden e uma mulher idosa com uma placa com a palavra "Benefícios".[8]

Ataques a programas de direitos e às pessoas que se beneficiam deles, por vezes, são motivados por ressentimento ou por alguma hostilidade ao governo. Às vezes, certas pessoas estão simplesmente mal-informadas. Qualquer que seja a motivação, o pensamento econômico equivocado desempenha um papel importante no debate sobre direitos. Felizmente, a TMM nos mostra por que não precisamos colocar um grupo contra outro numa tentativa desesperada — e desnecessária — de se tentar resolver uma "crise financeira". Ela nos diz por que razão olhar para a sustentabilidade dos programas de direitos em termos *financeiros* não é o ponto, e por que os maiores desafios enfrentados por esses programas não têm nada a ver com a capacidade de serem bancados.

O GRANDE ERRO DA PREVIDÊNCIA SOCIAL

Podemos aprender bastante sobre os efeitos corrosivos do mito do déficit se estudarmos a história da Previdência Social.

A Previdência Social é uma das histórias de grande sucesso do governo federal. Ela retira milhões de pessoas da pobreza todo ano e proporciona um pouco de segurança econômica para outros milhões. Ela ajuda os idosos e as pessoas com deficiência. E também é o maior programa de assistência às crianças do país.[9] Como ela proporciona benefícios importantes para tantos, não é de se surpreender que a Previdência Social tenha altos e consistentes níveis de apoio do povo americano.[10]

Então, por que esse programa popular e bem-sucedido está sob constante ataque político? Para responder a essa questão, devemos voltar para 1935, o ano em que ele nasceu.

O MITO DO DÉFICIT

Roosevelt tinha planos ambiciosos, que iam muito além da Previdência Social que vemos hoje. Ele via seu projeto de lei de 1935 como a primeira parte de um sistema muito mais amplo, que promoveria a segurança financeira para todos no país, protegendo os americanos "do berço ao túmulo".[11] Quando assinou o Ato da Previdência Social, em 1935, Roosevelt o chamou de "uma pedra angular de uma estrutura que está sendo construída, mas de forma alguma está completa".[12]

O próprio nome do programa, Previdência Social, nos dá uma pista do que Roosevelt tinha em mente. Em seu discurso sobre o Estado da União de 1944, FDR definiu sua visão mais ampla em termos de direitos econômicos — incluindo o direito ao que chamou de "emprego útil e remunerado", e o direito a uma renda adequada, uma casa decente, assistência médica e proteção contra dificuldades econômicas geradas por envelhecimento, desemprego, acidentes ou outros infortúnios.

"Todos esses direitos", disse Roosevelt, "significam *segurança*". Alguns desses programas expandidos se tornaram realidade desde que FDR estabeleceu seus objetivos pela primeira vez. A Lei da Previdência Social de 1935 encorajou os estados a estabelecer programas de seguro-desemprego. Em 1965, uma visão mais abrangente de assistência à saúde começou a tomar forma com a aprovação do Medicare para idosos e pessoas com deficiência (PCD) e do Medicaid para pessoas de baixa renda (PCDs com menos de 65 anos se tornaram elegíveis para o Medicare em 1973, ampliando ainda mais o alcance do programa).

Roosevelt sabia que a Previdência Social enfrentaria oposição constante de alguns grupos. Ele estava certo. Para seus oponentes, FDR era um "socialista", e a Previdência Social era apenas mais um grande ataque do governo à liberdade. Porém, ao tentar protegê-la para as gerações futuras, Roosevelt cometeu um erro de base. Esse erro colocou em risco o programa e reforçou o mito do déficit, com consequências que vão além da Previdência Social em si.

Para reforçar a ideia de que a Previdência Social era autossustentável, a Lei da Previdência Social, de 1935, vinculou o pagamento de benefícios a um imposto sobre a folha de pagamento, que deveria mostrar como o programa seria "pago". Os trabalhadores contribuiriam com uma parte de seus salários e receberiam os benefícios mais tarde. A maioria das pessoas acreditava (e ainda acredita) que o imposto sobre a folha de pagamento gera a receita que é usada para pagar os benefícios.

O primeiro fundo da Previdência Social foi criado logo depois. O dinheiro, que não era "necessário" para pagar os benefícios em um dado ano, era aplicado em títulos do Tesouro dos EUA e colocado no fundo fiduciário, para custódia. Isso reforçou a crença de que os impostos sobre a folha de pagamento dos trabalhadores — e não o governo federal como um todo —forneciam o dinheiro que mantinha a Previdência Social funcionando.

Roosevelt tinha outro motivo para financiar o programa dessa maneira. Ele queria que as pessoas vissem que estavam pagando pelo benefício, para que se sentissem no direito dos benefícios que receberiam no final. Se você estiver trabalhando agora, sem dúvida deve notar a dedução de imposto sobre a folha de pagamento que sai do seu salário todo mês; nos EUA, isso aparece como uma retenção do FICA (Federal Insurance Contributions Act). Ao tornar essa contribuição visível, raciocinou FDR, cada um de nós desenvolveria um sentimento tão forte de direito que "nenhum maldito político jamais poderá destruir meu programa de previdência social".[13]

Roosevelt fez algo mais, que tornou o programa vulnerável politicamente. Nas Emendas ao Ato da Previdência Social de 1939, que estabeleceram o fundo fiduciário, ele também deu ao programa um conselho de curadores. Espera-se, atualmente, que os curadores avaliem a solvência fiscal do programa, projetando suas receitas e despesas 75 anos no futuro. A única maneira de se conseguir isso é fazendo muitas suposições sobre os variados fatos que determinam quanto dinheiro será injetado na Previdência Social e quanto será pago nos anos seguintes. Entre outras coisas, os curadores devem responder a perguntas como: quantas pessoas estarão trabalhando daqui a 75 anos, e nos outros anos desse período? Com que rapidez a economia crescerá e quanto os salários se elevarão? Quantos anos as pessoas viverão em média, conforme nos aproximamos do século XXII?

Quantas pessoas se tornarão inválidas? O que acontecerá com a taxa da inflação? Quantos bebês nascerão?

Ninguém conseguirá saber ao certo, é claro, então os experts do conselho fazem as melhores previsões que podem. De acordo com o relatório de 2019, o melhor palpite é que o principal fundo fiduciário do programa estará esgotado — ou seja, seu saldo chegará a zero — até 2035.[14] Os trabalhadores ainda estarão fazendo pagamentos à Previdência Social, mas os curadores supõem que o valor em dinheiro retido dos salários dos trabalhadores ficará aquém do que será necessário para pagar o total dos benefícios. Se isso acontecer, a lei federal diz que o governo deve cortar os gastos de acordo. Isso forçaria um corte de 22% nos benefícios.

FDR pensava que seus adversários políticos teriam dificuldade em atacar o programa se todo mundo pudesse "ver" que o dinheiro para bancar os benefícios estava lá. E é aí que está o problema. Hoje em dia, todo mundo consegue ver que o dinheiro *não está* lá. As retenções excedentes que são creditadas aos fundos manterão o sistema funcionando por certo tempo. No entanto, no fim, as contas do fundo ficarão vazias (a menos que algo mude), o que desencadeará cortes nos benefícios — não pelo fato de o governo não poder arcar com os pagamentos, mas porque o Congresso escreveu uma lei que diz que não deve pagar todos os benefícios se os saldos dos fundos fiduciários caírem abaixo de zero.

Um artigo de opinião escrito por Marc Goldwein, vice-presidente sênior de uma organização chamada Comitê para um Orçamento Federal Responsável (CRFB), lança mão da retórica comumente usada contra a Previdência Social. Primeiro, Goldwein afirma que o programa está enfrentando uma "crise" e caminha para uma "catástrofe". O motivo? Porque, diz ele, "sob a lei atual, não podemos prometer benefícios completos nem mesmo para o novo aposentado médio, e menos ainda para os trabalhadores atuais e do futuro".[15]

O que Goldwein deixa de mencionar é que o Congresso poderia mudar a lei com apenas uma votação e a tal "crise" desapareceria para sempre. Afinal, foi o Congresso, agindo a mando de FDR, que criou a Previdência Social dessa maneira, antes de tudo. Como mostra a TMM, um governo emissor de moeda como os EUA nunca é limitado financeiramente. Uma vez que as obrigações de pagamento sejam denominadas em sua própria unidade — dólares americanos — o governo federal sempre poderá dar suporte a esses programas. O que lhe falta não é *capacidade financeira* para os bancar, mas *autoridade legal* para isso.

Então, por que simplesmente não mudar a lei? Talvez por a ideia nunca ter sido debatida seriamente. Em vez de desafiar a estrutura de financiamento em si, os defensores da Previdência Social em sua maioria se alinham com FDR no pensamento de que o melhor caminho para se proteger o programa é mostrar que há meios para se manter os fundos, de forma que os curadores possam reportar que o programa estará totalmente financiado ao longo dos 75 anos.[16]

Mas, mesmo se a Previdência Privada fosse considerada como totalmente financiada ao longo dos próximos 75 anos, ainda estaria vulnerável a ataques de alguns críticos. O economista Laurence Kotlikoff é conhecido por instigar os legisladores a usar um horizonte de tempo ainda maior para avaliar a sustentabilidade fiscal do programa. Quanto tempo? Kotlikoff quer que pensemos da forma mais longa possível para nós humanos (e além!) e tentemos prever quanto dinheiro entrará e sairá da Previdência Social no futuro indefinido. Esse exercício todo é realmente ridículo, mas muitos legisladores levam Kotlikoff a sério e convidam-no a testemunhar em audiências de comitês da Câmara e do Senado. Incorporando seu Buzz Lightyear interior (astronauta personagem de animação infantil), Kotlikoff diz aos membros do Congresso que as obrigações não financiadas da Previdência Social — ou seja, suas futuras faltas em um horizonte de tempo infinito — chegam a somar US$ 43 trilhões.[17] Avaliada dessa forma, a Previdência Social não está apenas com problemas, está falida "ao infinito e além!".

O esquema de financiamento da Previdência Social já levou a cortes de benefícios no passado. No início da década de 1980, insuficiências projetadas levaram o Congresso a efetivamente cortar benefícios de várias maneiras. Ele atrasou a data efetiva anual dos aumentos relativos ao custo de vida, o que diminuiu ligeiramente os benefícios em geral, e reduziu benefícios para receptores de alta renda. Também de vital importância: a idade de aposentadoria foi gradualmente aumentada de sessenta e cinco para sessenta e sete anos.

As pessoas não apenas trabalham mais quando a idade de aposentadoria aumenta; seus benefícios também são cortados, pois recebem menos ao longo de sua aposentadoria. Aqueles que se aposentam mais cedo, muitas vezes por não poderem mais trabalhar, recebem menos porque a fórmula do benefício reflete pagamentos totais mais baixos. De fato, ao aumentar a idade de aposentadoria em apenas dois anos, o Congresso impôs uma redução de 30% no total de benefícios para pessoas que se aposentam antes dos 65 anos.[18] O ajuste também afeta pessoas que começam a receber benefícios após a idade oficial de aposentadoria.

Mas a estrutura de financiamento da Previdência Social não a deixa vulnerável apenas ao ataque de republicanos conservadores. Ela levou muitos democratas a propor cortes em um dos programas marcantes de seu partido. Alguns relatórios dizem que, em 1997, o presidente Bill Clinton tentou intermediar um acordo com o então presidente da Câmara, Newt Gingrich, para cortar a Previdência Social e o Medicare, mas o inquérito de impeachment proibiu que a negociação prosseguisse.[19]

No ano 2000, quando concorreu à presidência, Al Gore usou a ideia de um cofre para falar sobre como pretendia proteger a Previdência Social de cortes futuros. Naquela época, o orçamento federal estava em superávit, e Gore acreditava que o governo deveria trancar o dinheiro do superávit nos fundos previdenciários, de forma que a Previdência ficasse com boa saúde financeira. Ele repetiu a ideia várias vezes, como um mantra, durante o primeiro debate da eleição presidencial de 2000 contra George W. Bush.

A metáfora de se fazer um cofre, apesar de bem intencionada, também é mais outro exemplo de forma errada de se pensar economicamente. Essa visão está enraizada na ideia de que o Tio Sam tem apenas uma quantidade limitada de dinheiro com a qual pode trabalhar, e que trancar um pouco em um fundo fiduciário, de alguma forma, facilitaria a tarefa do governo de realizar os pagamentos de benefícios no futuro. Politicamente, a metáfora do cofre de Gore foi um tiro que saiu pela culatra. George W. Bush zombou do uso da frase, dizendo aos eleitores que os fundos fiduciários da Previdência Social nada mais eram do que um "gabinete cheio de notas promissórias". Um esquema Ponzi, na verdade. Como presidente, Bush esboçou uma proposta para começar a privatizar a Previdência Social. Ainda bem que ele não teve sucesso.[20]

A boa intenção de Gore estava na direção certa, mas imagine como teria sido melhor se ele simplesmente dissesse: "A Previdência Social está segura. Não são necessárias grandes mudanças. O governo federal pode cumprir todas as promessas que fez porque nunca ficará sem dinheiro". Infelizmente, nenhum político ofereceu (ainda) esse tipo de garantia ao povo americano.

Em 2013, o presidente Obama propôs seu próprio corte de benefícios, usando o chamado "chained CPI", ou IPC encadeado. É um termo chique para uma ideia simples: aumentar os benefícios da Previdência Social mais lentamente do que a inflação, de modo que seus valores reais fiquem menores ao longo do tempo. Como explica o Center for Economic and Policy Research, "para o trabalhador médio, que se aposenta aos 65 anos, isso significaria um corte de cerca de US$ 650 por ano a partir dos 75 anos e um corte de aproximadamente US$ 1.130 por ano a partir dos 85 anos".[21]

O uso do IPC encadeado cortaria benefícios para os aposentados mais velhos (que tendem a ser os mais pobres) em aproximadamente 10%.[22] Uma abordagem mais justa seria usar algo como o CPI-E ("E" de "eldery", "idoso" em inglês), um tipo de IPC que dá peso adicional às mudanças no custo das coisas que compõem uma porcentagem maior das despesas de vida de idosos e de pessoas com deficiência, incluindo assistência médica e transporte.[23] A indexação a esse tipo de IPC ajudaria os idosos em dificuldades, aumentando os benefícios em vez de cortá-los.

Alguns propuseram aumentar a idade de aposentadoria novamente, como foi feito em 1980, dessa vez para setenta anos ou mais. Para cada ano aumentado na idade de aposentadoria, os benefícios são cortados em cerca de 6 a 7%.[24] E aumentar a idade de aposentadoria também agrava a desigualdade.[25]

Às vezes, os legisladores defendem uma comprovação de elegibilidade para a Previdência Social, com a redução ou a eliminação de benefícios para pessoas com renda mais alta. À primeira vista, isso pode parecer razoável. Por que o governo deveria pagar benefícios da Previdência Social a pessoas como Bill Gates ou Oprah Winfrey? Eles estão com a vida resolvida! Mas há duas respostas. Primeiro, FDR estabeleceu a Previdência Social como um programa universal. Essa decisão ajudou a manter um amplo apoio público ao programa por quase um século. A comprovação de baixa renda minaria o apoio ao transformá-lo em um programa de bem-estar que forneceria benefícios apenas a um subconjunto da população considerado "necessitado" de assistência pública. O outro problema é que a comprovação de elegibilidade, como tantas outras mudanças propostas — uso do IPC encadeado, aumento da idade de aposentadoria e assim por diante — confunde um problema contábil com um problema financeiro. Encontrar maneiras de deixar mais dinheiro preso em um livro contábil, por uma quantidade maior de anos, estenderá a autoridade legal do programa para pagar benefícios, mas não melhora a capacidade financeira de pagar do governo. É um fardo indevido, imposto por um Congresso anterior, que tornou a Previdência Social e partes do Medicare vulneráveis a ataques por décadas.

Uma maneira de ver como a abordagem do fundo fiduciário induz à confusão sobre a sustentabilidade do programa é comparar o tratamento dos fundos fiduciários da Previdência Social (são dois) com os fundos fiduciários que foram estabelecidos para o Medicare (também são dois). Todo ano, os Conselhos de Curadores da Previdência Social e do Medicare publicam um relatório anual que examina a situação financeira atual e projetada dos fundos fiduciários da Previdência Social (Seguro para Idosos e Sobreviventes [OASI] e Seguro por Invalidez [DI]) e fundos fiduciários do Medicare (Seguro Médico Complementar [SMI] e Seguro Hospitalar [HI]). Há anos, o resumo dos relatórios conclui: "Tanto a Previdência Social quanto o Medicare enfrentam falhas de financiamento de longo prazo nos benefícios e financiamentos atualmente programados".[26] Os fundos fiduciários OASI, DI e HI são especificamente considerados fundos "em crise".

De acordo com o relatório de 2019, o fundo OASI estará esgotado em 2034; o DI ficará sem dinheiro em 2052 e o fundo HI estará exaurido por volta de 2026. A menos que algo mude, esses programas deixarão de ser autorizados a pagar os benefícios completos. Mas há um fundo fiduciário que não está com problemas: o SMI (também conhecido como Medicare Partes B e D). Mas por que esse está saudável, enquanto os outros estão fadados a ficar sem dinheiro? A resposta é simples: o SMI tem autoridade legal de pagar os benefícios completos, mesmo se os fundos forem exauridos, e os outros não. "Para o SMI, os conselheiros projetam que tanto a Parte B quanto a Parte D continuarão adequadamente financiadas por um futuro indefinido, porque a legislação atual providencia o financiamento". [27] Isso mantém o SMI garantido financeiramente, ao infinito e além!

É simples assim. Os programas da Previdência Social e o Seguro Hospitalar do Medicare são considerados insustentáveis fiscalmente porque o governo não está comprometido a fazer os pagamentos, ao mesmo tempo que o Medicare Parte B e o Medicare Parte D tem um atestado de saúde positivo, pois o Congresso lhes forneceu autoridade legal para fazer os pagamentos, não importa o que aconteça.

O Congresso de fato poderia mudar a lei atual para que o mesmo tratamento fosse aplicado aos outros programas. O fato de ainda não tê-lo feito é uma escolha política, não econômica. Você não saberia disso lendo os jornais ou ouvindo a maioria dos experts da mídia. Tudo que ouvimos é que a Previdência Social está falindo.

O alarmismo quase constante está afetando os mais jovens. Eu dou aulas na universidade. Todos os anos pergunto aos meus alunos quantos deles acham que poderão receber da Previdência Social quando se aposentarem, e a cada ano menos mãos são erguidas. Isso é coerente com uma pesquisa do Transamerica Institute, que descobriu que "80% dos trabalhadores millenial [nascidos entre 1981 e 1996] dizem que estão preocupados que a Previdência Social não exista para eles"[28].

Isso é terrivelmente triste, visto que, decerto, não há razão nenhuma para a Previdência Social não estar lá para as gerações futuras. O que é ainda mais lamentável é que esses ataques à Previdência estão ocorrendo no momento em que o país enfrenta uma crescente crise de aposentadoria — o que torna a Previdência Social mais importante do que nunca.

As pessoas costumavam falar sobre aposentadoria como um banquinho de três pernas. As três pernas deveriam ser uma pensão do seu trabalho, economias pessoais e benefícios da Previdência Social. Infelizmente, para milhões de americanos, duas dessas pernas foram serradas. As economias foram prejudicadas pela estagnação salarial dos trabalhadores americanos, e os empregadores estão cortando pensões importantes.

O *Washington Post* publicou a história dos trabalhadores de uma fábrica da McDonnell Douglas em Tulsa, que perderam seus empregos e suas pensões quando a empresa parou de operar.[29] Não foi um acidente: quando os trabalhadores processaram a empresa, documentos judiciais mostraram que a McDonnell Douglas optou por fechar a fábrica de Tulsa porque muitos funcionários estavam se aproximando da idade de aposentadoria, quando receberiam uma pensão completa.

Ao fechar a fábrica, a empresa conseguiu pagar a eles apenas uma fração de suas pensões integrais. Os funcionários ganharam o processo, mas os prêmios (que custaram em média US$ 30.000) foram muito menores do que o valor de suas pensões. O resultado? Em vez de desfrutar da aposentadoria após uma vida inteira de trabalho, muitos foram forçados a continuar trabalhando. Para pagar suas contas, um dos ex-funcionários, um homem de 79 anos, foi trabalhar como recepcionista no Walmart, e tinha que ficar de pé oito horas por dia. Outro trabalhava no turno da meia-noite, carregando caminhões aos 73 anos. Um homem de 74 anos conseguiu um emprego como guarda de trânsito e um de 76 anos começou a comprar e vender sucata para conseguir dinheiro extra para sobreviver.

Apesar da situação dessas pessoas ser extrema, esses empregados não estão sozinhos. Corporações por todo país vêm reduzindo benefícios de pensão para cortar custos. Essa é uma das razões pela qual tantos americanos mais velhos estão enrascados. Um estudo concluiu que 40% dos americanos da classe média experimentarão uma queda na aposentadoria — sair da classe média — e 8,5 milhões de pessoas estão em risco de cair na pobreza ou quase pobreza.[30] Para muitos desses aposentados, a Previdência Social é a única coisa que os protege de se tornarem pobres.

Os empregadores vêm reduzindo drasticamente os planos de pensão definida, que garantem um pagamento fixo todos os meses após a aposentadoria. Em vez disso, muitos empregadores agora oferecem planos de contribuição definida, como os 401(k)s, que criam contas de poupança especiais para a aposentadoria. Em 1975, nove em cada dez trabalhadores de empresas privadas tinham um plano de pensão de benefício definido. Essas pensões eram muitas vezes o resultado de negociações trabalhistas, antes dos sindicatos perderem poder de barganha. Em 2005, esse número caiu para um em cada três.[31]

Embora seja melhor do que nada, o dinheiro em um plano 401(k) deve durar durante toda a aposentadoria de uma pessoa. Esses planos raramente fornecem o nível de renda mensal que os aposentados podem esperar de planos de benefício definido. Essa mudança prejudicou os trabalhadores de baixa renda. Como explica um relatório do Economic Policy Institute (EPI), "trabalhadores de maior renda (com maior capacidade de fazer contribuições) são mais propensos a participar de planos de contribuição definida".[32]

O mesmo relatório também descobriu que "a mudança de planos de benefícios definidos para planos de contribuição definida exacerbou as disparidades raciais e étnicas", impôs "desafios particulares" a indivíduos solteiros e mulheres, e ampliou a disparidade entre trabalhadores que têm diploma universitário e aqueles que não têm.

Outros milhões de americanos assalariados não têm nenhum programa de aposentadoria do empregador. Como conclui o relatório do EPI, "para muitos grupos — de baixa renda, negros, hispânicos, sem ensino superior e solteiros —, a família ou indivíduo típico em idade produtiva *não tem nenhum dinheiro* em contas de aposentadoria e, para aqueles que têm economias, os saldos médios nas contas de aposentadoria são muito baixos" (ênfase do original).

A crise da aposentadoria está ligada à crise mais ampla de estagnação salarial, juntamente com o aumento do custo da educação, saúde e outras necessidades básicas. Sob essa perspectiva, o banquinho de três pernas da aposentadoria parece cada vez mais uma pilha de gravetos inúteis.

Os trabalhadores da atualidade não são os únicos que sofreriam com os cortes da Previdência Social. No momento, a Previdência tira quinze milhões de americanos idosos e um milhão de crianças da pobreza.[33] Muitos deles permanecem próximos à linha da pobreza. O benefício médio de aposentadoria era de US$ 1.409,51 por mês em 2018, e as mulheres normalmente recebiam cerca de 20% menos. A linha de pobreza federal individual naquele ano foi de US$ 12.140 por ano.

Sob essas circunstâncias, deveríamos procurar maneiras de aumentar os benefícios, e não cortá-los. O programa não ficará sem dinheiro se o fizermos. As restrições em torno da Previdência Social são de natureza política, não econômica.

OUTROS DIREITOS TAMBÉM ESTÃO EM PERIGO

Passei muito tempo falando sobre a Previdência Social, porque sua estrutura financeira ilustra como o mito do déficit leva a tomadas de decisão ruins e pode minar os objetivos sociais. Mas as discussões sobre as finanças da Previdência Social também ajudam a reforçar as formas equivocadas de se pensar sobre outros programas de direitos, especialmente a crença persistente de que eles estão se tornando cada vez mais inacessíveis.

É verdade que os direitos e os benefícios representam uma grande porcentagem dos gastos federais de hoje, mas esta não é a primeira vez que isso acontece. Após a Guerra Civil, o governo federal forneceu pensões a veteranos da União que estivessem com deficiência, pobres e idosos e às suas famílias. Em 1910, 28% de todos os homens com mais de 65 anos e mais de 300 mil viúvas recebiam benefícios federais.[34] Nas três décadas entre 1880 e 1910, o governo federal gastou mais de um quarto de seu orçamento em benefícios. Esse plano de direitos inicial teve uma extensa vida. Em 2017, a filha de um veterano da Guerra Civil ainda estava recebendo seus benefícios![35]

Direitos federais cresceram novamente durante a Grande Depressão, com a criação da Previdência Privada e programas para lidar com desemprego e pobreza generalizados. E também havia os alarmistas naquele tempo. O senador Daniel Hastings disse que a Previdência Social "poderia acabar com o progresso de um grande país e deixar seu povo no nível do europeu médio"[36] — uma declaração irônica hoje, em que a rede de segurança social da Europa Ocidental é mais forte.

Em 1965, durante o boom econômico do pós-guerra no qual o Medicare foi criado, o debate se concentrava menos nos gastos do governo e mais nos temores do socialismo, levantados por Ronald Reagan[37] e outros. O Medicare também foi ridicularizado, como sendo algo excessivamente generoso, por oponentes como o senador republicano e candidato presidencial, Barry Goldwater[38]. "Agora que demos aos nossos aposentados seus cuidados médicos em espécie," disse Goldwater, "porque não damos cestas de alimentos, acomodações e moradia públicas? Por que não proporcionamos férias em resorts? Por que não oferecer um suprimento de cigarros para quem fuma e de cerveja para quem bebe?".

As perguntas de Goldwater eram retóricas, claro. Outros levantaram preocupações mais legítimas. "Será que teremos filas de velhos nas portas dos hospitais," imaginou um repórter do *New York Times*, "que ficarão sem quartos para colocá-los, com poucos médicos, enfermeiros e técnicos para cuidar deles?".[39] Pelo contrário, não houve filas de velhos serpenteando em torno dos hospitais, mas é sempre importante pensar se nossa economia tem a capacidade produtiva para entregar os benefícios necessários — como médicos, enfermeiros, leitos hospitalares — para atender adequadamente às demandas criadas pelos programas do governo.

Conforme o debate se moveu para a direita, os oponentes do Medicare foram mudando suas objeções para os custos do programa. Um artigo de opinião de 2012 oferece muitos dos típicos argumentos. "Se não reduzirmos a taxa de crescimento dos custos de saúde," um executivo de um banco de investimentos escreveu, "eles consumirão o orçamento federal. Nós estamos nos arriscando a ter uma crise de dívida à altura do crash de 2008 a 2009". [40]

Gail Wilensky, ex-assessora do presidente Bush, afirma que o Medicare "não é sustentável em sua forma atual", acrescentando, em relação aos "'baby boomers' envelhecidos," que "qualquer aumento do gasto per capita, historicamente baixo, exigirá uma combinação de cortes de benefícios, mudanças de elegibilidade, aumentos no compartilhamento de custos, aumentos de impostos e reduções nos pagamentos aos provedores".[41]

O colunista financeiro Philip Moeller escreve: "Apesar da falta de grandes mudanças no curto prazo, tanto o Medicare quanto a Previdência Social permanecem em caminhos financeiros insustentáveis que, sem reformas sérias, sugarão parcelas cada vez maiores dos gastos do governo, de acordo com os boletins anuais divulgados pelos administradores dos programas na segunda-feira".[42]

Diana Furchtgott-Roth, do conservador Manhattan Institute, declara categoricamente que "o Medicare é claramente insustentável". Ela conclui: "Como está agora, o Medicare não pode cumprir suas promessas para futuros idosos. É trabalho daqueles políticos eleitos, que disseram que enfrentariam o déficit, oferecer alternativas para debate e discussão"[43].

Todos esses argumentos são equivocados, porque estão todos fundamentados no mito do déficit. Enquanto tivermos profissionais e instalações de saúde para atender à demanda, o Medicare será sustentável nos únicos pontos que importam — os dos recursos produtivos reais de nossa nação.

Os programas de direitos e benefícios também são atacados por causa de algo chamado índice ou taxa de dependência, que compara o número de pessoas que atualmente trabalham com o número de pessoas que estão recebendo benefícios. Para o Medicare e a Previdência Social, a preocupação é expressa em termos do índice de dependência por idade. Um artigo do Wall Street Journal[44] oferece um exemplo típico desse argumento:

Em 1980, havia 19 americanos adultos, com 65 anos ou mais, para cada 100 americanos entre 18 e 64 anos. Mas houve uma rápida mudança desde então. Em 2017, havia 25 americanos com 65 anos ou mais para cada 100 pessoas em idades produtivas, de acordo com novos números do censo divulgados na quinta-feira, que detalham idade e raça para cada município.

Essas mudanças no índice de dependência de idade são apresentadas, com frequência, como alarmantes e inesperadas (e não são nem um, nem outro). São usadas, inclusive, para se argumentar que o sistema presente está se tornando uma traição dos mais velhos aos jovens, como disse um autor conservador ao *Wall Street Journal*: "a falha em se encarar o que é evidente, que está bem na frente dos seus olhos, é uma forma de roubo entre gerações".[45]

De acordo com essa lógica, os idosos são egoístas por permitirem que o governo lhes forneça benefícios em dinheiro limitado, quando deveriam estar sacrificando seus próprios interesses para que esses dólares ficassem disponíveis para as gerações futuras. Como vimos, essa é exatamente a maneira errada de se pensar sobre os gastos do governo. Isso nos leva a tomar decisões que não são apenas prejudiciais aos idosos, mas a todos.

Com frequência, tais críticas são acompanhadas pela afirmação de que os americanos estão vivendo mais. Infelizmente, isso não é verdade. *Algumas* pessoas estão vivendo mais; mas um relatório de 2018 dos Centros de Controle de Doenças mostrou que a expectativa de vida geral nos Estados Unidos diminuiu pelo terceiro ano consecutivo.[46] As chamadas "mortes do desespero" — por drogas, alcoolismo e suicídio — desempenham um papel grande nesses números decrescentes. Outros fatores incluíam um aumento nas mortes por gripe, aumento das mortes por doenças crônicas do trato respiratório inferior e derrames.

A verdadeira questão em torno da expectativa de vida é de justiça. A expectativa de vida está intimamente ligada à renda, e as estatísticas sobre esse resultado são chocantes. Um estudo do *Journal of the American*

Medical Association descobriu que os homens mais ricos dos Estados Unidos vivem quase quinze anos a mais do que os mais pobres, enquanto as mulheres ricas vivem dez anos a mais do seu equivalente pobre.[47]

Os críticos dos benefícios podem errar com os fatos, mas podem ser muito bons na retórica política. A escolha de palavras se torna importante quando se está atacando programas populares. Não é de se admirar que eles chamam seus esforços de *reforma* de benefícios, em vez de cortes de benefícios ou eliminação de benefícios.

Mesmo as palavras *direitos e benefícios* em si acabaram tomando uma carga de significado político. Como observou Hendrik Hertzberg, do *The New Yorker*, os formuladores de políticas originalmente descreviam esses programas como "direitos merecidos". Com o tempo, a expressão desapareceu. Então, em meados da década de 197, escreve Hertzberg, "reapareceu, subtraída de 'merecidos', borbulhando nas obras de dois proeminentes acadêmicos conservadores, Robert Nisbet e Robert Nozick"[48].

Eles foram espertos na alteração. Abandonaram a palavra 'merecidos', que soa como uma coisa boa para a maioria das pessoas, e enfatizaram a palavra "direitos" — que na década de 1970 assumiu conotações negativas, como quando dizemos que uma pessoa mimada ou privilegiada faz algo "por que tem direito". Como observou o escritor Richard Eskow, o termo apareceu até no *Manual de Diagnóstico e Estatístico de Transtornos Mentais* (DSM) para descrever um sintoma de transtorno de personalidade narcisista:[49] "Tem um senso de direito, ou seja, expectativas irracionais de tratamento especial e favorável, ou em automática conformidade com suas expectativas".

Hertzberg observa que Reagan originalmente usou expressões neutras como *rede de segurança social* em seus primeiros discursos, mas logo seguiu a liderança de Nisbet e Nozick e começou a usar o termo *direitos e benefícios*. A imprensa corporativa logo seguiu seu exemplo. A palavra estigmatizava sutilmente as pessoas que participam de programas de direitos e benefícios; mas, por vezes, o estigma não é tão sutil. No ataque notório de Reagan aos beneficiários, este fez uso do estereótipo americano cruel e racista da "rainha acumuladora de benefícios" (não que isso deva importar, mas a maioria dos beneficiários de assistência social é branca).

Quando Obama estabeleceu sua Comissão Nacional pela Responsabilidade e Reforma Fiscal (a Comissão do Déficit) e nomeou Alan Simpson como copresidente; o outro copresidente era um agente político democrata e executivo de banco de investimentos da Carolina do Norte, chamado Erskine Bowles. Enquanto Simpson assumia a liderança retórica, Bowles, mais discreto, tirou proveito de relacionamentos valiosos que datavam de seus dias como vice-chefe de gabinete na Casa Branca de Clinton.

Mas ninguém fez mais campanha contra direitos e benefícios do que Peter G. Peterson. Peterson faleceu em 2018, mas seu trabalho nessa área — e, mais importante, seu dinheiro — sobreviveu. O nome de Peterson nunca foi popularizado ao público em geral, mas o bilionário falcão do orçamento canalizou cerca de US$ 1 bilhão[50] em uma campanha de relações públicas cujos objetivos incluíam minar o apoio a programas sociais populares.

Peterson era CEO da Bell & Howell, secretário de comércio de Richard Nixon e diretor do Lehman Brothers antes de ganhar bilhões como cofundador de um grupo de fundos de investimento e de hedge fund chamado Blackstone Group. Ele financiou uma ampla gama de equipes de especialistas, conferências e campanhas de relações públicas, bem como investiu dinheiro e tempo para cultivar lideranças de ambos os partidos políticos. Suas cúpulas fiscais anuais contavam com a participação de políticos republicanos e democratas (Bill Clinton foi um orador preferido delas por anos), enquanto as principais figuras de noticiários televisivos serviram como apresentadores, mestres de cerimônia e moderadores (presumivelmente bem pagos).

Peterson, junto com os políticos, especialistas e conselheiros políticos que ele apoiou, passou décadas tentando convencer o povo americano de que os gastos do governo, especialmente em benefícios, estão levando a economia para o buraco. Entre eles, os mais radicais, como Paul Ryan, defendem a privatização total da Previdência Social. Como a Previdência

Social está ficando sem dinheiro, diz o argumento, é melhor colocar todos os nossos ovos de ouro da aposentadoria na cesta de Wall Street. Sejam eles ignorantes a respeito de como as finanças do governo funcionam ou estejam envolvidos em algum esquema mais nefasto para canalizar mais do nosso dinheiro para Wall Street, eles estão usando o mito do déficit para colocar em risco a segurança financeira de milhões de americanos.

Quando Barack Obama decidiu enfatizar a redução da dívida com sua Comissão do Déficit, ele pareceu interpretar mal o humor público de um país ainda sofrendo com a crise financeira. A comissão, no entanto, serviu de plataforma para as ideias de Peterson. Em um esquema pouco ortodoxo, também contou com Peterson para seu financiamento e seus recursos. Como o *Washington Post* relatou em abril de 2010:

> O Diretor Executivo (da Comissão do Déficit) Bruce Reed, que está deixando o Conselho de Liderança Democrática, disse que a comissão fará parcerias com outros grupos para disseminar as ideias, incluindo a Fundação Peter G. Peterson, que sediará uma cúpula fiscal na quarta-feira liderada pelo ex-presidente Bill Clinton. E em Junho, os membros da comissão planejam participar de um encontro virtual com 20 cidades cujo orçamento é bancado pela organização sem fins lucrativos America Speaks.[51]

A America Speaks recebeu mais de US$ 4 milhões da Fundação Peterson durante esse mesmo período.[52] Esta também pagou os salários de dois funcionários da comissão[53] (um grupo liberal também contribuiu, cedendo um funcionário para a Comissão do Déficit, segundo o *Washington Post*, mas percebeu que o grupo não era receptivo e concluiu que "a comissão havia saído dos trilhos").

Os membros da comissão não conseguiram chegar a um acordo para montar um plano, então os copresidentes prontamente produziram um plano próprio, de acordo com as linhas de pensamento aprovadas por Peterson. O plano recebeu elogios imediatos de Peterson[54] e foi divulgado com a ajuda do CRFB[55] (o CRFB, Comitê por um Orçamento Federal Responsável, é um dos vários grupos financiados por Peterson).

A relação confortável entre as organizações de Peterson e a Comissão de Déficit de Obama refletiu a influência de longa data de Peterson sobre o establishment político. O mesmo aconteceu com sua Cúpula Fiscal de 2012, que foi organizada enquanto o governo Obama tentava negociar uma "grande barganha" no orçamento com o presidente da Câmara, John Boehner. Os oradores daquele ano incluíram tanto Boehner quanto o secretário do Tesouro de Obama, Tim Geithner, dois agentes principais dessas negociações, bem como Bill Clinton, Paul Ryan e Alan Simpson[56].

Ao passo que Simpson difamou milhões de americanos em seu mandato, outros republicanos fizeram alegações exageradas sobre fraudes no programa por invalidez da Previdência Social.[57] Essa também foi uma forma de demonização. Previsivelmente, os republicanos do Senado que pediram a contagem de pagamentos feitos a maior não pediram uma contagem de pagamentos feitos a menor.

Ao contrário do que os republicanos do Senado sugeriram, o programa para deficientes não é generoso nem repleto de fraudes. É extremamente difícil e demorado para alguém se qualificar para pagamentos de invalidez da Previdência Social, e ainda mais difícil apelar de uma negativa. O tempo médio de espera para uma audiência foi de 535 dias, em 2018, e foi superior a 700 dias em muitas cidades. No final daquele ano, 801.428 pessoas aguardavam audiência; em 2016, 8.699 pessoas morreram enquanto esperavam por uma audiência que nunca foi proporcionada.[58]

O objetivo dessa demonização é deixar as pessoas envergonhadas por receberem seus benefícios e fazer com que outras se ressintam com isso. A injustiça desses ataques ficou evidente para mim no início dos anos 2000, quando falei sobre Previdência Social para uma plateia de sindicalistas em Wichita, no Kansas. Depois da palestra, um cavalheiro, que parecia um motoqueiro, veio até mim e cumprimentou-me da forma que conseguiu, já que mal conseguia levantar a mão ou pegar objetos depois de anos de trabalho manual. Ele me agradeceu pela palestra e disse que estava ansioso para receber sua aposentadoria.

Esse homem e outros trabalhadores como ele não merecem ser insultados por quererem se aposentar e receber benefícios após uma vida inteira de trabalho duro e doloroso.

Beneficiários foram alvos do linguajar duro de Reagan e outros republicanos. Mas foi um presidente democrata, Bill Clinton, que assinou o chamado projeto de reforma da Previdência de 1996. Esse projeto pretendia ajudar as pessoas a voltarem ao trabalho. O que realmente fez foi tirar as pessoas das filas de assistência à força, o que levou muitas famílias à pobreza. Um estudo do National Poverty Center[59] (Centro Nacional da Pobreza, em tradução livre) concluiu que "a prevalência da pobreza extrema aumentou acentuadamente de 1996 a 2011", em grande parte por resultar dessa "reforma".

Há fortes evidências de que as premissas por trás das reformas de benefícios — o mito de que assistência em dinheiro desencoraja o trabalho, por exemplo, ou estimula a maternidade de mulheres solteiras — são falsos e injustos com as pessoas pobres. Eduardo Porter, do New York Times,[60] citou um estudo mostrando que, mesmo antes dos cortes de benefícios de 1996, "uns quatro a cada dez americanos permaneceram no programa por apenas um ano ou dois. Somente um terço permaneceu por cinco anos ou mais". Porter também citou um estudo de 1995 mostrando que, previamente aos benefícios para mães desempregadas serem eliminados, "pagamentos de benefícios não aumentaram a quantidade de mães solteiras. E a experiência dos 20 anos seguintes", ele adiciona, "sugeriu que eliminar os benefícios não reduziu essas quantidades".

Os ataques constantes não conseguiram minar o apoio público aos programas de direitos e benefícios, mas minaram a confiança do público em sua viabilidade financeira a longo prazo. Os grupos antidireitos adoram parabenizar a si próprios por sua coragem. Mas não há nada de corajoso em atacar programas para idosos, pessoas com deficiência e pobres, especialmente quando há doadores de campanha ricos e grupos de estudos financiados por bilionários desejando recompensá-los por sua "bravura".

COMO DEVEMOS FALAR SOBRE DIREITOS

A essa altura, espero que você esteja convencido de que temos pensado e falado sobre direitos e benefícios de forma totalmente errada. E embora eu tenha focado nos EUA neste capítulo, a forma de pensar equivocada também prejudicou muita gente ao redor do mundo. Levou a cortes em programas sociais vitais, como o Serviço Nacional de Saúde (NHS) no Reino Unido e pensões criticamente subfinanciadas no Japão.[61] No Brasil, o programa social Auxílio Brasil, criado em 2021, é o mais abrangente no momento, atendendo mais de 20 milhões de famílias. Nesses e em outros países, o mito do déficit privou as pessoas de receberem serviços públicos melhores, porque seus governos estão convencidos de que não têm dinheiro para sustentar programas que cuidam de seu povo. Isso não apenas reforça a miséria das pessoas cujas vidas seriam melhoradas por esses programas, mas também afeta a todos nós. Nossas redes de segurança social fortalecem nossos laços sociais e ajudam a apoiar a economia como um todo. Basta pensar em todos os caixas de supermercado, motoristas de caminhão, funcionários de lojas e outros cujos empregos dependem, pelo menos em parte, de pessoas que gastam seus benefícios "de direito" em suas comunidades, em todo o país.

Essa é uma das razões pela qual a retórica em torno desses programas é tão equivocada. O governo federal não deveria tentar administrar seu orçamento "como uma família sentada à mesa de jantar". Não precisamos apertar nossos cintos com sacrifícios compartilhados e restrições fiscais. (Você já percebeu como certas pessoas usam a expressão *sacrifício compartilhado* quando é outra pessoa que fará todo o sacrifício?)

Então, como devemos discutir direitos e benefícios? A coisa mais importante para lembrarmos é que existem três questões distintas, e devemos mantê-las separadas sempre que falarmos sobre programas como a Previdência Social e o Medicare. Essas questões são: (1) a capacidade financeira do governo para executar pagamentos, (2) a autoridade legal para pagar os benefícios e (3) a capacidade produtiva da nossa economia para entregar os benefícios reais do programa.

O MITO DO DÉFICIT

Como aprendemos, a TMM enfatiza o papel do governo como emissor da moeda. Em países como EUA, Reino Unido e Japão, a capacidade financeira do governo de pagar nunca pode ser questionada. E essa é uma boa notícia, porque significa que os cidadãos nunca deveriam ser forçados a alguma austeridade severa em função da falta de capacidade do governo de pagar por assistência médica ou benefícios a aposentados ou deficientes. Mas isso não significa que não haja limites para o que esses governos podem gastar com responsabilidade. O financiamento de programas de direitos e benefícios cada vez mais generosos poderia empurrar a economia para além de sua restrição real de recursos (ou seja, o pleno emprego), estimulando a inflação, o que é prejudicial a todos. Esta é uma parte crítica da discussão, que é quase completamente ausente de nossos debates contemporâneos.

Nunca vou esquecer da vez que ouvi alguém, com bastante influência, tentar explicar isso para um membro do Congresso. Foi um momento marcante que aconteceu no plenário da Câmara dos Deputados. Começou com uma pergunta de Paul Ryan, presidente da Câmara dos Deputados, hoje aposentado. Ryan era um falcão do déficit autoproclamado, que passou grande parte de seu tempo no Congresso tentando privatizar a Previdência Social. Ele instigou repetidamente os legisladores a se unirem a ele para transformar o programa de aposentadoria garantida em um sistema de contas pessoais de aposentadoria privatizadas, que colocaria os administradores de dinheiro de Wall Street no comando da renda de aposentadoria dos trabalhadores. Durante anos, Ryan fez discursos e apareceu na televisão, apresentando seu esquema de privatização como um vendedor experiente. Ele enaltecia os benefícios da escolha e da liberdade, alegando que havia uma necessidade urgente de agir antes que o sistema atual entrasse em colapso sob o peso de compromissos financeiros insustentáveis.

Em um dia de 2005, Ryan decidiu promover seu esquema perante uma testemunha especial do congresso. Depois de apresentar sua posição a respeito da chamada crise financeira que aguarda a Previdência Social, Ryan perguntou à testemunha se ela concordava com a análise. Conforme a testemunha começou a responder a pergunta, Ryan começou a perder a

VOCÊ TEM DIREITOS

cor do rosto. Não era a resposta que Ryan procurava. Ela separava dois dos mais importantes assuntos relacionados aos benefícios: a capacidade do governo de pagar por eles e a real aptidão de nossa economia de entregar os benefícios reais prometidos.

A testemunha era Alan Greenspan. Como alguns leitores devem saber, Greenspan foi o presidente do Federal Reserve de 1987 a 2006. Indicado ao cargo por Reagan, Greenspan mal era o que chamaríamos de progressista. Lançar uma pergunta sobre a necessidade de se "lidar com direitos e benefícios" à presidência do Fed deve ter parecido uma jogada segura. Ryan quase certamente presumiu que Greenspan, um colega libertário, concordaria que o financiamento da Previdência Social era insustentável e que mudar para um sistema de contas pessoais de aposentadoria era uma boa ideia. "Termos contas pessoais de aposentadoria é outra maneira de tornar os benefícios de um futuro aposentado mais seguros para sua aposentadoria", afirmou Ryan. Então, ele fez um passe fácil para Greenspan com a seguinte longa e torturante pergunta, esperando que ele fizesse o gol.

> Você acredita que as contas de aposentadoria pessoal, como um componente de um sistema de solvência, ajudam a melhorar a solvência, porque quando se tem uma política de contas de aposentadoria pessoais, se esta for acompanhada de uma compensação de benefícios, com esse recurso em vigor, você acredita que as contas de aposentadoria pessoais podem nos ajudar a alcançar a solvência do sistema e tornar mais seguros os benefícios futuros dos aposentados?[62]

Simplificando, Ryan perguntou a Greenspan se ele concordava que a Previdência Social estava com problemas financeiros e que passar a um sistema de contas privadas administrado por Wall Street ajudaria a lidar com a crise.

Ponto para Greenspan, que nem se moveu na cadeira com a questão. Em vez disso, ele se inclinou para o microfone e disse a Ryan algo que o chocou: a verdade. Greenspan começou descartando toda a premissa por trás da pergunta de Ryan. "Eu não diria que os benefícios custeados não

175

estão assegurados", disse ele, "no sentido de que não há nada que impeça o governo federal de criar o dinheiro que quiser e pagá-lo a alguém".[63]

Deixe essa última frase entrar na sua cabeça: "Não há nada que impeça o governo federal de criar o dinheiro que quiser e pagá-lo a alguém".

Foi a resposta exatamente certa, e minou toda a premissa de Ryan sobre a capacidade *financeira* do governo de executar pagamentos. O Tio Sam sempre pode pagar! Esse foi o argumento de Greenspan. Porque, quando se trata da capacidade financeira do governo federal para pagar os benefícios, dinheiro não é problema. Como presidente do Federal Reserve, Greenspan sabia que o Fed liberaria qualquer pagamento autorizado pelo Congresso, tal como a TMM mostra. Tudo o que o Congresso precisa fazer é se comprometer a financiar o programa, e o dinheiro sempre estará lá.

Ironicamente, Greenspan nunca apontou nada disso quando presidiu a comissão que cortou os benefícios da Previdência Social em 1983. Naquela época, ele aceitava a premissa de que a Previdência Social estava enfrentando um problema de financiamento inevitável. Em resposta, a Comissão de Greenspan "reequilibrou" as finanças da Previdência Social aumentando gradualmente a idade de aposentadoria e os impostos sobre a folha de pagamento para promover um "financiamento antecipado" para cobrir pagamentos futuros. Toda motivação para essas mudanças estava enraizada na crença errônea de que a única forma de se manter a Previdência Social em funcionamento seria elaborar um plano que gerasse receita tributária suficiente para cobrir os benefícios prometidos.

A verdade é que nenhum dos cortes de benefícios ou outras mudanças recomendadas pela Comissão de Greenspan foram necessários para preservar o programa, e Greenspan deveria ter sabido sobre isso. Mas ele acertou quando respondeu a Ryan naquele dia, e não parou por aí. A segunda parte de sua resposta foi ainda melhor. Ele se concentrou em uma das outras questões-chave sobre as quais deveríamos estar falando. A pergunta relevante não era a que Ryan estava fazendo. Em vez de falar sobre as finanças do programa, Greenspan disse a Ryan que a questão em que ele deveria estar pensando era: "Como você desenvolve um sistema que garanta que os ativos reais a serem adquiridos pelos benefícios sejam criados?"[64].

Em outras palavras, somos uma sociedade em envelhecimento. Milhões de pessoas que atualmente trabalham para produzir os bens e serviços reais, de que todos precisamos para sobreviver, irão se aposentar e deixarão de ser mão de obra. Como resultado, programas como a Previdência Social e o Medicare atenderão cada vez mais americanos nos próximos anos. Quando pensamos em direitos, devemos pensar em como garantir que nossa economia permaneça produtiva o suficiente para fornecer os bens materiais necessários — cuidados de saúde e bens de consumo — para suprir as necessidades dos futuros beneficiários.

Não tenho certeza se Ryan gostou do argumento de Greenspan. Quando discutimos se os direitos e benefícios são sustentáveis, precisamos pensar em termos da capacidade produtiva real de nossa economia. Precisamos pensar sobre como a economia absorverá esse dinheiro, e não de onde ele virá. Conseguir o dinheiro para pagar os benefícios é a parte mais fácil. O verdadeiro desafio envolve gerenciar quaisquer pressões inflacionárias que possam surgir à medida que esse dinheiro for gasto na economia real.

Não é de espantar que Ryan tenha ficado surpreso. Em outros contextos, Greenspan frequentemente falava como se o maior desafio da Previdência Social fosse sua viabilidade *financeira*. Mas, naquele dia, respondendo sob juramento no Capitólio americano, Alan Greenspan contou a verdade, toda a verdade, e nada além da verdade: a Previdência Social estará sempre bem enquanto o governo estiver comprometido a pagar pelos benefícios assegurados.

Não é fácil encontrar experts que estejam dispostos a falar com tanta honestidade sobre o fato de que a chamada crise da Previdência Social é um problema político construído e não financeiro.

A primeira vez que compreendi isso foi em 1998, depois de ler um artigo chamado "Salve a Previdência Social de seus Salvadores".[65] Foi escrito pelo professor de economia da Northwestern, Robert Eisner, uma voz pioneira, respeitada e verdadeiramente corajosa no mundo da economia. Eisner era destemido, e foi um dos primeiros a ver através do mito do déficit da Previdência Social. Ele não tinha medo de expor qualquer um que, fosse da esquerda ou da direita, se equivocasse no diagnóstico do problema.

Assim como Greenspan, Eisner rejeitava a ideia de que a Previdência Social estava se tornando financeiramente inviável. Ele escreveu:

> A Previdência Social não enfrenta nenhuma crise agora, nem enfrentará no futuro. Não irá falir. Ela "estará lá", não apenas para aqueles de nós que agora desfrutam dela, ansiando por ela em um futuro próximo, mas para os "baby boomers" e aqueles da "geração X" que os seguiram. Tudo isso é verdade, enquanto aqueles que querem abocanhar a Previdência Social ou destruí-la em nome da "privatização" não tiverem sucesso em seu meio político. Mas eles muito provavelmente não terão, já que os idosos — e seus netos — votarão, e votarão de forma sensata quando todas as implicações dessa questão se tornarem aparentes.

O artigo de Eisner se concentrava na outra questão importante que precisamos ter em mente ao falar sobre Previdência Social e outros direitos — ou seja, as regras autoimpostas que restringem a autoridade legal do governo de pagar certos benefícios. Assim como Greenspan, Eisner entendia que o governo federal sempre tem *capacidade financeira* para pagar os benefícios prometidos. É a *autoridade legal* para pagar benefícios que está turvando as águas e fazendo parecer que programas como a Previdência Social estão indo à falência. O artigo de Eisner foi uma tentativa brilhante de passar uma imagem mais clara sobre as questões que importam (e aquelas que não importam). Enquanto quase todos os políticos estão obcecados com as projeções de longo prazo, que mostram o eventual esgotamento dos fundos fiduciários da Previdência Social, Eisner nos lembrava que os fundos fiduciários são "entidades meramente contábeis" e que manter saldos positivos no OASI e no DI não altera a capacidade financeira do governo de pagar os benefícios. Preservar os fundos fiduciários carregados, com lançamentos positivos suficientes nas planilhas, mantém sua autoridade legal para pagar os benefícios; mas a Previdência Social seria perfeitamente viável com ou sem esses lançamentos contábeis, desde que o Congresso se comprometesse a fazer os pagamentos. Como Eisner colocou, "os contadores também podem declarar o resultado final das contas dos fundos tanto negativo quanto positivo — e o Tesouro pode continuar fazendo quaisquer desembolsos prescritos por lei. O Tesouro pode pagar tudo o que a Previdência Social proporciona, enquanto os contadores declaram que os fundos estão cada vez mais no vermelho".

Espere um minuto. Estou lhe dizendo que um professor de economia amplamente respeitado pensou que a solução para a "crise" enfrentada pela Previdência Social era que o Congresso simplesmente se comprometesse a fazer os pagamentos independentemente do saldo dos fundos fiduciários da Previdência Social? É isso aí. Afinal, é exatamente assim que funciona com o SMI.

Você e eu nunca poderíamos administrar nossas finanças dessa maneira. Mas é assim porque somos usuários de moeda, não emissores de moeda como o Tio Sam. Eisner entendia isso. Diferentemente do resto de nós, "nosso governo e seu Tesouro não irão falir; na verdade, não podem falir", explicou Eisner. Sua mensagem era, basicamente, pare de se preocupar com uma redução projetada em algum livro-razão e apenas mantenha sua promessa. Afinal, as pessoas têm direito legal aos seus benefícios, nos termos da lei.

Se é realmente assim tão fácil manter a Previdência Social funcionando bem, por que democratas e republicanos estão sempre brigando a respeito das finanças do programa? Por que quase todo mundo foca em cortar benefícios ou aumentar impostos como forma de fortalecer o sistema? Por que não há um grupo verbalizador de especialistas trabalhando para acalmar as águas, da maneira que Eisner (que morreu em 1998) tentou? De acordo com Barry Anderson, o principal funcionário público do Escritório de Administração e Orçamento da Casa Branca (OMB), "poucos acadêmicos ou analistas — se é que existem — que comentam sobre a Previdência Social têm a coragem (ou talvez o conhecimento) para reconhecer esse fato fundamental".[66]

Para aqueles que não tinham coragem ou conhecimento para defender as soluções simples — basta conceder ao OASI e ao DI a mesma autoridade legal que já foi dada ao SMI —, Eisner ofereceu outro caminho. Não era nada mais do que um truque de contabilidade, mas impediria que a Previdência Social sofresse cortes devido a saldos insuficientes nos fundos fiduciários. Com lançamentos contábeis suficientes, os curadores relatariam uma perspectiva saudável de longo prazo, a autoridade legal para pagar os benefícios permaneceria intacta e a crise *percebida* desapareceria. Não era a solução preferida dele, mas se adicionar mais números ao livro-razão fará com que todos tenham sono tranquilo, Eisner mostrou que existem inúmeros "remédios simples e indolores para esse problema contábil".

Enquanto os democratas geralmente se concentram em maneiras de reforçar os fundos fiduciários aumentando o imposto sobre a folha de pagamento, sujeitando a renda não salarial a recolhimentos de impostos de folha de pagamento ou erguendo o teto para que toda a renda salarial esteja sujeita a retenções do FICA, Eisner mostrou que havia uma solução mais indolor.[67] Uma vez que os fundos fiduciários são compostos, quase que inteiramente, de títulos do governo não negociáveis e com juros, por que não garantir que esses títulos paguem juros suficientes para manter o saldo do fundo fiduciário suficientemente alto e satisfazer os contadores? Se os títulos pagassem 25, 50 ou 100% de juros, os saldos do fundo fiduciário iriam ao céu e todo o "problema" desapareceria para sempre. Era, claro, um truque de contabilidade, mas Eisner não ligava. Ele estava apenas mostrando aos legisladores que havia uma maneira fácil de proteger o programa de cortes devido a saldos insuficientes nos fundos fiduciários. Afinal, escreveu ele, "não foi Deus, mas o Congresso e o Tesouro que determinaram a taxa de juros a ser creditada nas notas não negociáveis do Tesouro nos saldos dos fundos". O importante a entender é que, do ponto de vista de Eisner, preencher os fundos fiduciários com o dinheiro necessário é incrivelmente simples e totalmente desnecessário.

Desde a época de Eisner, poucos economistas fora da comunidade da TMM desafiaram a narrativa convencional com palavras semelhantes. Embora a TMM não existisse quando Eisner publicou seu artigo, seu argumento principal era inteiramente compatível com o ponto de vista da

TMM. Ele sabia que o emissor da moeda sempre poderia inserir entradas na planilha, que manteriam o programa com boa saúde (contábil).

Precisamos falar sobre direitos e benefícios com o entendimento que a TMM proporciona. Em última análise, o debate deve ficar centrado em nossas prioridades, nossos valores e nossa real capacidade produtiva de cuidar de nossa gente. A TMM nos dá a visão que precisamos para sustentar um debate inteligente.

Greenspan estava preocupado com as mudanças demográficas que estão deixando os EUA com um número menor de trabalhadores para gerar nossa produção nacional. A taxa de dependência é uma preocupação legítima aqui, não porque não haverá dinheiro suficiente, mas porque é possível que precisemos nos esforçar para produzir mais bens e serviços reais, suficientes para as pessoas que irão querer e precisar deles nos próximos anos. Greenspan entendeu que não basta pagar benefícios monetários a futuros aposentados. O valor desse dinheiro também importa. Para nos protegermos do antigo problema inflacionário de "muito dinheiro perseguindo poucos bens", precisamos de uma economia que seja produtiva o suficiente para fornecer a combinação de bens e serviços de que precisaremos. Como podemos fazer isso?

Primeiro, devemos decidir quais são nossas prioridades. As enquetes sugerem que os direitos e benefícios estão no topo da nossa lista de objetivos sociais. Em segundo lugar, devemos pensar em como alcançá-los e, ao mesmo tempo, garantir que nossa economia seja produtiva o suficiente para atendê-los sem causar inflação.

Vamos tomar como exemplo a aposentadoria. Quase todos nós provavelmente concordaríamos que um sistema que proporciona segurança financeira para pessoas aposentadas é uma coisa boa. Queremos uma sociedade que não dê as costas aos idosos depois que eles deixem a força de trabalho. A Previdência Social e o Medicare estão lá para ajudar a garantir que as pessoas tenham proteções básicas quando entrarem em uma fase da vida que não é mais voltada para o emprego. Os programas existem porque queremos que as pessoas possam ter os cuidados médicos de que precisam e a segurança de um complemento de renda estável para que possam viver uma vida decente.

O governo federal gastou US$ 1 trilhão em programas de saúde em 2017. Três quintos disso foram gastos no maior programa federal de seguro de saúde dos Estados Unidos, o Medicare. O restante foi gasto no Medicaid, saúde infantil e subsídios premium para o Affordable Care Act (legislação americana que proporciona subsídios para seguro saúde). Outros US$ 945 bilhões foram pagos na forma de benefícios da Previdência Social para idosos, seus dependentes e pessoas com deficiência. Ao todo, esses chamados programas de direitos e benefícios custaram quase US$ 2 trilhões, ou cerca de metade de todo o orçamento federal.[68] São números grandes. Mas, como aprendemos, é tudo que são: números. Nós podemos pagar por eles. Mas e os recursos reais?

Aqueles nascidos nos anos de recordes de nascimentos, entre 1946 e 1964 (o chamado baby boom do pós-guerra), estão deixando o mercado de trabalho. Nos próximos dezoito anos, uma média de 10 mil americanos fará 65 anos todos os dias. Muitos continuarão a trabalhar por mais alguns anos, mas todos se tornarão elegíveis para o Medicare assim que completarem essa idade. Em 2030, pela primeira vez em sua história, os EUA terão mais pessoas com 65 anos ou mais do que crianças com menos de 18 anos.[69] Os nascidos naquela geração constituirão um quinto da população.

Precisamos estar preparados. Uma pessoa de 70 anos requer mais assistência médica, diferente de uma pessoa de 35 anos, que precisaria de creches para cuidar dos filhos. Isso significa que a economia precisará produzir mais de algumas coisas e menos de outras. E, sem um aumento surpreendente no tamanho de nossa futura força laboral — como outro "baby boom" ou um novo influxo de imigrantes —, teremos que atender a essas necessidades com uma força de trabalho cada vez menor. Devemos começar a nos preparar agora. Precisamos treinar mais médicos e enfermeiros, construir mais moradias assistenciais e investir em infraestrutura, educação, pesquisa e desenvolvimento (incluindo automação). Com os investimentos certos, podemos aumentar a capacidade produtiva de longo prazo de nossa economia e evitar as pressões inflacionárias que podem resultar do aumento da concorrência por uma oferta cada vez menor de bens e serviços reais.

A TMM não implica que o poder de emissão de moeda do governo lhe dá a capacidade de fazer o que quiser. Em vez disso, focamos a atenção nos limites reais que enfrentamos, para que possamos encontrar as melhores soluções possíveis. É assim que o debate deve funcionar — tomando decisões no mundo real com base em recursos do mundo real.

As propostas de corte de direitos me parecem desumanas. Talvez você sinta o mesmo. Os idosos, as pessoas com deficiência e os pobres têm direito a uma vida decente e segurança financeira porque são humanos, não porque algum fundo fiduciário diz que há dinheiro suficiente para cuidar deles. Esses programas e os valores que representam devem fazer parte da estrutura da nossa sociedade. Mas mesmo que você discorde de mim, devemos ter essa conversa com um entendimento adequado sobre as finanças do governo.

Quando olhamos para o futuro e pensamos em qual seria a melhor forma de atender às nossas necessidades, devemos parar de fazer a pergunta "Como vamos pagar por isso?", e começar a perguntar "Que recursos precisamos para isso?".

Não vivemos em um mundo perfeito. Nossos recursos reais não são infinitos. Se quisermos fazer algo para melhorar nossas vidas — proporcionar assistência médica para todos, ou garantir que todo mundo possa se aposentar com segurança financeira, ou proteger todos os cidadãos da pobreza — haverá momentos em que teremos que escolher entre esses e outros objetivos.

Precisamos nos preparar hoje, investir naquilo que pode nos tornar produtivos o suficiente para cumprir nossas metas sem causar inflação. Tudo o que nos ajuda a fazer isso — incluindo automação, melhor infraestrutura, acesso à educação, pesquisa e desenvolvimento, ou melhorias na saúde pública — é um investimento inteligente no futuro.

Nós conseguimos bancar nossos programas de benefícios depois da Guerra Civil; nós conseguimos bancá-los no século XX, e nós podemos bancá-los agora. A guerra sobre os direitos e benefícios está enraizada em uma forma de pensar ultrapassada a respeito da natureza do dinheiro e do propósito real da tributação. Ela nos impede de termos um debate mais aprofundado sobre nossas prioridades, sobre o tipo de sociedade em que desejamos viver e sobre os recursos necessários para construí-la.

Nosso grande desafio não é o custo. É garantir que nossa economia esteja gerando a combinação certa de produção pelas próximas décadas. O problema não é uma falta de bits e bytes em uma planilha eletrônica. O problema é a falta de visão. Há muitas formas de se melhorar a vida para todos nós, mesmo em um mundo de recursos limitados, se nós formos inteligentes o suficiente para imaginá-las e corajosos o suficiente para tentar realizá-las.

7

OS DÉFICITS QUE IMPORTAM

> Enquanto houver muito, a pobreza é o mal.
> O governo deve estar seja onde for que o mal
> precise de um adversário, e onde houver pessoas
> em sofrimento.
>
> — JOHN F. KENNEDY

Eu vim para Washington em 2015 para me unir à equipe dos democratas no Comitê de Orçamento do Senado.

Nessa época, estávamos todos passando pela dura recuperação da Grande Recessão.

Por décadas, os Estados Unidos vêm colocando confiança e poder nas mãos de uma rede global de elites financeiras e políticas, que falharam profundamente em lidar com as preocupações econômicas da maioria das pessoas do planeta. O derretimento econômico apresentou uma breve oportunidade para repensarmos nossas prioridades. O Presidente Obama havia sido eleito a tempo de ver as consequências da crise, com mandato pela mudança e de maioria sólida em ambas as câmaras do Congresso. Mas, no momento em que cheguei, os republicanos haviam tomado controle tanto da Câmara como do Senado, e o status quo da prudência e cuidado insensatos a respeito dos gastos deficitários — ao menos para programas sociais — havia voltado com sede de vingança.

Os democratas eram minoria, o que deixou os republicanos com poder de decidir e estabelecer objetivos. Isso nos colocou na defensiva. Enquanto eu participava de reuniões e ajudava na preparação dos pontos de discussão, imaginava as possibilidades de quando se é maioria: focar as metas nos inúmeros desafios enfrentados pelo povo americano e redigir um orçamento que ajudaria milhões de pessoas a ter uma vida mais segura, produtiva e feliz. Mas, com os democratas em minoria, eu tinha pouco poder para fazer qualquer coisa.

E, na verdade, pode não ter importado muito. Apesar de todo o rancor entre os partidos, todos estavam praticamente no mesmo ponto quando se tratava de como o governo federal "recebe" o dinheiro que gasta na economia. Democratas e republicanos viam o orçamento federal da mesma forma com que viam seu próprio orçamento doméstico — pela visão de um usuário de moeda em vez de um emissor de moeda. Os dois lados concordavam amplamente que o país enfrentava uma crise fiscal iminente e simplesmente trocavam farpas sobre a causa raiz do problema: os democratas se concentravam em cortes de impostos e guerras caras, enquanto os republicanos culpavam os gastos excessivos em programas como a Previdência Social, o Medicare e o Medicaid.

Mesmo se estivéssemos no poder, suspeito que os democratas teriam se curvado ao mito do déficit. Com o senador Sanders no comando, o foco teria pendido para uma abordagem Robin Hood: tributar os ricos (ou cortar o orçamento de defesa) para bancar gastos mais generosos em outras áreas. Mas, dadas as realidades políticas, evitar qualquer aumento no déficit provavelmente continuaria sendo uma prioridade.

Lá estava eu, nos corredores do poder, a economista-chefe dos Democratas, onde eu deveria ter conseguido fazer com que os insights da TMM fossem ouvidos. Pelo contrário, eu duvidava que minhas ideias pudessem causar qualquer impacto que fosse. Eu não conseguia suportar o pensamento de que eu havia tirado uma licença do meu trabalho como professora, havia me distanciado de amigos e da família, passado a residir em Washington, DC, para me cercar de pessoas que passavam a maior parte de seu tempo se preocupando com o déficit no orçamento. Eu passei muito do meu tempo mergulhada em frustração.

E então me ocorreu a ideia: um déficit é meramente a lacuna entre aquilo que temos e aquilo de que precisamos. A definição literal do dicionário *Merriam-Webster's Collegiate Dictionary* classifica um déficit como uma "deficiência em quantidade ou qualidade" ou "uma falta ou lesão em uma habilidade ou capacidade funcional". O déficit fiscal de nosso governo não era motivo de preocupação, mas os Estados Unidos enfrentavam outros déficits de extrema importância: déficits de bons empregos, no acesso a cuidados de saúde, em infraestrutura de qualidade, déficit de limpeza do meio ambiente, de clima sustentável e muito mais. Se os senadores da Comissão de Orçamento queriam tanto falar sobre déficits, por que não falar sobre esses déficits?

Por sorte, o diretor do Escritório de Orçamento do Congresso (CBO) — Doug Elmendorf, na época — havia agendado uma apresentação perante a Comissão de Orçamento do Senado. Era uma coisa rotineira, e eu sabia exatamente o que esperar. Elmendorf chegaria em um terno abotoado, usando óculos e carregando uma cópia do relatório com as últimas perspectivas orçamentárias de longo prazo do CBO. Ele começaria apresentando ao comitê as principais descobertas do relatório, chamando a atenção para os déficits orçamentários projetados e alertando sobre o risco potencial de uma crise da dívida se o governo não conseguisse colocar sua casa fiscal em ordem. Depois, os vários senadores se revezariam sob os holofotes ou discutiriam se precisávamos cortar gastos ou aumentar impostos para resolver o problema do déficit. Eu não podia suportar a ideia de ficar sentada perante um exercício tão inútil. Então, eu tracei um plano.

Meu chefe era o membro mais importante do comitê, e era algo costumeiro ele fazer comentários preparados logo após a declaração de abertura do presidente da câmara. Nossa equipe foi convidada a redigir essas observações. Decidi que essa era minha brecha — minha única chance de forçar para que acontecesse uma conversa inteiramente nova. Propus à equipe que ignorássemos completamente o déficit fiscal e falássemos sobre os déficits que realmente importavam.

Felizmente, o senador Sanders ouvia e se preocupava profundamente com as pessoas comuns. Ele olhava para o orçamento federal da mesma forma que eu — como um documento moral e uma expressão de nossas prioridades nacionais. Ambos acreditávamos que, em vez de uma nação de individualistas endurecidos e dispersos, os americanos compartilhavam um destino interconectado; que todos nós passamos por altos e baixos juntos, como um povo. Com esse espírito como nossa base compartilhada, Bernie, sua equipe e eu concordamos em remodelar seus comentários de abertura: em vez de discutir outra vez como reduzir déficits fiscais projetados, nós deveríamos falar sobre nossos outros déficits — em infraestrutura, em empregos, em educação, na saúde etc.

Coube ao próprio Bernie vender a mudança de foco. E ele deu conta: após a audiência, uma manchete no *The Hill* — a publicação do setor para o Congresso — declarava: "Bernie Sanders muda o script com plano de 'déficits'".[1]

Os déficits que identificamos são os que mais afetam as pessoas comuns, e eles vêm sendo ignorados há muito tempo. Eles são o que está no cerne de qualquer sociedade decente. Nossa infraestrutura nacional está desmoronando. O custo da educação universitária está cada vez mais fora de alcance, e 45 milhões de americanos estão sobrecarregados com mais de US$ 1,6 trilhão em dívidas de empréstimos estudantis. A desigualdade de renda e riqueza está em uma alta próxima de recordes; trabalhadores medianos viram seus salários reais aumentarem apenas 3% desde a década de 1970. Quase um em cada quatro americanos diz que nunca será capaz de se aposentar. Nosso sistema de saúde é inadequado, para dizer o mínimo, com 87 milhões de pessoas sem seguro, ou mal seguradas. "Mudar o roteiro" é tão necessário agora quanto foi no passado.

No nível conceitual mais básico, o processo orçamentário federal dos Estados Unidos é uma bagunça completa, totalmente incapaz de lidar com essas crises acumuladas. É um processo que pressupõe que o governo tenha restrições de caixa, e não que seja um emissor de moeda. Por sua própria natureza, deixa seus participantes cegos para qualquer objetivo final que não sejam orçamentos fiscais "equilibrados" no longo prazo. É um processo montado por tecnocratas para restringir as opções de políticas, para priorizar as necessidades de entradas em livros contábeis abstratos, em detrimento das necessidades dos seres humanos de carne e osso.

Agora, mais do que nunca, devemos falar sobre os déficits que importam. Então, vamos a isso.

O DÉFICIT DE BONS EMPREGOS

Rick Marsh gastara 25 anos de sua vida na planta da GM em Lordstown, em Ohio, quando ela fechou nos primeiros meses de 2019. O pai de Marsh, um funcionário de sindicato eleito, havia trabalhado lá antes dele. Aquele havia sido, como citou o *New York Times*, "o único emprego de verdade que ele já teve".

Marsh tem uma casa e uma filha com paralisia cerebral. Ele poderia conseguir um emprego nos campos de gás natural no oeste da Pensilvânia, trabalhando por cerca de metade do salário que recebia na GM. Ou ele poderia usar seu longo histórico de trabalho para tentar se transferir para uma fábrica da GM em outro lugar. Mas ele e sua esposa não podem fazer uso de nenhuma das opções, pois significaria abrir mão da extensa rede de apoio — na escola e de serviços locais — que eles meticulosamente construíram para a filha.[2]

A história de Marsh é comum. A empregabilidade industrial nos Estados Unidos permanece bem abaixo dos níveis vistos antes do NAFTA, do acordo da OMC e de outros acordos comerciais, voltados para as corporações, que passaram a perna na indústria de Marsh e em muitas outras. A crise financeira também não ajudou. Nos oito anos que se seguiram a 2008, os americanos perderam 212 mil empregos em telecomunicações e 122 mil empregos na indústria manufatureira. Os empregos no setor público — trabalhos que geralmente proporcionam salários dignos e bons benefícios — também diminuíram. Os governos estaduais e municipais cortaram cerca de 361 mil empregos, e os Correios dos EUA demitiram 112 mil trabalhadores.

Sim, a economia vem lentamente se recuperando desde o colapso de 2008, e continuava a gerar empregos até o momento em que este livro foi escrito. O desemprego esteve em 3,7% no início de 2020, bem abaixo dos 10% do auge da Grande Recessão. No entanto, esse novo aumento de empregos se concentrou predominantemente em ocupações de baixa qualificação e baixa remuneração. É por isso que milhões de pessoas estão trabalhando em dois ou três empregos para ter renda suficiente para sobreviver.

"É impossível viver com US$ 8,25 por hora", disse Rocio Caravantes ao *Chicago Tribune* em 2014.[3] Na época, Caravantes tinha que trabalhar em dois empregos, esfregando o chão e limpando banheiros em hotéis de luxo no centro de Chicago, para conseguir apenas US$ 495 a cada duas semanas. Seu aluguel era de US$ 500 por mês, todos os dias ela precisava passar uma hora no transporte público para chegar ao trabalho e não podia perder um único dia de trabalho. Caravantes disse ao *Tribune* que achava que, se fosse uma boa trabalhadora, seu salário aumentaria. "Eu estava errada", disse ela. Enquanto isso, US$ 8,25 por hora continua sendo o salário mínimo em Illinois. O mínimo federal é de apenas US$ 7,25 por hora.

Não há surpresa em saber que 40% dos americanos dizem que não seriam capazes de desembolsar US$ 400 se passassem por uma emergência.[4] E não duvide, a causa disso é trabalho mal pago. Se houvessem muitos trabalhos bons por aí, não seria o caso de faltar renda. Se o mercado de trabalho estivesse realmente saudável e forte, os empregadores seriam forçados a aumentar os valores dos salários para atrair empregados.

Talvez tenhamos recuperado a quantidade de empregos disponíveis, mas a qualidade dos novos trabalhos é muito inferior. O setor de serviços de alimentação, por exemplo, gerou 2 milhões de empregos, enquanto o varejo os ampliou em 1,2 milhão. De acordo com a publicação "Economic News Release" (em tradução livre, Publicação de Notícias Econômicas), do Departamento do Trabalho dos EUA, o salário médio anual de trabalhadores do varejo é de US$ 28.310, e funcionários de serviços de alimentação e preparação recebem renda ainda menor — em média, pouco mais de US$ 22.000. Na verdade, quase três quartos dos empregos gerados desde a crise de 2008 não pagam mais de US$ 50.000 por ano, e a maioria paga significativamente menos que isso. Os salários ajustados pela inflação para o trabalhador médio cresceram apenas 3% dos anos 1970 a 2018. E os trabalhadores no quinto inferior da escala de renda viram um declínio nos seus salários durante esse período.[5]

Não há razão inerente para que empregos no setor de varejo ou de serviços de alimentação devam pagar menos do que os empregos que vieram antes. Mas essas são indústrias nas quais os sindicatos nunca foram capazes de alcançar a

OS DÉFICITS QUE IMPORTAM

posição que conquistaram na indústria manufatureira nos meados do século; são indústrias em que os empregadores detêm toda a influência e usam todos os truques na manga — da terceirização às franquias, passando pela contratação de temporários em vez de trabalhadores em tempo integral — para manter os pagamentos e os benefícios os mais baixos possíveis.

Há também um aspecto geográfico em tudo isso: os lugares onde se pode encontrar empregos não são os mesmos de antes. Várias décadas atrás, durante a recuperação da recessão de 1990-1991, os mercados rurais e as pequenas cidades do interior tiveram algumas das maiores taxas de geração de empregos do país. Mas essa capacidade de restabelecimento diminuiu desde então: na recuperação após a Grande Recessão, as maiores taxas de crescimento de emprego ocorreram em áreas urbanas e grandes cidades como Los Angeles, Nova York e Houston. Os empregos em áreas menos povoadas e regiões rurais cresceram a uma taxa inferior a um terço da anterior.[6] Em alguns lugares, não houve recuperação efetiva desde 2008. O mercado de trabalho simplesmente encolheu e assim ficou.

Cairo, em Illinois, costumava ser uma cidade movimentada no cruzamento dos rios Mississippi e Ohio, com lojas, drive-ins e boates. Mas a desindustrialização e as degradações do racismo — Cairo é de maioria afro-americana — atingiram a cidade com tudo. Agora, a cidade tem duas lojas da Dollar Generals e algumas outras lojas do mesmo proprietário. O autor e fotógrafo Chris Arnade perguntou a Marva, uma professora local de 47 anos, a razão de ter permanecido ali, e a resposta foi simples: "[Cairo] é minha casa. É uma comunidade pequena, e é a minha família. Você não pode simplesmente abandonar as pessoas com quem você cresceu"[7]. Há certa crueldade na forma como a economia moderna dos EUA frequentemente força pessoas a escolher entre suas raízes e seu sustento. E mesmo quando as pessoas preferem partir, mudar para uma cidade totalmente nova costuma ser caro, difícil e arriscado.

Enquanto isso, os americanos que têm a sorte de viver nos lugares onde o número de empregos esteja crescendo ainda precisam aceitar trabalhos piores do que antes. Esse fenômeno — no qual pessoas são destituídas de um trabalho bem remunerado e só podem substituí-lo por um emprego mal remunerado e incompatível com suas habilidades e sua educação — é o que os economistas chamam de subemprego. Por exemplo, Lisa Casino-Schuetz, mãe de dois filhos, fez mestrado e já teve um emprego estável com um salário de seis dígitos. Então veio a crise, o emprego se foi e Casino-Schuetz teve que aceitar um trabalho em um centro médico esportivo por US$ 15 a hora. Depois, ela foi demitida e só encontrou trabalho fazendo atendimento ao cliente para a Amazon. E então, esse também desapareceu. "Você se pergunta: 'Por que eu? O que eu fiz de errado?'", disse ela[8].

O subemprego afeta uma gama tão ampla de pessoas que a escritora Andrea Thompson dedicou um blog inteiro a sua coletânea de histórias. Inclui até sua própria avó, de 64 anos: cozinheira durante toda a vida, a avó de Thompson enfrentou uma série de cirurgias médicas e agora é uma merendeira mal paga na escola local. Com diabetes recentemente diagnosticada, ela não pode arcar com os custos de cuidados de saúde associados à sua condição médica.

Essa percepção descontrolada de que qualquer um é descartável afeta os americanos de diversas formas, para além de emprego e pagamento. Em uma pesquisa de 2008 da Associação Psiquiátrica Americana, dois terços dos consultados disseram que se preocupam em relação a conseguir pagar suas contas. As únicas preocupações em nível comparável foram a saúde pessoal e a segurança de suas famílias — e ambas são afetadas pelo status financeiro. Como o site da APA cita, "cerca de três quartos das mulheres, cerca de três quartos dos jovens adultos (de dezoito a vinte e quatro anos) e cerca de quatro em cada cinco adultos hispânicos estão pouco ou extremamente ansiosos a respeito de conseguir pagar suas contas". Uma pesquisa de 2017 no *Journal of Community Health* (Jornal de Saúde da Comunidade) mostrou que um em cada três americanos que trabalham acredita que seu emprego não é seguro.[9] A percepção de vulnerabilidade está correlacionada com chances significativamente maiores de males como obesidade, sono ruim, tabagismo, dias de trabalho perdidos e piora da saúde em geral. Os economistas Susan Case e Angus Deaton estudaram o aumento acentuado da mortalidade entre americanos brancos de meia-idade desde 1999 e descobriram que as causas maiores

OS DÉFICITS QUE IMPORTAM

eram suicídio, drogas e alcoolismo — as chamadas "mortes por desespero". Ansiedade econômica foi o principal fator impulsionador dessas mortes.

Trabalhadores dos Estados Unidos não são os únicos que enfrentam esses desafios. David N. F. Bell e David G. Blanchflower descobriram que, após a crise financeira de 2008, o subemprego derrubou os salários na maioria dos 25 países europeus que eles pesquisaram.[10] Mas os americanos têm uma montanha mais difícil de escalar, diferente de seus colegas europeus. O emprego nos EUA está em situação desfavorável quando comparado a diversos países europeus. Além disso, os EUA são o único país desenvolvido que não exige que seus empregadores ofereçam licença-maternidade remunerada — na verdade, é o único que não exige que os empregadores ofereçam licença remunerada de qualquer tipo. Alguns empregadores americanos definem as suas licenças, claro. Mas no âmbito geral, os trabalhadores americanos têm pouco mais de um quarto do tempo de férias de trabalhadores na Grã-Bretanha, na França ou na Espanha.

Muito tem se falado sobre trabalhos bem pagos da indústria que foram para outros países e o impacto que isso vem impondo ao sonho americano. No meio-oeste industrial, em 2016, Trump conseguiu uma vitória inesperada ao prometer um retorno à grandeza e a uma época em que seria possível manter um emprego na indústria e viver uma vida estável e gratificante. Meu palpite é que o que as pessoas realmente anseiam são aqueles dias em que um único provedor na família podia sustentá-la, comprar uma casa, colocar dois carros na garagem, mandar os filhos para a faculdade, sair de férias com a família uma vez por ano e aposentar-se com uma pensão decente. Isso resultou na frase "bring back manufacturing jobs" ou "make America great again". Mas o que está sendo falado aqui, na realidade, é de substituir a sensação perdida de segurança empregatícia, e recuperar aquilo que um emprego de renda média já foi capaz de proporcionar.

Em última análise, o déficit de bons empregos se resume à forma como o dinheiro flui pela economia. No momento, esses fluxos concedem bons salários e grandes benefícios a uma pequena parcela de americanos afortunados, e baixos salários e poucos, ou nenhum, benefícios para muitos outros. Mas o dinheiro, como observa a TMM, é o único recurso que não irá faltar ao governo federal. Não há razão para que qualquer emprego — seja de balconista de varejo, ou cozinheiro de restaurante fast food, ou zelador de hotel de luxo em Chicago — não possa ser um bom trabalho, com remuneração, quantidade de horas equilibrada, segurança e benefícios dignos.

O próximo capítulo explicará como a proposta da TMM de criar uma garantia federal de emprego pode estabelecer um padrão básico a ser cumprido por todos os empregadores, com um salário digno e um pacote de benefícios para quem quiser. A TMM também oferece outras ferramentas para enfrentarmos os problemas de licenças remuneradas e férias, para que nossa qualidade de vida melhore; devido a isso, nossa saúde e nossa sensação de bem-estar melhoraria também. Essas ideias podem proporcionar pleno emprego real, aumentando a renda dos que estão na base e espalhando os benefícios pela escala de renda para, assim, eliminar efetivamente o déficit de empregos bem remunerados nos Estados Unidos.

À medida que transformamos nossa economia, em busca de alcançar um futuro mais verde, mais seguro e protegido, podemos dar aos americanos a qualidade de trabalho que eles merecem.

O DÉFICIT DE POUPANÇA

O déficit de bons empregos causa toda sorte de reverberações pela sociedade americana. A perda de bons empregos significa perda de bom pagamento; o que, por sua vez, resulta em falta da capacidade de economizar. Houve um tempo em que, para muitos americanos, era algo razoável esperar que um diploma de faculdade levasse a um emprego bem remunerado, que proporcionaria segurança, benefícios de saúde decentes (se não ótimos) e à perspectiva de uma aposentadoria estável. Não mais. Ao invés de poupar para seus anos dourados, os trabalhadores ainda estão quitando dívidas estudantis, que avançam pelos quarenta, até cinquenta anos. Eles se questionam se um dia terão o suficiente para se aposentar. Se têm filhos, estão estressados para pagar por sua educação.

E aqui entra o déficit de poupança.

De fato, é cabível dizer que o trabalhador americano típico não tem dinheiro guardado para se aposentar. Um estudo descobriu que o saldo médio de contas de aposentadoria entre pessoas em idade produtiva nos Estados Unidos é... Zero.[11] Outras pesquisas mostram que a parcela de americanos que não têm nada economizado para a aposentadoria varia de 21%[12] a 45%[13] — e essas porcentagens ficam ainda maiores quando você inclui pessoas cujas economias variam de US$ 5.000 a US$ 10.000. De longe, as maiores razões que as pessoas dão para a falta de economias são renda insuficiente e o custo das contas. Nada menos do que 66% dos americanos acreditam que viverão por mais tempo do que durará aquilo que economizaram.[14] Há um pouco mais de 200 milhões de americanos em idade produtiva, e mais de 100 milhões não possuem nenhum tipo de ativo de aposentadoria — seja um plano 401(k), uma conta individual de aposentadoria ou pensão.[15] Previsivelmente, os trabalhadores de baixa renda estão em situação ainda pior: 51% não têm poupança para aposentadoria.[16] Os trabalhadores que têm contas de reservas para aposentadoria têm um saldo médio de $ 40.000. Ainda assim, 77% dos americanos não têm economias para aposentadoria adequadas para sua idade e nível de renda. Em junho de 2019, uma em cada cinco pessoas com mais de 65 anos estava trabalhando, se não procurando ativamente por um emprego.[17] Outra pesquisa de 2019, do Associated Press — NORC Center for Public Affairs Research, descobriu que quase um quarto dos americanos tem expectativa de nunca se aposentar.

Nem sempre foi assim. Os baby boomers atingiram a maioridade em períodos relativamente tranquilos de crescimento econômico. Seus pais, da chamada "Greatest Generation", nasceram na Grande Depressão, mas viveram períodos de progresso. A Previdência Social foi criada, o projeto de lei GI (de benefícios para veteranos da Segunda Guerra Mundial) foi promulgado, o seguro-desemprego foi expandido e a economia experimentou um boom de décadas após a Segunda Guerra Mundial. Esse crescimento certamente foi desigual, os afro-americanos foram amplamente excluídos pela segregação, e alguns desses períodos foram marcados por conflitos políticos. Mas essas gerações normalmente esperavam superar seus pais. O sonho americano estava vivo e seguia bem, pelo menos para a maioria. A expectativa de vida e outros indicadores de saúde estavam, em geral, melhorando, e ganhos de produtividade eram compartilhados entre empregadores e funcionários. A Sears, que recentemente entrou com pedido de falência, dividiu os frutos de seu sucesso com os trabalhadores durante as décadas de 1960 e 1970. Todos os funcionários, de zeladores a altos executivos, usufruíam de opções de ações, programas de participação nos lucros e pensões.

Como já vimos, os cenários de desgraça e tragédia para a Previdência Social são meras perpetuações do mito do déficit. Mas uma grande mudança, que realmente detonou a segurança de aposentadoria dos americanos, foi o desaparecimento dos planos de pensão de benefício definido.

Esses tipos de planos — que garantiam um pagamento fixo de renda na aposentadoria — costumavam ser uma providência para a geração do tempo pós-guerra imediato (sem mencionar benefícios de saúde abrangentes e, em muitos casos, um cartão sindical). Mas, por volta de 1980, os empregadores começaram a substituir as pensões por planos de contribuição definida, como o 401(k), em que a renda de aposentadoria que o plano paga depende de quanto os funcionários são capazes de investir ali ao longo de seu tempo hábil. Por via de regra, atualmente, espera-se que os trabalhadores economizem para a aposentadoria. Mas eles não podem economizar enquanto estão lutando para sobreviver.

Muitas famílias agora refletem o título do livro da senadora Elizabeth Warren, *The Two-Income Trap: Why Middle-Class Parents Are Going Broke* ("A Armadilha de Duas Rendas: Por que os Pais de Classe Média Estão Indo à Falência", em tradução livre), escrito em coautoria com sua filha, Amelia Warren Tyagi. Com os salários estagnados e os custos com saúde e mensalidades universitárias subindo, ambos os pais são forçados a trabalhar para cobrir os custos básicos, lutando para manter suas famílias na classe média, enquanto experimentam altos níveis de insegurança em relação ao futuro. Embora publicado em 2004, a premissa central do livro — o esvaziamento da classe média — só se tornou mais urgente e difundida hoje. Os custos educacionais crescentes significam que eles têm que pagar mais pelas mensalidades da faculdade de seus filhos; acrescenta-se a isso os custos progressivos com cuidados de saúde, além de benefícios de saúde

OS DÉFICITS QUE IMPORTAM

reduzidos pelo empregador, o que corrói ainda mais o poder de economizar. O desaparecimento gradual das pensões de benefício definidas priva indivíduos e famílias de segurança de renda, aumentando a necessidade de se poupar, mesmo quando se tornou mais difícil guardar dinheiro.

O déficit de poupança vem persistindo ao longo da "recuperação" da Grande Recessão. Um artigo recente do *Wall Street Journal* descreveu como as famílias, em vez de economizar para o futuro, vêm se endividando através de empréstimos pessoais não segurados e outras formas de financiamento, para permanecer precariamente dentro da faixa de renda média. As dívidas, em separado das hipotecas habitacionais, saltaram para US$ 1 trilhão de 2013 a 2019, sendo que esse aumento é principalmente atribuído a níveis crescentes de endividamento estudantil, financiamento de carros e dívidas de cartão de crédito. Em um exemplo, um casal jovem de West Hartford, em Connecticut, ambos com 28 anos, ganha US$ 130.000 por ano, os dois trabalhando em empregos de tecnologia. Juntos, eles têm US$ 51.000 em dívidas estudantis, US$ 18.000 em empréstimos para compra de automóveis e US$ 50.000 em dívidas de cartão de crédito. Adicione a isso uma hipoteca de $ 270.000, os custos de uma filha bebê e creche. Eles nunca mais saíram para comer, e tiveram que se endividar ainda mais depois de um acidente de carro. Um casal da área de Seattle, ambos com 34 anos, com uma renda combinada de US$ 155.000, tem US$ 88.000 em dívidas estudantis e US$ 1.200 dólares por mês em custos de escola para o filho. Eles pagam US$ 1.750 de aluguel por mês porque não podem comprar uma casa de dois quartos em Seattle, onde o valor médio de uma casa é de quase US$ 750.000. Esses dois casais, mesmo com suas rendas conjuntas relativamente altas, não podem adquirir uma moradia, muito menos economizar dinheiro.[18]

Não é de surpreender que o déficit de poupança e economias tenha características diferentes entre grupos raciais e étnicos. Um estudo do Economic Policy Institute, que rastreou as economias de aposentadoria de famílias chefiadas por pessoas de 32 a 65 anos, encontrou graves disparidades entre brancos, afro-americanos e hispânicos. Enquanto 65% das famílias brancas tinham alguma poupança em 2013, apenas 26% das famílias hispânicas e 41% das famílias afro-americanas tinham algo

O MITO DO DÉFICIT

reservado para a aposentadoria. Quanto à relação do número de famílias que tinham economias antes da Grande Recessão, esses números representam reduções de 12% para hispânicos e 6% para negros. Entre essas famílias negras e hispânicas que têm poupança, o valor que possuem é irrisório, se comparado aos de famílias de pessoas brancas. A economia média das famílias brancas que tinham contas de aposentadoria era de US$ 73.000, enquanto se contabilizava apenas US$ 22.000 para famílias negras e hispânicas. E, novamente, diferente das famílias brancas, as contas de aposentadoria de negros e hispânicos não se recuperaram após a Grande Recessão: enquanto a economia média para brancos aumentou US$ 3.387 de 2007 a 2013, a economia média para hispânicos diminuiu US$ 5.508 e para negros diminuiu US$ 10.561.

A injustiça econômica também persiste entre homens e mulheres. Como observa o Economic Policy Institute, "em todos os níveis de escolaridade, as mulheres recebem consistentemente menos do que os homens, e o salário médio de um homem com diploma universitário é maior do que o salário médio de uma mulher com pós-graduações". As mulheres chefiam mais famílias do que nunca, então a discriminação salarial faz com que juntar economias seja ainda mais difícil para elas. E, da mesma forma, quase não há creches e escolas infantis acessíveis economicamente.[19]

O déficit de economias pode parecer insuperável. Mas vimos no Capítulo 6 que não há razão para duvidar da solvência fiscal da Previdência Social, e há muitas razões para se exigir benefícios ampliados da Previdência, e um sistema público de aposentadoria mais robusto. A TMM também nos dá ferramentas para tornar os empregos bem remunerados disponíveis para todos os americanos novamente, para não mencionar a eliminação imediata das dívidas estudantis, e tornar as creches acessíveis ou até gratuitas, o que liberaria milhares de dólares que as famílias poderiam usar para sustentar suas aposentadorias ou construir um patrimônio, comprando uma casa. As famílias trabalhadoras deveriam poupar, mas primeiro devemos construir uma economia na qual elas sejam capaz de fazê-lo.

Para fazer isso acontecer, um dos problemas mais significativos a serem solucionados é o nosso déficit de cuidados de saúde.

O DÉFICIT DA SAÚDE

Nós estamos pagando pelo déficit de assistência de saúde americano com nossas próprias vidas. Em 1970, os Estados Unidos tinham a expectativa de vida mais alta de todos os países desenvolvidos. Por volta de 2016, já ficava para trás da média da maioria desses países — em outras palavras, em relação aos membros da OECD, a Organização para a Cooperação e Desenvolvimento Econômico. Hoje, os EUA têm a expectativa de vida mais baixa de todos os membros mais antigos e avançados da OECD. A taxa de mortalidade infantil nos EUA é mais que o dobro da média de todos os países desenvolvidos — somente o Chile, a Turquia e o México têm taxas mais altas.

Nosso déficit na saúde não existe apenas quando se compara os Estados Unidos com o resto do mundo: a longevidade dos próprios americanos difere significativamente, com base em fatores como status socioeconômico e etnia. De 1980 a 2010, a expectativa de vida dos homens americanos mais ricos aumentou drasticamente para 88,8 anos. Enquanto isso, no mesmo período, caiu um pouco para os homens americanos mais pobres, para 76,1 anos. Para as mulheres, essa "variável de vida" era de 91,9 anos, para as mais ricas, e 78,3 anos, para as mais pobres.

Ou podemos tomar como exemplo um lugar específico, como Baltimore: nas áreas de baixa renda da cidade, a expectativa de vida é quase 20 anos menor do que nas áreas mais ricas. Em bairros como Madison-Eastend, em que a população é composta de 90% de negros, a expectativa de vida era inferior a 69 anos, enquanto nos bairros próximos de Medfield, Hampden, Woodberry e Remington, cujos moradores são 78% brancos, a expectativa de vida é de 76,5 anos.[20]

Não é que os EUA não gastem dinheiro com saúde. Na verdade, gastamos muito mais do que qualquer outro país desenvolvido: US$ 10.586,00 per capita, de acordo com dados da OCDE. Isso é mais que o dobro do gasto per capita do Canadá, de US$ 4.974, por exemplo. A Espanha gasta US$ 3.323, e é previsto que tenha a expectativa de vida mais alta até 2040, uma média de 85,8 anos. Nessa época, a previsão é de que os EUA estejam em 64º lugar, com estimativa de 79,8 anos para o indivíduo médio. Então, qual é o problema? Se estamos gastando mais dinheiro, por que não estamos vivendo vidas mais longas e saudáveis?

Cerca de 28,5 milhões de americanos ainda não têm seguro de saúde, o que significa que muito mais pessoas ficam sem cobertura de saúde nos Estados Unidos do que em qualquer outro país semelhante. Na verdade, o número de pessoas com seguro de saúde nos EUA está em declínio devido aos esforços republicanos para enfraquecer o Affordable Care Act (em tradução livre, Lei de Proteção e Cuidado Acessível ao Paciente, conhecida também como *Obamacare*). Além disso, mesmo as pessoas com cobertura de saúde, muitas vezes, acabam tendo que se esforçar para pagar os cuidados de que precisam, devido à inadequação da cobertura oferecida. Isso é chamado de problema do subseguro. E quando você combina isso com as pessoas que não têm seguro de saúde, o número total de americanos que não têm tal cobertura de que precisam atingiu 87 milhões em 2019.[21]

Muitas pessoas com planos de saúde — mesmo coberturas "boas", proporcionadas por empregadores — por vezes são forçadas a pagar milhares de dólares em franquias e coparticipações, do próprio bolso, se precisarem de cuidados médicos. Com o Affordable Care Act, por exemplo, a franquia individual média era superior a US$ 6.000 para um plano bronze em 2017, e a franquia familiar média era de quase US$ 12.400.[22] Em uma emergência médica inesperada, esses indivíduos ou famílias teriam que pagar até US$ 6.000 ou US$ 12.400, respectivamente. E você se lembra de que 40% dos americanos relatam que teriam problemas para encontrar US$ 400 extras para uma crise repentina?[23] De acordo com o Censo Demográfico, despesas relacionadas à saúde levaram 8 milhões de pessoas à pobreza em 2018.[24]

Pesquisas indicam que 137 milhões de americanos se depararam com duras escolhas em função de dívidas médicas, cálculo apenas de 2019.[25] E ainda por cima, as pessoas justificam que dívidas médicas são a razão número um para sacar suas economias de aposentadoria — conectando o déficit de saúde de volta ao déficit de economias e poupança.

Quase um em cada quatro americanos relatou evitar consultas médicas devido aos custos, e quase um em cada cinco não comprou medicamentos prescritos pelo mesmo motivo. Como resultado, muitas pessoas consideradas seguradas ficam sem os cuidados de que precisam. Além disso, o seguro típico, muitas vezes, não cobre certas formas cruciais de cuidados, como oftalmologia, otorrinolaringologia ou saúde mental, e muitas outras pessoas não são tratadas porque seus problemas de saúde se enquadram nesses buracos em sua cobertura.

Outro exemplo revelador do problema do subseguro é apontado pelo analista de políticas Matt Bruenig. Suas descobertas mostram que, se os republicanos tivessem conseguido anular o Affordable Care Act em 2017, 540 mil pessoas morreriam na próxima década, porque não teriam cobertura de saúde —, e outras 320 mil morreriam por falta de cobertura, mesmo se o esforço republicano não tivesse sucesso. Esse é um ponto importante: mesmo com o Obamacare, milhões de americanos ainda não estão assegurados.[26]

Ao somar tudo isso, não é surpresa os EUA ainda estarem bem atrás de países desenvolvidos semelhantes no acesso a cuidados de saúde, mesmo após a aprovação do Affordable Care Act, em 2010. Nosso déficit de saúde leva à perda de tempo hábil e de lazer, e também ao pior tempo perdido de todos: os anos com amigos e entes queridos das muitas pessoas que os perderam, pois morreram cedo demais.

Ao menos sabemos pela TMM que nossa falha em fornecer seguro e cuidados adequados para todos os americanos não ocorre porque o governo não pode "pagar" para cobrir o custo. Ao optar por um sistema que oferece cobertura de saúde, por meio de uma rede fragmentada de seguradoras privadas, planos fornecidos por empregadores e programas governamentais de remendo, criamos um sistema de gargalos, no qual hospitais, fornecedores, empresas farmacêuticas e seguradoras privadas podem nos espremer para arrancar até o último centavo — um sistema em que os maiores lucros residem em tornar o acesso aos cuidados mais difícil para as pessoas. Se formos criar um sistema para que todos tenham direito aos cuidados de saúde de que precisam, teremos que garantir que temos os recursos reais para fazê-lo. O financiamento não é uma restrição; recursos reais sim. Eliminar o déficit de assistência médica exigirá mais médicos de cuidados primários, enfermeiros, dentistas, cirurgiões, equipamentos médicos, leitos hospitalares e assim por diante. Para cuidar adequadamente de todo o nosso povo, teremos que construir mais hospitais e centros comunitários de saúde, investir, em maior peso, na pesquisa médica e criar uma economia em que educar a próxima geração de médicos e enfermeiros não enterre os americanos em dívidas. O que nos leva a mais um déficit na vida dos EUA que precisamos resolver.

O DÉFICIT DA EDUCAÇÃO

Temos disparidades na educação, que começam na pré-escola e persistem até a faculdade, quando não vão além. Temos um sistema de credenciais que leva os alunos a uma busca aparentemente interminável de diplomas universitários — e isso está relacionado ao déficit de bons empregos, pois os empregadores exigem formação mais e mais elevada para empregos que costumavam não demandar isso.[27] O déficit de poupança também sangra para o déficit educacional: milhões de estudantes não podem arcar com os custos crescentes de se fazer faculdade, e a gigantesca montanha de dívidas estudantis resultante é um obstáculo enorme para nossa economia.

Nosso déficit de educação começa cedo, na pré-escola. Alguns locais do país empregam esforços para proporcionar educação para seus cidadãos. A cidade de Nova York, por exemplo, vem tentando oferecer pré-escola gratuita para parte de seus residentes.[28] Mas, de uma forma geral, a pré--escola é um aperto considerável para a família de trabalhadores típica, custando US$ 9.120 por ano ou US$ 760 por mês. O governo Obama avançou nessa questão ao propor o programa Pré-Escola para Todos e ao criar uma parceria, entre os governos federal e estadual, para financiar uma pré-escola de alta qualidade para crianças de quatro anos de famílias de renda baixa e média. Por meio do programa Preschool Development Grant Birth Through Five (em tradução livre, Subsídio de Desenvolvimento

Pré-Escolar do Nascimento aos Cinco Anos), mais de 28 mil alunos foram atendidos em salas de aula pré-escolares aprimoradas em dezoito estados.[29] Além disso, Obama assinou o Every Student Succeeds Act (ESSA, ou "Lei Todo Estudante Consegue", em tradução livre) em dezembro de 2015, uma lei bipartidária que trouxe ajuda a estudantes e famílias com necessidades de alto nível, enquanto solidificava os investimentos, mencionados anteriormente, em pré-escolas de alta qualidade.[30] Infelizmente, Trump falou repetidamente em revogar a ESSA e cortar os programas de educação da era Obama.

No nível básico (K-12, do jardim da infância ao 12° ano americano), a maior parte do financiamento para as escolas vem de impostos locais sobre a propriedade. E isso criou enormes disparidades na qualidade da educação. A receita do imposto de propriedade na zona rural pobre do Mississippi é, claramente, muito diferente da de Greenwich, em Connecticut, e a qualidade das escolas em ambos os lugares reflete isso. É óbvio que isso priva muitos alunos das oportunidades e recursos de que precisam, em áreas acadêmicas tradicionais, como leitura e matemática, e isso os desmotiva. Mas os danos se estendem até mesmo aos programas esportivos. Os esportes deveriam ser um grande nivelador, mas em análise recente do *New York Times,* nota-se que as grandes escolas de Iowa são rotineiramente derrotadas por seus vizinhos de bairros mais ricos, que têm dinheiro para treinamentos e equipamentos melhores. Na última década, os times das escolas públicas de Des Moines tiveram uma pontuação recorde de 0-104 contra suas contrapartes nos bairros ricos. Dustin Hagler, de dezessete anos, comentou: "É difícil quando você perde. Mas não é só perder. É difícil não se sentir derrotado. É como se as probabilidades estivessem contra você". Isso torna o futebol uma metáfora para a educação americana em grande escala, e a sensação de derrota de Hagler provavelmente descreve como as crianças desfavorecidas em todo o país se sentem quando não têm os mesmos recursos que estão disponíveis para colegas em distritos escolares mais ricos.[31]

O déficit em nosso sistema educacional continua no ensino superior. No ano letivo de 1987–1988, a anuidade de um curso de quatro anos em uma instituição privada era de US$ 15.160; em 2017–2018, esse custo mais que dobrou. A anuidade para instituições públicas mostra tendências

O MITO DO DÉFICIT

semelhantes: em 1987-1988 era de US$ 3.190, mas subiu para US$ 9.970 no ano letivo de 2017-2018.[32]

Os aumentos nas anuidades levaram a uma crise nacional de dívida estudantil: o mutuário médio da turma de 2017 agora deve US$ 28.650. Para os americanos que frequentam faculdades e universidades privadas sem fins lucrativos, o valor médio de endividamento é de US$ 32.300; para aqueles que frequentam instituições com fins lucrativos, a média é de US$ 39.950. Estudantes negros também são afetados de modo desproporcional. Em 2012, os estudantes negros tomaram emprestado em média US$ 3.500 a mais do que os estudantes brancos. E esse fardo discrepante leva ao aumento das taxas de evasão entre afro-americanos, em todos os tipos de ensino superior: em faculdades e universidades com fins lucrativos de quatro anos, 65% dos negros com empréstimos desistiram, em comparação com 44 % dos brancos endividados. No geral, 39% dos estudantes negros com dívidas desistiram dos estudos em 2009 — dois terços deles citaram os altos custos como motivo para a desistência.[33]

No total, nosso déficit na educação superior vem deixando 45 milhões de americanos sobrecarregados com dívidas estudantis, com suas liberdades cerceadas, sem poder contribuir plenamente com a sociedade e com a economia. O número oficial de empréstimos estudantis inadimplentes atingiu US$ 166 bilhões no quarto trimestre de 2018, mas o Federal Reserve Bank de Nova York estima que até um terço de 1 trilhão de dólares em empréstimos estudantis (US$ 333 bilhões) podem ter ficado inadimplentes durante esse período. Como aponta Alexandre Tanzi, do Bloomberg, esse número está próximo dos US$ 441 bilhões que o governo distribuiu através do TARP (o Troubled Asset Relief Program, ou "Programa de Alívio para Ativos Comprometidos", em tradução livre) após a crise financeira de 2008.[34]

Finalmente, enquanto a dívida estudantil para o ano letivo de 2017 esteve por volta de US$ 30.000, muitos devem muito mais — a dívida de alguns estudantes é acima de US$ 100.000. Os estudantes geralmente pagam de US$ 350 a US$ 1.000 por mês, entre o montante principal e juros, e esses pagamentos frequentemente fazem com que seja difícil para eles sair do porão da casa dos pais, começar uma família, comprar um carro ou até mesmo sair para comer. E vale notar que todas essas atividades dão apoio aos empregos da nossa economia.

Nós dissemos aos jovens que o caminho para se subir os degraus da renda é ir para faculdade, que esse é o caminho para maiores ganhos na vida e mais segurança financeira. Isso não é mais verdade. Você precisa de um diploma universitário para pelo menos se manter no degrau em que está. Sem ele, você corre o risco de cair na escada da renda. O problema é que os ganhos não estão aumentando para pessoas com diploma universitário; na verdade, para 60% dos graduados, os salários hoje são mais baixos do que em 2000.[35] As rendas para graduandos estão basicamente estacionadas (em termos reais) onde estavam duas ou três décadas atrás, enquanto que os custos de se frequentar a faculdade subiram acentuadamente (em termos reais). Então estamos nos sobrecarregando, e nos endividando, com a crença de que é assim que vamos avançar. E, na verdade, é assim que você corre sem sair do lugar.

De que forma a TMM pode contribuir com uma saída para o déficit da educação? A maioria do financiamento dos estudos básico vem de impostos locais, o que está fora do controle do governo federal. Mas veremos, com mais detalhes no próximo capítulo, como o dinheiro pode ser canalizado por meio de doações de programas do governo federal, ajudando a tornar os sistemas universitários estaduais gratuitos, ou pelo menos muito mais acessíveis do que são agora. A lente da TMM também mostra como poderíamos liquidar, fácil e rapidamente, todas as dívidas estudantis via governo federal, liberando renda que poderia ser gasta de volta na economia, e criando milhões de novos empregos no setor privado.[36] Finalmente, as tendências pareadas de salários estagnados e as exigências crescentes de educação na busca por empregos vêm de empregadores que estão com todas as cartas na mão. Com as ferramentas da TMM, podemos restaurar o pleno emprego e pressionar os mercados de trabalho, ajudando a devolver aos trabalhadores o poder de barganha.

Tal como acontece com os outros déficits que examinamos, quando paramos de perguntar "como vamos pagar por isso?" e passamos a examinar a questão através da perspectiva da TMM, as soluções — e a esperança — não são apenas possíveis, mas palpáveis.

O DÉFICIT DE INFRAESTRUTURA

Você já ficou sentado no carro em uma rodovia de fluxo intenso, ou esperou uma eternidade em um ou mais aeroportos do nosso país enquanto o tráfego aéreo liberava a decolagem? Não seria bom se tivéssemos maneiras mais eficientes e ecológicas de nos locomovermos? Em 2019, o *New York Times* publicou um ensaio fotográfico intitulado "Your Tales of La Guardia Airport Hell" (em tradução livre, "Suas histórias de momentos infernais no aeroporto La Guardia") sobre um dos três principais aeroportos da cidade de Nova York,[37] onde está sendo realizada uma reforma de US$ 8 bilhões — mas ainda sem ligação ferroviária para a cidade. Quantos de nós não ficamos presos no trânsito diariamente, porque as rodovias em que circulamos têm poucas faixas? E das que têm mais faixas, uma ou mais são regularmente fechadas para se tapar os buracos que vão aparecendo. Quantos não se atrasam para o trabalho, para as aulas ou para compromissos, porque os sistemas de transporte público atrasam ou estão completamente em ruínas? Quantas vezes você já ouviu seus filhos exclamarem: "A Internet está fora do ar de novo!"? Quem de vocês não ficou sentado na sala de espera do pronto-socorro do hospital, por horas, esperando para ser atendido? Ou pior, quem foi internado para atendimento, mas permaneceu em uma cama de hospital no corredor esperando que uma sala de exames ficasse disponível?

Todos nós sabemos que a infraestrutura de um país — estradas, pontes, represas, tubulações, escolas, hospitais, redes elétricas, banda larga, estações de tratamento de água e esgoto, e assim por diante — mantém sua sociedade e economia funcionando de forma fluente, cada parte tão importante quanto o todo da população. Mas, como também sabemos, a infraestrutura dos Estados Unidos não está mais à altura da tarefa. Esse é o déficit da infraestrutura.

OS DÉFICITS QUE IMPORTAM

Todos nós compartilhamos essa frustração geral. Mas, às vezes, o déficit se torna tragicamente aparente: quando uma ponte cai, trens colidem, uma barragem desmorona, ou a água potável de alguma cidade é envenenada. São nesses momentos que as pessoas acabam tendo que pagar os custos adicionais, ou se machucam, ou ainda perdem suas vidas.

Os alagamentos recentes no centro-oeste explicitaram nosso déficit de infraestrutura aparente. No verão de 2019, as águas inundaram o Nebraska e causaram a perda de 340 negócios locais e mais de 2000 residências. Fazendeiros e donos de gado sofreram os maiores danos — as estimativas de perdas ultrapassaram US$ 800 milhões em estrutura para pecuária e plantações. A Represa Spencer, construída em 1927, desmoronou e consigo a casa e a vida do morador do Nebraska, Kenny Angel. Embora a represa tivesse sido inspecionada em 2018 e a avaliação fosse de "bom estado", o relatório do Departamento de Recursos Naturais do Nebraska declarou que "existem deficiências que poderiam levar ao rompimento da barragem durante eventos de tempestades raros e extremos". Há outros leitos canalizados e barragens à beira do rompimento.[38] De acordo com o Boletim de Infraestrutura de 2017, 15.498 represas foram avaliadas como "com alto potencial de risco", que são definidas como "uma represa na qual uma falha, ou erro operacional, pode resultar em perda de vidas, além de também causar possíveis perdas econômicas significativas; estas incluem danos a propriedades ao longo do leito fluvial ou a infraestrutura importante, danos ambientais ou interrupção de funcionamento de estruturas emergenciais". O número de represas deficientes com potencial de alto risco saltou para 2170 ou mais.[39]

Na verdade, ficamos tão ultrapassados que a Sociedade Americana de Engenheiros Civis (ASCE) atribui à infraestrutura dos Estados Unidos a nota D+. Eles estimam que serão necessários US$ 4,59 trilhões para atingir os padrões apropriados, ao longo de um período de dez anos. Essa atualização daria à infraestrutura dos EUA uma nota B, que a ASCE define como "o sistema ou rede que está em condições boas a excelentes; alguns elementos apresentam sinais de deterioração geral que requerem atenção. Outros apresentam deficiências significativas. Seguro e confiável, com problemas de capacidade e de risco mínimos". A ASCE concluiu que nossas deficiências de infraestrutura mais graves abarcam a aviação, água potável, energia, gestão de resíduos, canalização de leitos fluviais, estradas, escolas e outras formas de infraestrutura de grande importância para nossa saúde, nosso bem-estar e nossa prosperidade futura. Em outras palavras, a crise hídrica de Flint, que ocorreu em 2014, é a ponta do iceberg.[40]

Tomando Nova Jersey como exemplo, a água potável da cidade de Newark apresentou níveis impróprios de chumbo em agosto de 2019,[41] possivelmente como resultado do funcionamento irregular dos filtros distribuídos em 2018. De acordo com os dados da ASCE, o estado de Nova Jersey recebeu nota D+, compatível com os Estados Unidos como um todo. A ASCE constatou que as maiores ameaças à adequação dos sistemas hídricos são a idade e a falta de reinvestimento.

Nossa necessidade mais básica de infraestrutura, talvez, foi deixada de fora do último relatório da ASCE: habitação acessível de qualidade. Dentro do déficit de infraestrutura está também um déficit nacional de moradia.

O pesquisador Peter Gowan e o jornalista Ryan Cooper estudaram o problema da moradia, em particular para as pessoas que alugam, e descobriram que a situação se tornou ainda pior desde 2008. Eles escreveram:

> O número de inquilinos sobrecarregados continua substancialmente acima de seu nível anterior à crise. Em 2007, 8 milhões de famílias gastaram de 30 a 50% de sua renda em aluguel; em 2017, esse número estava em 9,8 milhões. Em 2007, 9 milhões de famílias gastaram 50% ou mais de sua renda em aluguel; em 2017, esse número era de 11 milhões. Esses inquilinos sobrecarregados (que gastam 30% de sua renda, ou mais, com aluguel) agora representam 47% de todos os locatários.[42]

Essa deficiência na infraestrutura básica está privando as famílias pobres de terem um lugar seguro e saudável para viver. A maioria das famílias que pagam aluguel gasta mais do que os 30% recomendados de sua renda em moradia. As leis locais de zoneamento e construção também impedem a construção de novas moradias, elevando os preços no processo.

Além de tudo isso, a incapacidade das famílias de garantir moradia acessível ajuda a aumentar o déficit educacional: quanto mais rico for o distrito escolar de sua casa, maior a qualidade da escola que seus filhos frequentarão.

O déficit habitacional, que historicamente afetou os afro-americanos, também persiste. A situação dos negros em termos de propriedade habitacional nos Estados Unidos de hoje é quase a mesma dos tempos em que a discriminação habitacional era legal. Essa discriminação começou na década de 1930, quando o governo elaborou um plano para ampliar o número de moradias — mas principalmente para brancos de renda média e baixa. A segregação foi intensificada quando a Federal Housing Administration (FHA, Administração Habitacional Federal, em tradução livre) foi estabelecida. A FHA começou a traçar limites — recusando-se a fazer seguro de hipotecas — dentro e ao redor dos bairros de afro-americanos, enquanto simultaneamente subsidiava construtores que estavam produzindo loteamentos em massa, contanto que nenhuma das casas que estivessem sendo construídas fosse vendida a afro-americanos. A teoria da FHA justificava que, se os afro-americanos comprassem casas nesses subúrbios, os valores das propriedades diminuiriam, e as casas dos brancos para as quais faziam seguros perderiam valor. O racismo e o desejo dos americanos de manter os valores de suas casas foram combinados em um ciclo em que uma coisa justificava a outra. A Fair Housing Act foi aprovada em 1968, para permitir que os afro-americanos comprassem casas nesses bairros "brancos". Mas, em estatísticas de 2015, a taxa de negros com propriedades era de 33% para pessoas de 35 a 44 anos — inferior ao da década de 1960, quando a discriminação habitacional era legal e a segregação ainda era promovida pela política da FHA. Qualquer esforço para resolver nosso déficit habitacional deve, portanto, abordar com ousadia o lamentável legado da discriminação racial, que restringiu o acesso a moradias acessíveis e distritos escolares mais bem financiados.

Simplificando: podemos fazer muito mais do que estamos fazendo agora. Levar uma nota D+ é uma desgraça para uma nação que luta por grandeza. Nós precisamos modernizar empresas e residências com fontes de energia sustentáveis; construir habitação a preços acessíveis para todo o nosso povo; consertar pontes estruturalmente deficientes; cobrir o país com trens de alta velocidade; consertar nossos aeroportos; reforçar as canalizações fluviais, as barragens, os esgotos e sistemas de água; e muito mais. Construir essa infraestrutura aumentará nossa conveniência, salvará vidas, aumentará a produtividade a longo prazo da nação e aumentará a igualdade de oportunidades — sem mencionar que proporcionará a oferta dos muitos empregos bem remunerados necessários para eliminarmos o déficit de empregos.

A nova visão da TMM pode dar poder aos nossos políticos para serem mais proativos em relação ao direcionamento de investimentos. Um bom exemplo é o plano de habitação acessível da senadora Elizabeth Warren — proposto durante sua campanha pela nomeação de candidata a presidente pelos Democratas — de, no decorrer da próxima década, investir US$ 500 bilhões na construção, reabilitação e preservação de unidades para habitantes de baixa renda. Reitero que nunca é o dinheiro que falta ao governo federal para lidar com necessidades como infraestrutura e moradia; os recursos reais são a verdadeira limitação. E não há razão para se pensar que os americanos estão prestes a ficar sem concreto, aço, madeira ou metais. Na verdade, quando se trata de habitação, temos muito mais casas vazias do que americanos sem-teto.[43] Os materiais estão lá; nós simplesmente falhamos em enviar o dinheiro para o local onde precisa ir. E permitimos que o dinheiro vá para onde não é necessário, porque continuamos presos ao mito do déficit.

O DÉFICIT CLIMÁTICO

Todos os déficits que cobrimos até agora existem entre o povo americano. Mas, assim como nenhum homem é uma ilha, nenhum país ou sociedade, ou mesmo toda a raça humana o é. Nem os Estados Unidos nem a comunidade global de nações podem se sustentar sem um planeta habitável, sem ar e água limpos, solo fértil, clima estável, temperaturas confiáveis ou ecossistemas saudáveis. Isso nos leva ao déficit do clima.

A ciência indica que, para evitar os piores cenários de mudança climática, precisamos limitar o aquecimento global neste século a 1,5° C acima dos níveis pré-industriais. Os planos atuais, no entanto, limitariam a elevação da temperatura a 3 ou 4 graus Celsius acima desse nível.

O que acontecerá se não conseguirmos fechar a lacuna entre onde estamos e onde precisamos estar? Os últimos relatórios do Painel Intergovernamental sobre Mudanças Climáticas (IPCC) pintam um quadro terrível: aumento do nível do mar, inundações mais drásticas, secas mais severas, tempestades e furacões mais fortes e ondas de calor que levariam a muito mais mortes. Muitas cidades e comunidades costeiras ao redor do mundo podem se tornar inabitáveis, e mudanças significativas nos padrões climáticos podem derrubar colheitas e suprimentos de água doce, levando ao surgimento de centenas de milhões de novos refugiados pelo clima. Doenças, fome, falhas de infraestrutura e crises econômicas se tornarão piores em todo o mundo.[44]

Mesmo uma diferença entre 1,5 grau de aquecimento e 2 graus teria consequências graves. Isso exporia 37% de todos os seres humanos ao calor extremo uma vez a cada cinco anos (em vez a 14% com 1,5 grau de aquecimento)[45]; o aumento do nível do mar colocaria 10 milhões de pessoas a mais em perigo[46]; e, no geral, várias centenas de milhões de seres humanos a mais vivenciariam algum risco relacionado ao clima até 2050. Se conseguirmos limitar o aquecimento a 1,5 graus, ainda testemunharemos a morte de cerca de 70% a 90% dos recifes de coral em todo o mundo, ao passo que os oceanos absorvem mais dióxido de carbono na atmosfera e se tornam mais ácidos. Se o planeta aquecer 2 graus ou mais, essencialmente todos os corais do mundo morrerão.[47]

Quanto ao cenário de 3 graus ou mais de aquecimento, cerca de 550 mil americanos em mais de 300 mil casas nas áreas costeiras de hoje podem enfrentar "inundações crônicas" até 2045 — o que significaria inundações acontecendo mais ou menos a cada duas semanas. No final do século, esses números subiriam para 4,7 milhões de pessoas em 2,4 milhões de lares, que é aproximadamente o resultado da soma de todas as casas de Los Angeles e Houston[48]. Para dar um exemplo específico, os habitantes de Charleston, na Carolina do Sul, podem ver as inundações das marés aumentarem mais de dez vezes, de 11 por ano em 2014 para 180 por ano em 2045.

Em julho de 2019, o calor do verão no Alaska atingiu um novo recorde de 90° Fahrenheit. Se o aquecimento global persistir, esse tipo de recorde se tornará lugar comum. Até 2050, certas regiões e cidades dos Estados Unidos sofrerão ondas de calor que poderão durar um mês todo e dias de verão tão quentes que será perigoso sair ao ar livre. Chuva e precipitação virão em eventos maiores e mais espaçados, em vez de distribuídas no tempo de forma mais uniforme. A Califórnia, por exemplo, viu o número de inundações[49] e incêndios florestais gerados por secas[50] disparar já em 2019, e o efeito rebote entre chuvas fortes e períodos severos sem precipitação deve se tornar mais intenso.[51] Isso colocará uma pressão maior sobre um sistema de abastecimento de água que já está sofrendo. Pesquisas indicam que 96 das 204 bacias que abastecem os EUA com água doce podem não alcançar a demanda mensal até 2071.[52] Enquanto isso, até 2025, metade da população global estará vivendo em áreas de escassez de água, segundo estimativas da Organização Mundial da Saúde.[53] Imagine o que aconteceria com indústrias locais tão diferentes como a agricultura e os resorts de esqui, se os padrões climáticos em que se baseiam mudarem drasticamente nas próximas décadas? E o que farão as cidades e estados dos EUA que já enfrentam escassez de água, quando as fontes diminuírem ainda mais?

Em todo o mundo, as ondas de calor e as tempestades de poeira pioraram; as áreas de clima mais frio encolheram, os desertos se expandiram e a seca avançou por mais 1% de terra a cada ano, de 1961 a 2013. A agricultura na Europa já está sendo atingida pelas ondas de calor, e a agricultura americana está enfrentando fortes inundações de primavera e verão. Se o aquecimento continuar, as principais regiões agrícolas do mundo podem sofrer simultaneamente "múltiplas falhas que afetarão as reservas alimentícias do mundo", de acordo com Cynthia Rosenzweig, cientista sênior da NASA e autora colaboradora de um dos relatórios do IPCC.[54]

Nathan Hultman, da Brookings, faz uma analogia útil: durante a última era glacial, quando a temperatura global estava entre 4 e 7 graus Celsius mais fria do que hoje, a cidade de Chicago estava sob meia milha

OS DÉFICITS QUE IMPORTAM

de gelo — o que significa que, em termos globais, alguns graus de diferença podem levar a grandes mudanças no clima e nos ecossistemas. Caso não nos desviarmos de nosso curso atual, a população global experimentará uma mudança de 3 ou 4 graus na direção oposta. Em outras palavras, seja qual for o equivalente, em termos de calor, a uma montanha de gelo no topo de uma das maiores cidades dos Estados Unidos, estamos nos dirigindo para a extremidade mais baixa da faixa de aquecimento, o que tornaria esse mundo uma realidade.[55]

A atividade humana irresponsável está punindo os ecossistemas de outras maneiras também, e as mudanças climáticas irão agravar os danos. Graças à pesca excessiva, a abundante vida selvagem oceânica de todos os tipos já foi reduzida à metade do que era em 1970, de acordo com um relatório de 2015 do World Wide Fund for Nature e da Zoological Society of London. A mudança climática ininterrupta matará ainda mais, conforme a temperatura e a acidez dos oceanos aumentam.[56] Também enfrentamos uma potencial morte em massa nas populações mundiais de insetos, que já estão caindo 2,5% ao ano, de acordo com uma análise de 2019. Um terço das espécies estão em perigo e 40% estão em declínio.[57] Os principais culpados são o desmatamento e o uso de pesticidas envolvidos na agricultura humana — que, por sua vez, é afetada pelas mudanças climáticas. Mas o aumento das temperaturas em várias regiões também vem acelerando a morte de espécies de insetos que não conseguem se adaptar com rapidez suficiente. Você pode imaginar as consequências para a biodiversidade global, para a agricultura, a indústria e suprimentos de alimentos se a vida marinha e de insetos continuar a entrar em colapso.

Quando queimados, os combustíveis fósseis que liberam dióxido de carbono também liberam material particulado (ou seja, fuligem), ozônio e outros poluentes que matam uma quantidade significativa de pessoas ao exacerbar doenças cardiovasculares e outros sintomas. O material particulado sozinho causa até 30 mil mortes prematuras por ano, segundo uma estimativa de 2014.[58] Limitar as emissões para gerarem um aquecimento máximo de 1,5 grau em vez de 2 graus também evitaria que a poluição matasse, prematuramente, 150 milhões de pessoas em todo o mundo até 2100, particularmente nas principais áreas urbanas da Ásia e da África.[59]

O MITO DO DÉFICIT

Por fim, as desigualdades nacionais e globais colocarão algumas populações mais diretamente sob efeito das mudanças climáticas. Nas últimas duas décadas, 4,2 bilhões de pessoas já sofreram por conta de desastres relacionados ao clima, e aqueles em países em desenvolvimento, ou de baixa renda, são os mais atingidos. "Infelizmente, as pessoas que estão mais à mercê dos riscos climáticos são os pobres, os vulneráveis e marginalizados que, em muitos casos, foram excluídos do progresso socioeconômico", citou o secretário geral das Nações Unidas, Ban Ki-moon. Aqui nos Estados Unidos, afro-americanos de baixa renda sofreram mais e tiveram as maiores perdas quando o furacão Katrina atingiu Nova Orleans em 2005, além de serem os que tiveram mais dificuldades em se recuperar.[60]

É claro que o aquecimento global pode não destruir a civilização humana. Mas os cenários mais prováveis sugerem que a redução da pobreza global, conquistada pela humanidade, pode retroceder em décadas, o que, intrinsecamente, significa centenas de milhões de mortes adicionais.[61] Mas isso supondo que o consenso dos relatórios do IPCC não esteja subestimando, de forma significativa, o perigo.[62] Esses são apenas os cenários mais *prováveis*; podemos estar subestimando os efeitos em cascata e os ciclos de retroalimentação; isso significa que há uma chance pequena, porém real, de que as coisas como estão indo possam levar a resultados muito mais catastróficos.

"Já estamos com 1 grau de aquecimento e vendo alguns impactos significativos", escreveu Hultman, resumindo as conclusões do IPCC. "1,5 grau gerará impactos mais severos; 2 graus ainda mais; e provavelmente não desejaríamos nem ver o que acontece acima de 2 graus — embora pareça que nosso momento atual esteja nos colocando em uma trajetória de gerar um mundo com cerca de 3 graus a mais, ou acima disso."

Para atingir a meta de 1,5 grau, o mundo precisará cortar seu uso de combustível fóssil pela metade até 2030 e eliminar todo o consumo de combustível fóssil até 2050.[63] Dito sem rodeios, isso exigirá uma revisão total da civilização americana e global. Tudo exigirá grandes mudanças: a forma como praticamos a agricultura e usamos a terra, a forma como geramos energia e como projetamos nossas cidades e o trânsito. Precisaremos aumentar drasticamente a eficiência com que nossas casas, prédios, fábricas, sistemas de transporte e tudo o mais que usam energia, o que exigirá uma ampla introdução das tecnologias mais recentes, tanto aqui nos Estados Unidos quanto no exterior. Além disso, teremos que renovar completamente nossa infraestrutura nacional para melhorar a resiliência climática e eletrificar todas as formas de uso de energia, dos veículos ao aquecimento doméstico, passando pela indústria pesada. Também precisaremos de uma estruturação maciça de energia solar, eólica, armazenamento e outros investimentos, para que toda a nossa eletricidade venha de fontes renováveis — o mais rápido possível.[64]

Os Estados Unidos também têm uma responsabilidade especial a esse respeito: nós somos o segundo maior produtor mundial de emissões de gases de efeito estufa — em 15%, atrás dos 25% da China — enquanto as emissões *por pessoa* dos Estados Unidos são mais que o dobro das da China.

Essa renovação arrebatadora da sociedade americana é possível. O IPCC e outros cientistas concluem que tanto as mudanças necessárias aqui nos EUA, quanto no resto do mundo, podem ser realizadas, em maior ou menor grau, com a tecnologia já disponível. Novamente, percebermos que o limite são os recursos reais, não o dinheiro ou o "fardo" do déficit nacional, podemos ver que encerrar o déficit climático é possível, se agirmos rápido. E, ademais, todo o trabalho necessário para eliminar o déficit climático ajudará a reduzir o déficit de bons empregos; e os esforços para fortalecer nossas comunidades e cidades contra os estragos das mudanças climáticas seriam parte integrante da eliminação do déficit de infraestrutura. O Mercator Research Institute on Global Commons and Climate Change (MCC, Instituto de Pesquisa Mercator sobre Domínios Comuns Globais e Mudança Climáticas, em tradução livre) tem um relógio de carbono, contando os dias até que a humanidade tenha emitido todos os gases de efeito estufa que pode e ainda permaneça abaixo de 2 graus de aquecimento.[65] É semelhante ao Relógio da Dívida Federal dos EUA, emoldurado na cidade de Nova York, exibindo o registro histórico de gastos deficitários anteriores.[66] Mas, diferente do Relógio da Dívida Federal, o Relógio de Carbono do MCC está acompanhando um déficit que realmente importa.

No momento em que este texto foi escrito, e nas taxas atuais de emissão, temos pouco menos de 26 anos para resolver nosso déficit climático.

O DÉFICIT DEMOCRÁTICO

Você pode pensar que não deve haver nenhum déficit com mais consequências do que o que afeta o destino do clima global, que sustenta a civilização humana. Mas ainda há mais uma lacuna na vida americana que, apesar de não ser maior em seu escopo, corta mais fundo, porque esse déficit é a razão para todos os nossos outros déficits. É a razão pela qual falhamos perpetuamente em gerar empregos suficientes, a razão pela qual tantos de nós seguem em frente sem cuidados de saúde ou educação adequados; a razão pela qual nós levamos a ecologia planetária à beira do colapso; tudo isso sem ligarmos, aparentemente. É o déficit entre os poucos e os muitos, entre os poderosos e os sem poder, entre aqueles com voz e aqueles sem. É o nosso déficit democrático.

Por mais que a democracia se baseie em direitos, valores e constituições, o déficit da democracia começa, repito, com recursos — com quem tem dinheiro e riqueza e influência e poder, e quem não tem.

Lembre-se de que a TMM diz que o déficit do governo é sempre o superávit de outra pessoa. E nas últimas décadas nos EUA, à proporção que o déficit do governo aumentou, os dólares fluíram, desmedidos, para os bolsos dos ricos, criando amplo afastamento entre eles e o resto dos Estados Unidos. Tal desigualdade econômica não é novidade para o país, mas, nos últimos anos, atingiu níveis nunca vistos desde a Era Dourada e os barões ladrões (era de grande crescimento econômico nos EUA pós-Guerra Civil, de 1870 a 1900).

Considere o coeficiente de Gini, uma medida de desigualdade de renda na qual os economistas geralmente confiam. Um coeficiente de Gini de 0 significaria uma economia perfeitamente igualitária, enquanto um coeficiente de 1 significa que uma pessoa literalmente recebe toda a renda gerada. Nenhum país vivencia nenhum dos extremos. Mas o Fórum Econômico Mundial relata que, dentre os países avançados e desenvolvidos a mais tempo, nenhum tem um coeficiente Gini mais alto do que os Estados Unidos. E nossas disparidades, em rápido crescimento, não mostram sinais de redução.[67]

No entanto, muitos podem perguntar: qual é o problema? A economia dos EUA parece estar indo bem em várias outras estatísticas. A desigualdade não é o jeito de ser do mundo? Não é uma consequência natural do dinamismo e do poder criativo em nossa terra de oportunidades? A atração exercida pelas somas principescas não estimula as pessoas a se lançarem para a criatividade e a realização, beneficiando-nos a todos no processo? Em suma, a desigualdade realmente importa?

Sim, importa. A esfera econômica não é separável da esfera social e da esfera política. Renda e riqueza são ações do poder político e da influência social que os seres humanos possuem — se a primeira é distribuída desigualmente, a segunda também segue o mesmo curso.

A renda proporciona às pessoas os bens materiais essenciais, mas salários e turnos decentes também dão às pessoas tempo e estabilidade para participar da família e da comunidade. Um fato bem conhecido nas ciências sociais é que o capital social — um termo técnico para vínculos comunitários como ser membro de clubes, frequentar a igreja, ser casado, interagir com os próprios vizinhos —, que também aumenta visivelmente com riqueza e renda. A pesquisa mostra que os americanos sobrecarregados são mais propensos a se sentirem isolados e alienados como seres humanos.[68]

Enquanto a parcela da renda que vai para o 1% no topo dobrou desde 1980, a parcela que vai para os 50% na base da escala de renda caiu de mais de 20% para apenas 13%. O Presidente Trump pode vociferar que é tempo de expansão, mas a realidade é que a metade dos americanos vive mês a mês, salário a salário, enquanto 40 milhões vivem na pobreza. Uma criança em cada cinco vive na miséria.[69] A situação de pobreza, com seu estresse psicológico interminável, a insegurança alimentar e a exposição à poluição, chumbo e doenças, causa enormes danos aos seres humanos de todas as idades — mas especialmente às crianças, cujo desenvolvimento mental e físico é permanentemente afetado, deixando-os presos em ciclos de sofrimento dos quais é muito difícil de escapar.[70] Sendo sucinta, a pobreza priva as pessoas das oportunidades de florescer e participar do sonho americano.

A riqueza é tão fundamental para as questões de poder e democracia quanto a renda. Se você tem participações significativas em uma empresa, por exemplo, pode decidir como ela investe, se terceiriza, se cria empregos com baixos salários ou empregos de qualidade com bons salários e benefícios. Se você possui imóveis em um bairro, você tem imenso poder de controle sobre o preço, e quão acessível ele é para os moradores, que conciliam o pagamento da moradia e de suas contas de serviços públicos — sem mencionar a influência que exerce sobre o desenvolvimento econômico do bairro. (Aqueles que possuem propriedade, diferente de quem não possui, — e, portanto, quem decide o que acontece com a propriedade — são, na verdade, o cerne do problema da gentrificação, por exemplo.) Pessoas com grande riqueza decidem, sobretudo, o destino dos meios de subsistência de seus concidadãos. Em 2016, 10% das famílias americanas mais ricas detinham mais de 70% de toda a riqueza do país. Enquanto isso, o 1% mais rico controlava quase 40%[71] — uma parcela maior do que já havia sido registrado desde 1929, pouco antes da Grande Depressão.

Quando se tornam extremas, as desigualdades de riqueza e renda começam a ampliar as desigualdades no âmbito político. Os ricos e poderosos podem participar e colaborar com alto valor em eventos beneficentes, maximizando as contribuições políticas que lhes dão acesso e influência sobre o processo político. Em contrapartida disso, milhões desistem, convencidos de que suas vozes (e seus votos) não importam. Mais de 80% dos americanos que ganham mais de US$ 150.000 por ano votaram nas eleições de 2012, mas apenas 47% daqueles que ganham menos de US$ 10.000 foram votar. Essa tendência foi registrada em 2010 e também 2008.[72] Cerca de metade dos eleitores não participou das eleições de 2016. Um exemplo foi Milwaukee, em Wisconsin, que teve a pior participação em dezesseis anos, e a queda na participação dos eleitores de 2012 a 2016 foi muito mais grave nos bairros mais pobres da cidade. Quando o *New York Times* perguntou a Cedric Flemming — um barbeiro local que lutava para sobreviver e sofria com planos de saúde

OS DÉFICITS QUE IMPORTAM

caros — por que tantos não votaram nas eleições de 2016, sua resposta foi contundente: "Milwaukee está cansada. Ambos os candidatos são terríveis. De qualquer maneira, eles nunca fazem nada por nós". [73]

Dirija por muitas das grandes cidades e você verá bairros em dificuldades, com pessoas mal conseguindo sobreviver, prédios em ruínas, ausência de mercearias e assim por diante. Percorra uma curta distância e você poderá entrar em um bairro com casas multimilionárias ou apartamentos chiques, com porteiros uniformizados, cujos habitantes estejam vivendo um tipo de vida completamente diferente. Os sem-teto lotam as ruas de Nova York, São Francisco e Los Angeles, em quarteirões onde os bares e os restaurantes fervilham de dinheiro. Atletas profissionais assinam contratos multimilionários; cada marca e espasmo em seus corpos são examinadas instantaneamente pelos melhores especialistas, em oposição a milhões de americanos que não podem pagar nem mesmo um seguro de saúde básico. Os CEOs que falharam miseravelmente em seus empregos recebem pacotes de indenização multimilionários, enquanto as pessoas comuns são deixadas para catar as migalhas da economia que esses CEOs destruíram.

As áreas rurais dos Estados Unidos também foram fortemente impactadas por nossas desigualdades econômicas. Conforme as companhias de petróleo, o Walmart, a Amazon, treinadores de futebol universitário e pastores evangélicos da TV prosperaram, pequenas cidades foram destruídas. Vitrines fechadas, desemprego, distritos escolares empobrecidos e drogas se tornaram parte da trágica história das cidades pequenas de hoje. Um artigo recente no *The Nation* traçou o perfil dos "sem-teto ocultos" dos Estados Unidos rurais — pessoas como Holly Phelps, uma ex-presidiária e mãe solteira, que chegou em Marion, Illinois, com suas duas filhas. Phelps trabalhava em uma lavanderia, mas não conseguia bancar um lugar para morar. Sua mãe, uma alcoólatra, morava a mais de uma hora de distância. "Eu não tinha nenhum lugar saudável para ir. Eu não sabia para onde ir. Eu guardava minhas coisas em um galpão... E ninguém entendia pelo que eu estava passando", diz ela. Como ela não dormia nas ruas ou em um abrigo, ela não era considerada sem-teto, embora sua família não tivesse um lugar seguro para dormir todas as noites.[74]

Depois da eleição de 2016, Anthony Rice, um homem afro-americano que vive em Youngstown, Ohio, contou ao jornalista e fotógrafo Chris Arnade que "a maioria aqui no bairro" ficou fora da eleição: "não tínhamos um galo nessa briga". Rice disse que votou em Clinton, "mas não se importa com o Trump". E nem a vitória de Trump o surpreendeu: "Obama prometeu um monte de coisas e fez muito pouco. Talvez tenham entregado o que prometeram para a cidade de Nova York. Essa rua aqui ainda está cheia de casas caindo aos pedaços". [75]

"Ninguém aí nos ajuda. Nós acabamos jogados na prisão", outro senhor de Bakersfield, na Califórnia, contou a Arnade. "As pessoas em cargos de autoridade são criminosas e protegem seus amigos grandes, que também são criminosos. Nós, pessoas comuns, eleitores, sofremos"[76].

Os americanos que não ganham muito simplesmente sentem que suas histórias e lutas não são registradas pelos formuladores de políticas e políticos eleitos, ou pensam que não vale a pena se preocupar em participar da democracia dos EUA. E eles podem muito bem estar certos: um artigo chocante de ciência política de 2014 descobriu que, embora haja uma razoável intersecção entre as preferências políticas dos americanos comuns e as preferências políticas das elites ricas, quando os dois conjuntos de interesses divergem, quase invariavelmente são os desejos dos ricos que são atendidos pelo sistema político.[77] Funcionalmente, a participação da maioria dos americanos em nossa democracia, muitas vezes, parece irrelevante — o que levanta a questão: uma democracia significativa é mesmo possível em um país com desigualdades econômicas tão vastas?

Os democratas costumam reclamar que o problema com os americanos mais ricos é que eles não estão "pagando sua parte justa de impostos". E os impostos são definitivamente parte da história. Mas eles estão longe de contar tudo. A TMM não adota a abordagem Robin Hood de tributar os ricos para dar aos pobres. Como vimos, nossos impostos federais não pagam nada, inclusive não elevam o padrão de vida de ninguém. Ao mesmo tempo, o mito de que o déficit do Tio Sam é motivo de preocupação ajuda a impulsionar nosso déficit democrático, que é bem real: se nossos líderes eleitos acreditam que devem implorar esmola aos ricos antes que possam

OS DÉFICITS QUE IMPORTAM

gastar dinheiro com o bem público — ou que devem lutar contra os ricos por esse mesmo dinheiro — então, é claro, os melindres e desejos políticos quixotescos de nossos cidadãos mais ricos se tornarão a principal obsessão de nosso governo.

Mas os impostos são importantes de outras formas. Como observa o *Relatório Mundial da Desigualdade*, "a trajetória da desigualdade de renda observada nos Estados Unidos" é parcialmente explicada por "um sistema tributário que se tornou menos progressivo".[78] Os impostos podem ser usados para conter as acumulações astronômicas de riqueza. Isso é importante, em específico, porque os ricos usam seu dinheiro para angariar poder e influência sobre o processo político: eles manipularam o código tributário a seu favor; eles reescreveram leis trabalhistas, acordos comerciais, regras que regem patentes e proteções e muito mais. Eles refizeram as políticas públicas para servir aos seus interesses econômicos. É por *isso* que tantas de nossas empresas pagam pilhas de dinheiro aos acionistas e aos seus altos executivos, somas menores à classe alta instruída e uma ninharia para todo o resto. É por isso que o Vale do Silício tem arranha-céus reluzentes no centro de São Francisco, mas as comunidades da classe trabalhadora de Flint, em Michigan, não têm acesso a água que não seja venenosa. É por isso que nossos benefícios e os sistemas de saúde e de aposentadoria estão em frangalhos, e estamos encarando o fundo do poço de uma crise climática, irresoluta. Não abordar esses problemas gera lucro e poder para as elites ricas, mais do que se fossem resolvidos.

Durante o boom econômico, de impacto generalizado, logo após a Segunda Guerra Mundial, quando a desigualdade nos EUA estava em seu ponto mais baixo, não havia menos de *vinte e quatro* faixas de impostos. A faixa superior, que se aplicava a toda renda individual ou familiar acima de US$ 1.900.000 (em dólares de 2013), era de *91%*.[79] O objetivo dessas alíquotas de impostos obviamente não era financiar gastos do governo, era colocar um limite na quantidade de dinheiro que qualquer pessoa ou família poderia extrair da atividade econômica compartilhada e interdependente de todos os americanos. O fortalecimento da progressividade de nosso código tributário é uma parte crítica do que se é necessário fazer para reverter as tendências de décadas de desigualdade de renda e riqueza.

Mas tributar os ricos não é suficiente. Essas extraordinárias concentrações de riqueza e renda ameaçam destruir a sociedade. Para restaurar uma distribuição mais equilibrada de riqueza e renda, precisamos de políticas para impedir que um punhado de pessoas no topo receba muito mais do que sua justa parte. Como escreveu o ex-secretário do Trabalho, Robert Reich, precisamos de uma lista de políticas voltadas para a pré-distribuição, tanto quanto precisamos de tributação e redistribuição convencionais.[80] Devemos reformar completamente nossas leis trabalhistas para fortalecer os sindicatos e acabar com a influência caprichosa que os empregadores exercem sobre os funcionários, por meio de artifícios como arbitragem obrigatória e acordos de não concorrência. Também podemos refazer a lei de licenciamento e propriedade intelectual, para reduzir o uso dessas leis por oligarcas e corporações que sufocam a concorrência e sugam dinheiro do resto de nós. E devemos aumentar os salários e benefícios dos trabalhadores e seu poder de barganha, tornando mais fácil a negociação coletiva e sustentando o tipo de mercado de trabalho justo que vimos durante a Segunda Guerra Mundial — por meio de ferramentas como garantia de emprego, investimento público e melhores políticas macroeconômicas.

Até que tenhamos feitos isso, o déficit da democracia nos deixará com "um sistema educacional onde você pode comprar admissões, um sistema político em que você pode comprar o Congresso, um sistema judiciário em que você pode comprar sua saída da prisão" e "um sistema de saúde em que você pode comprar cuidados que outros não conseguem".[81]

Além do déficit de democracia, há consequências econômicas práticas para o abismo de desigualdade nos Estados Unidos. Imagine se a desigualdade continuasse seu crescimento inabalável até que apenas um punhado de pessoas — literalmente — tivesse tudo. A economia entraria em colapso, pois não haveria pessoas suficientes com renda para manter nossos negócios funcionando. As empresas iriam falir e, por fim, apenas algumas pessoas seriam empregadas na construção de iates para os ricos, trabalhando como jardineiros ou voando com eles em seus jatos particulares. Um estudo de 2015 do FMI já descobriu que "um aumento na parcela da renda dos 20% na base (os pobres) está associado a um crescimento maior do PIB", enquanto "o crescimento do PIB diminui, na verdade," quando "a renda dos 20% no topo (os ricos) aumenta"[82]. Se você eleva a renda dos pobres, eles geralmente consomem mais, gastando esse dinheiro de volta na economia. Por outro lado, vemos que mais renda para os ricos resulta em mais compras e investimentos no mercado de ações, em vez de dinheiro fluindo de volta para a economia. Parece que a economia do gotejamento não funciona mesmo!

Durante um quarto de século após a Segunda Guerra Mundial, os salários reais por hora dos americanos aumentaram em conjunto com o aumento da produtividade do trabalhador.[83] Isso se refletiu em prosperidade amplamente distribuída e em um senso subjacente de que trabalho duro e integridade pessoal seriam recompensados e que você poderia seguir em frente. Então, a chamada revolução Reagan, de 1980, inaugurou uma era de ganância desenfreada — reduzindo impostos para os ricos, eliminando regulamentações sobre corporações e acelerando a guerra contra os direitos dos trabalhadores de se organizar e ganhar um salário digno. Em particular depois de 1980, abriu-se uma enorme lacuna entre produtividade e salários. A produtividade continua em sua tendência ascendente constante, mas os salários não — eles crescem modestamente, quando crescem. Se a faixa de remuneração pela hora tivesse seguido a mesma tendência de crescimento da produtividade de 1973 a 2014, não teria havido aumento na desigualdade de renda durante esse período.[84]

Para onde foi todo esse aumento de produtividade? Foi concentrado no topo. Em 1950, o CEO médio de empresas da lista S&P 500 ganhava 20 vezes mais do que o trabalhador médio. Em 2017, o CEO médio de uma corporação S&P 500 ganhou 361 vezes mais do que o trabalhador médio.[85] Desde 1980, 1% do total conseguiu o dobro do crescimento dos 50% inferiores.[86] Vinte e cinco pessoas têm riqueza equivalente a de 56% da população do país.[87] Apenas três pessoas — Bill Gates, Jeff Bezos e Warren Buffett — possuem mais riqueza do que a metade mais pobre dos americanos, cerca de 160 milhões de pessoas.

Os trabalhadores certamente geraram novas riquezas nas últimas quatro décadas, mas não conseguiram sua parte nelas porque o déficit de democracia também pode ser encontrado *dentro* das empresas americanas.

Muitas de nossas empresas são agora feudos econômicos, nos quais um pequeno grupo de proprietários ricos dá ordens e extrai valor do trabalho de um grande número de americanos comuns.

Ao nos ajudar a enxergar os gastos governamentais sob uma nova luz, a TMM nos dá muitas outras opções ao pensar sobre como abordar as desigualdades econômicas e o déficit da democracia — não só taxando os ricos, mas investindo nos tipos de programas que irão realmente elevar o padrão de vida dos americanos de renda baixa e média. Democracia significa que todos temos voz, que todos temos algo a dizer e que todos somos importantes. Precisamos de uma política que reconheça isso e restabeleça a equação fundamental numa sociedade democrática: uma pessoa, um voto. E devemos restaurá-la tanto na esfera econômica quanto na esfera política, porque as duas são, em última análise, inseparáveis.

A Constituição coloca o poder ao erário nas mãos do Congresso, nossos representantes eleitos. Mas, na prática, o mito do déficit fiscal impediu o Congresso de usar esse poder para corrigir os déficits reais que atrapalham nossa economia. Ao mudar a discussão do orçamento com foco na dívida e nos déficits para outra abordagem, que se concentre nos déficits que importam, a TMM nos dá o poder de imaginar uma nova política e uma nova economia, movendo-nos de uma narrativa de escassez para outra, uma de oportunidade.

8
CONSTRUINDO UMA ECONOMIA PARA O POVO

Foi no verão de 2010 que Warren Mosler (que nós conhecemos no Capítulo 1) viajou para Kansas City, no Missouri, para me acompanhar numa reunião com o congressista Emanuel Cleaver. Cleaver era pastor da Igreja Metodista Unida e o primeiro prefeito afro-americano de Kansas City. Em 2014, ele foi eleito para representar o quinto distrito congressional do Missouri, a parte no centro-oeste do estado, que incluía a Universidade do Missouri em Kansas City (UMKC), onde eu vinha lecionando. Cleaver concordou em nos encontrar como favor para um amigo em comum, um político local que vinha trabalhando em seu doutorado na minha universidade.[1] Eu nunca vou me esquecer dessa reunião.

A Grande Recessão (2007–2009) havia tecnicamente chegado ao fim, mas a economia ainda estava em frangalhos. Quase 10% da força laboral estava sem trabalho, e a taxa de desemprego entre os jovens afro-americanos (de dezesseis a dezenove anos) era de quase 50%. De acordo com minha visão, e a de Mosler, o pacote de estímulo de US$ 787 bilhões, aprovado pelo Congresso em fevereiro de 2009, não havia feito o suficiente para acabar com a crise de execução hipotecária e alocar milhões de pessoas de volta ao trabalho. Mosler acreditava que o Congresso poderia, essencialmente, consertar as coisas com três passos fáceis.[2] Primeiro, ele queria uma garantia de emprego, financiada pelo governo federal, para assegurar que todo trabalhador desempregado pudesse fazer a transição imediata para o emprego remunerado. Em segundo lugar, ele pedia uma isenção temporária de impostos sobre a folha de pagamento, que reduziria temporariamente a retenção da contribuição para a Previdência Social, de 6,2% para 0%. Isso seria equivalente a um aumento de 6,2% no pagamento de aproximadamente 150 milhões de americanos. Para trabalhadores autônomos, que pagam tanto o lado do empregador como do empregado dessas retenções, significaria um aumento de 12,4% no salário líquido. Em uma época em que os gastos dos consumidores estavam baixos, isso também teria melhorado o balanço final de milhões de empresas. Por fim, Mosler reconhecia a profunda tensão que a Grande Recessão havia imposto aos orçamentos dos governos estaduais e municipais. Para ajudar esses governos *usuários de moeda* a enfrentar o declínio acentuado das receitas tributárias, ele propôs US$ 500 bilhões em auxílio, distribuídos em uma base per capita para todos os cinquenta estados, o Distrito de Colúmbia e territórios insulares dos Estados Unidos. Isso teria protegido dezenas de milhares de professores, bombeiros, policiais e outros funcionários do setor público, cujos empregos entravam em risco à medida que as receitas públicas secavam.

Quando entramos no escritório do deputado na West 31st Street, o déficit fiscal era de US$ 1,4 trilhão. Os legisladores estavam em pânico total. O Escritório Orçamentário do Congresso (CBO) acabava de publicar seu relatório "Long Term Budget Outlook" (Perspectivas Orçamentárias de Longo Prazo, em tradução livre), que abria com a seguinte frase: "Recentemente, o governo federal vem registrando os maiores déficits orçamentários, em uma parcela da economia, desde o fim da Segunda Guerra Mundial".[3] Se nada fosse feito para frear a maré do negativo, continuava o relatório, "as altas dívidas aumentariam a probabilidade de uma crise fiscal, na qual os investidores perderiam a confiança na capacidade do governo de administrar seu orçamento, e o governo seria forçado a pagar muito mais para tomar dinheiro emprestado".[4] Para lidar com a crise fiscal *percebida*, o presidente Obama criou uma comissão bipartidária e encarregou-a de encontrar maneiras de reduzir substancialmente o déficit. Mosler e eu estávamos lá para encorajar Cleaver a adotar um conjunto de políticas que *aumentariam* o déficit, pelo menos temporariamente.

O congressista nos cumprimentou e convidou-nos para sentar. Ele sorriu calorosamente, enquanto se acomodava em sua luxuosa cadeira executiva, atrás de uma impressionante escrivaninha de madeira. Mosler começou explicando que não estava preocupado com o relatório do CBO ou com a capacidade do governo federal de sustentar déficits fiscais, por maiores que fossem. O emissor da moeda nunca "ficaria sem dinheiro", assim como havia afirmado o presidente Obama. O que era necessário, explicou Mosler, era uma mistura ambiciosa de cortes de impostos bem direcionados e gastos adicionais para restaurar o crescimento e inaugurar uma nova era de prosperidade. Cleaver não comprou a ideia. Os Estados Unidos estavam quebrados. Onde o Congresso encontraria o dinheiro para realizar as propostas de Mosler? O déficit já era alto e todos no Congresso procuravam maneiras de aumentar a receita e cortar gastos. Eu poderia dizer que ele se sentia vítima de alguma piada de mau gosto.

Eu assisti ele se remexer desconfortavelmente naquela cadeira enorme. Toda a conversa correu meio como os capítulos deste livro. Ponto por ponto, Mosler guiou Cleaver através de uma longa narrativa, que começou com o governo demandando um imposto para se provisionar, e terminou com uma explicação sobre por que, ao contrário da crença popular, a Previdência Social não estava "falindo". Eu poderia dizer que foi uma experiência torturante para Cleaver. Sua linguagem corporal dizia tudo. Por quase 45 minutos, ele se retorceu ansiosamente naquela grande cadeira. Ele interrompeu apenas uma ou duas vezes, e somente para que Mosler respondesse que ele havia perdido uma parte essencial da discussão. Ele estremeceu, como se sentisse dor física, quando Mosler explicou que o objetivo da cobrança de impostos é regular a inflação, que nunca precisaríamos quitar a dívida federal e que devemos pensar nas exportações como custos reais e nas importações como benefícios reais. Eu sabia exatamente como Cleaver estava se sentindo, porque tive a mesma reação emocional quando encontrei Mosler pela primeira vez, em meados da década de 1990. Eu também experimentei o que veio a seguir.

Com apenas alguns minutos restantes em nossa reunião agendada de uma hora, aconteceu. O momento copernicano. Eu o reconheci imediatamente. As palavras de Mosler tinham virado a chave. Foi o avanço que esperávamos. Pela primeira vez, o congressista estava vendo o mundo através das lentes da TMM, e os fatos tinham acabado de entrar em foco. A partir daquele momento, o comportamento de Cleaver mudou. Seus olhos se arregalaram. Sua postura passou a ser de confiança. E então ele se inclinou para frente, juntou as mãos, olhou Warren nos olhos e disse baixinho: *"Não posso dizer isso"*.

Eu pensei naquela conversa pelo menos uma centena de vezes. Do que ele tinha medo? Por que uma história mais realista sobre dinheiro, impostos e dívidas deveria ser tão evitada? Há uma passagem na Bíblia (João 8:32) em que Jesus termina um discurso no templo dizendo a seus ouvintes: "A verdade vos libertará". O reverendo Cleaver provavelmente pregou esse versículo para sua própria congregação na Igreja Metodista Unida St. James. Mas conosco, naquele dia de verão, enquanto milhões de americanos lutavam para encontrar trabalho ou evitar a devolução de suas casas, ele decidiu que a verdade não poderia ser dita. Pelo menos, não por ele.

O congressista Cleaver é um homem de fé. Mas ele também é um homem de razão, trabalhando em uma arena política completamente saturada de mitos do déficit. Ele talvez possa ter sido persuadido pela mensagem de Mosler, mas ele não se tornaria o mensageiro.[5] Seria simplesmente muito arriscado. E é assim porque só há um meio aceitável de se falar sobre dinheiro, impostos e a dívida federal, em especial em Washington, DC. Impostos geram renda para o Tio Sam, e é o dinheiro do contribuinte que financia nosso governo. Tomar empréstimos leva a nação ao endividamento, o que sobrecarrega nossos filhos e nossos netos. Você pode seguramente lançar uma dessas frases, e passará por um intelectual sério. Mas divirja da sabedoria convencional, e você será colocado à margem por um círculo interno de especialistas em orçamento autoproclamados, legisladores e funcionários do Congresso que, intencionalmente ou não, espalham o mito do déficit. Pregar as virtudes da contenção fiscal é sempre um jogo seguro. Desafiar essas regras de fé é uma heresia. Cleaver entendia isso.

A TMM não é uma religião e não está em busca de discípulos para seguirem algum culto. O que ela oferece é uma descrição realista de como uma moeda fiduciária moderna funciona, junto com algumas ideias prescritas sobre como transformar essa compreensão em melhores políticas públicas. Ao nos elucidar, vemos quais são os obstáculos (como exemplo, a inflação) e o que não são (por exemplo, ficarmos sem dinheiro), e a TMM abre as portas para uma nova forma de pensamento acerca de como podemos manejar nossa economia. Em quase todos os casos, ela nos mostra que acabamos permitindo que mitos e mal-entendidos sobre dinheiro, dívida e impostos nos freiem. Ao derrubar esses mitos, a TMM mostra que é possível construir um futuro mais forte e mais seguro para nós, nossos parceiros globais e para as futuras gerações. Então, como chegamos lá?

Acredito que o congressista Cleaver é uma boa pessoa. Ele quer o melhor para sua cidade e para seu país. Após nossa reunião, ele percebeu que o Congresso tinha o poder de fazer muito mais, mesmo que o CBO e os especialistas do círculo interno de Washington estivessem pregando destruição e desgraça sobre as perspectivas orçamentárias. Mas ele é apenas um. E embora seu status como membro eleito do Congresso possa parecer lhe dar mais poder do que o resto de nós, ele se sentiu impotente naquele momento. Suas mãos estavam atadas pelo estrangulamento do mito do déficit em nosso discurso público. Para que isso mude, a compreensão do público sobre a economia precisa se modificar. Nenhum membro do Congresso impulsionará essa mudança. Nós iremos. É como meu ex-chefe, Bernie Sanders, sempre diz: "A mudança nunca vem de cima para baixo. Sempre vem de baixo para cima". Se vamos aproveitar a política espacial que a TMM proporciona, isso acontecerá porque muitos de nós — leitores como você — ajudamos a levar o debate público em uma nova direção. Através da visão da TMM, podemos ver um conjunto de possibilidades alternativas mais esperançoso. É o nosso futuro. É a nossa economia. E é o nosso sistema monetário. Nós podemos fazê-lo funcionar para nós.

O LADO DESCRITIVO DA TMM

Apesar de estarmos falando sobre como agir em relação aos insights da TMM, não quero que você pense na TMM como algo que todo governo precisa adotar ou implementar. A TMM não vem com um pacote pronto de políticas a serem implementadas por todo o cenário mundial. É, acima de tudo, uma *descrição* de como uma moeda fiduciária moderna funciona. Com uma compreensão expandida sobre o sistema monetário, vem a habilidade de distinguir as barreiras artificiais das restrições legítimas. O lado descritivo da TMM vem nos ajudar a nos livrar dos mitos e mal entendidos que vêm nos freando. Ter uma visão precisa do funcionamento do sistema monetário é um primeiro passo necessário na direção da construção de uma economia que funcione para todos. Alcançar esse mundo melhor exigirá ir além do aspecto descritivo da TMM, para seu lado *prescritivo* e de formulação de políticas. Isso significa, necessariamente, perguntar que papel queremos que nossas instituições públicas — por exemplo, o Congresso e o Federal Reserve — desempenhem no apoio a uma agenda de políticas que promova nossos interesses coletivos.

O aspecto descritivo é como o kit de ferramentas de diagnóstico de um médico. Antes que os residentes médicos possam prescrever um tratamento para um paciente doente, eles devem primeiro determinar o conhecimento prévio e prático das funções do corpo. Isso significa aprender sobre o sistema circulatório, o sistema digestivo, o nervoso e assim por diante. Somente após os residentes demonstrarem competência em sua compreensão sobre o funcionamento do corpo humano é que permitimos que eles se tornem médicos e façam suas prescrições para os pacientes. O problema que temos hoje é que a política econômica é, muitas vezes, prescrita por pessoas que, apesar de terem diplomas avançados em economia, não possuem uma compreensão real de como funciona nosso sistema monetário. Ao oferecer uma estrutura descritiva melhor, a TMM nos ajuda a ver uma gama mais ampla de tratamentos, com políticas que podem tornar nossa economia mais forte e saudável.

Uma visão do sistema monetário pela lente da TMM muda a maneira como pensamos sobre o que significa para as nações emissoras de moeda "viver dentro de seus meios". Ela nos pede para pensar em termos de restrições reais de recursos — a inflação — em vez de restrições financeiras percebidas. Ela nos ensina a não perguntar "Como você irá pagar por isso?", mas sim "Como você fornecerá isso?". O que nos mostra que, se tivermos o know-how tecnológico e os recursos disponíveis — as pessoas, as fábricas, os equipamentos e as matérias-primas — para colocar um homem na lua ou embarcar em um New Deal Verde, para combater as mudanças climáticas, então o financiamento para realizar essas missões sempre pode ser disponibilizado. Arrumar o dinheiro é a parte fácil. Gerenciar o risco de inflação é o desafio crítico. Mais do que qualquer outra abordagem econômica, a TMM coloca a inflação no centro do debate sobre os limites de gastos. E também oferece uma variedade de técnicas, mais sofisticadas do que temos hoje, para gerenciar pressões inflacionárias.

CONSTRUINDO UMA ECONOMIA PARA O POVO

O que a TMM descreve é a realidade do nosso sistema monetário pós Bretton Woods. Não estamos mais no padrão-ouro e, no entanto, muito do nosso discurso político ainda está enraizado nessa maneira antiquada de se pensar. Vemos isso toda vez que um repórter pergunta a um político: "Onde você encontrará dinheiro para fazer isso?". Já passou da hora de entendermos o que significa ser o emissor de uma moeda fiduciária soberana. Para o emissor da moeda, dinheiro não é problema. Literal ou figurativamente. Ela não existe em uma forma física escassa — como ouro — que o governo precisa "arrumar" para gastar. Ela é evocada à existência a partir de um teclado de computador, a cada vez que o Federal Reserve realiza um pagamento autorizado em nome do Tesouro.

Isso pode soar como uma festa gratuita. Mas não é. A TMM não é um cheque em branco. Não nos dá carta branca quando se trata de financiar novos programas. E não é um plano para aumentar o tamanho do governo. Como estrutura analítica, a TMM trata de identificar o potencial inexplorado em nossa economia, o que chamamos de nosso espaço fiscal. Se há milhões de pessoas procurando trabalho remunerado, e nossa economia tem capacidade de produzir mais bens e serviços sem aumentar os preços, então temos espaço fiscal para dirigir esses recursos para usos produtivos. A forma como escolhemos utilizar esse espaço fiscal é uma questão política, e aqui a TMM pode ser usada para defender políticas que são tradicionalmente mais liberais (por exemplo, Medicare para todos, faculdades gratuitas ou cortes de impostos para a classe média) ou mais conservadoras (por exemplo, gastos militares ou cortes de impostos corporativos).

A questão é que administramos nossa economia como um cara de 1,80 m de altura que perambula perpetuamente encurvado em uma casa com pé direito de 2,5 m, porque alguém o convenceu de que, se ele tentar ficar direito de costas retas, sofrerá um traumatismo craniano enorme. Por anos demais, temos permanecidos agachados, quando poderíamos estar firmemente em pé. Medos irracionais sobre a dívida do governo e os déficits fiscais fizeram com que os formuladores de políticas nos EUA, Japão, Reino Unido e outros lugares desviassem do estímulo fiscal, indo em direção à austeridade nos anos que se seguiram à crise financeira global. Isso causou dor imensurável em dezenas, se não centenas de milhões em todo o mundo.

Movimentos populistas, tanto de esquerda quanto de direita, encontraram inspiração nessas falhas. Nem tudo pode ser consertado com uma aplicação mais generosa do orçamento federal. A austeridade exacerbou muitos de nossos problemas sociais e econômicos; mas os cortes orçamentários não são os únicos motores da estagnação e do aumento da desigualdade. Restaurar a segurança econômica para a classe trabalhadora exigirá combater o poder de monopólio, reformas abrangentes em nosso código tributário, criação de leis trabalhistas e políticas comerciais e habitacionais e muito mais.[6]

Isso também exigirá um novo modelo econômico. Devemos acabar com a prática cruel e ineficiente de nos apoiarmos em executivos de bancos centrais democraticamente irresponsáveis para atingir a medida "certa" de inflação e desemprego. Para construir uma economia para o povo, manter o emprego e a segurança de renda requer-se tornar responsáveis os representantes eleitos do povo. O Congresso, com seu grande poder sobre o orçamento federal, deve desempenhar um papel ativo e permanente na estabilização da produção e do emprego ao longo do tempo.

O LADO PRESCRITIVO DA TMM

Vamos relembrar o princípio de Peter Parker (também conhecido como Homem-Aranha) de que "com grandes poderes devem vir grandes responsabilidades". O lado prescritivo da TMM nos transporta para um mundo imaginário, informado sobre a TMM, para que tenhamos uma conversa sobre como devem ser as políticas monetárias e fiscais. A TMM urge que nos rebaixemos à política monetária (ao menos na forma atual) e elevemos a política fiscal como ferramenta primária para estabilização macroeconômica. O Congresso detém o poder do erário, e precisamos fazer uso desse poder para construir uma economia que funcione para todos nós. Eu sei o que vocês devem estar pensando. Podemos confiar esse tipo de poder ao governo? Minha reposta é sim. E não.

Eu digo que sim porque nós, o povo, já confiamos esse poder a eles. A TMM não dá ao Congresso nenhuma nova autoridade sobre nosso sistema monetário. Temos um governo democraticamente eleito, que se livrou do padrão-ouro há quase meio século. Essa decisão deu ao Congresso acesso irrestrito ao erário público. Ter o poder do erário significa nunca ter que perguntar: onde *encontraremos* o dinheiro? Para cortar impostos ou gastar trilhões em guerras sem fim, o Congresso só precisa encontrar votos suficientes e — *voilà!* — o dinheiro estará lá.

Hoje, o orçamento federal é de cerca de US$ 4,5 trilhões, aproximadamente 20% do PIB total. Se quiser, o Congresso pode redigir um orçamento de US$ 5 trilhões. Ou um orçamento de US$ 6 trilhões. Ou ainda mais. Pode investir trilhões em educação, infraestrutura, saúde e habitação. Qualquer quantia de gastos que seja autorizada pelo Congresso terá lugar. A elaborada rede de dealers primários do Federal Reserve está lá para garantir isso. Essa é a realidade do modelo G(TE), que desvincula os gastos da necessidade prévia de arrecadar dinheiro através de impostos ou empréstimos. A questão é: como queremos que o governo federal *use* seu grande poder? Quanto deve gastar? O que deve financiar? E a inflação? E impostos? Podemos confiar no Congresso para fazer as escolhas certas, no momento certo, fazendo investimentos produtivos quando há espaço fiscal e exercendo a contenção necessária, à medida que os recursos se tornam escassos? Talvez eu esteja sendo muito cínica, mas eu gostaria de algum tipo de apólice de seguro.

Há duas partes no orçamento federal. Há a parte *discricionária*, sobre a qual o Congresso tem, bem, poder discricionário para alterar a quantidade de dinheiro que coloca em programas existentes ou novos a cada ano. A maior parte do dinheiro gasto em defesa, educação, proteção ambiental e transporte vem de dotações orçamentárias anuais e discricionárias. Mas há também uma parte *não discricionária,* ou obrigatória, que é mais ou menos preordenada por critérios estatutários. Os gastos com programas como Previdência Social, Medicare e Medicaid se enquadram nessa categoria. O seguro-desemprego, o Programa de Assistência Nutricional Suplementar (SNAP, anteriormente vale-alimentação), juros dos títulos do Tesouro dos EUA e empréstimos estudantis também são compromissos obrigatórios que causam aumento ou diminuição de gastos, independente da ação do Congresso. Quando alguém fica inválido, aposenta-se, perde

O MITO DO DÉFICIT

o emprego, completa 65 anos, investe em títulos do Tesouro dos Estados Unidos ou faz um empréstimo federal para estudantes, o dinheiro federal é *automaticamente* liberado para cobrir essas despesas.

No total, os gastos obrigatórios representam pouco mais de 60% dos gastos federais, e os juros, quase 10%.[7] Isso significa que 70% do orçamento federal está essencialmente no piloto automático, deixando apenas 30% sob o controle discricionário dos legisladores.[8] É claro que, com votos suficientes, o Congresso tem o poder de alterar qualquer parte do orçamento. Ele poderia parar de emitir títulos do Tesouro e deixar que o Federal Reserve fornecesse títulos com juros.[9] Com o tempo, isso eliminaria completamente as despesas com juros do orçamento federal.[10] Poderia aprovar uma lei de pagamento único do Medicare para todos, que aumentaria substancialmente os gastos obrigatórios, ao mesmo tempo em que economizaria trilhões para o resto de nós ao longo do tempo.[11] Ou poderia simplesmente direcionar mais recursos discricionários para áreas como transporte e educação. Como aprendemos no primeiro capítulo deste livro, o Congresso é um órgão legal, com o poder de suspender ou modificar qualquer restrição autoimposta (por exemplo, o PAYGO, a regra Byrd, o teto da dívida, a alocação 302(a), a proibição de saque a descoberto etc.) que, de outra forma, poderia impedir os legisladores de alocar financiamentos, ou impedir o Federal Reserve de compensar pagamentos autorizados em nome do Tesouro. Até mesmo o CBO e os comitês de orçamento da Câmara e do Senado, que foram criados por meio de um ato do Congresso em 1974, poderiam ser dissolvidos ou instruídos a seguir novos protocolos.[12] E, claro, o Federal Reserve é uma criatura do Congresso, com um mandato que está sujeito a alterações.

Antes de chegarmos à discussão sobre como a definição de políticas poderia melhorar, num mundo com conhecimento sobre a TMM, deixe-me compartilhar algumas histórias que ilustram o modo disfuncional pelo qual fazemos as coisas hoje. Uma das primeiras coisas de que me lembro depois de me tornar economista chefe dos Democratas, na Comissão Orçamentária do Senado, foi uma reunião para discutir um projeto de lei de infraestrutura proposto, custando um trilhão de dólares. Uma dúzia de membros mais antigos da equipe se juntou numa grande mesa de conferência no terceiro andar do Edifício Dirksen, do Senado. Ninguém questionou a necessidade significativa de investimentos de infraestrutura. Um trilhão de dólares, apesar de ser um montante ambicioso, só teria dado conta de um pedaço do problema. Ninguém empalideceu perante o valor, mas houve debate considerável sobre se (e como) *se pagaria por aquilo.*

Antes de eu lhe contar sobre o debate, é importante entender o que essas palavras significam para os legisladores e suas equipes no Capitol Hill. Na verdade, há apenas uma maneira de pagar por qualquer coisa. Todos os gastos federais são realizados exatamente da mesma maneira — ou seja, o Federal Reserve credita as contas bancárias determinadas. Mas, no jargão de Washington, você "paga" seus gastos mostrando que pode "encontrar" dinheiro suficiente para cobrir o custo de tudo o que você está propondo gastar. É tudo um jogo, na verdade, e está enraizado no modelo mental falho (TE)G, que freia muito do nosso potencial. Para evitar aumentar o déficit, os legisladores procuram maneiras de cobrir os custos de seus gastos propostos *sem tomar emprestado.* Isso geralmente significa que eles vão em busca de novas receitas fiscais.[13]

Então, voltemos ao debate sobre o projeto de infraestrutura de trilhões de dólares. A conversa começou com membros da equipe sendo questionados se achavam que a chamada forma de pagamento deveria ser anexada à conta. Era minha primeira semana no trabalho, então fiquei aliviada quando outro membro falou primeiro. "Não", essa pessoa começou, "acho que devemos fazer isso como um projeto limpo". Um projeto de lei limpo significava escrever uma proposta de gastos que não incluísse nenhum texto sobre como se pagaria por eles. Outro funcionário concordou, e logo eu concordei com suas opiniões. Nosso país precisava desesperadamente fazer esses investimentos. Claramente havia espaço fiscal suficiente para fazê-lo, e infraestrutura é uma das coisas que tradicionalmente recebem apoio bipartidário. Raciocinamos que, como os republicanos estavam no controle do Senado, o projeto de lei precisaria de pelo menos algum apoio deles para ser aprovado. Propor um aumento de impostos garantiria a derrota. Nem todos concordaram. Outro membro objetou que a imprensa não levaria a legislação a sério a menos que especificassem exatamente como ela seria paga. No final, o projeto de lei incluiu uma proposta para aumentar a receita, fechando uma variedade de brechas fiscais que beneficiam predominantemente os ricos. Não preciso nem dizer que essa legislação não foi aprovada. Enquanto isso, o último boletim da ASCE mostra como os adiamentos de manutenção estão nos alcançando, já que o custo de melhorias necessárias subiu para impressionantes US$ 4,59 trilhões.[14]

Às vezes, os legisladores estão dispostos a fazer vista grossa e votar para autorizar gastos sem se preocupar de onde virá o dinheiro. Veja os gastos com defesa, por exemplo. A cada ano, o Congresso vota para aprovar um projeto de lei de política de defesa. Em 2017, um projeto de lei de 1.215 páginas, conhecido como Lei de Autorização de Defesa Nacional, foi aprovado no Senado com uma votação de 89 a 9. A Casa Branca havia solicitado US$ 700 bilhões, mas o Senado autorizou US$ 737 bilhões, dando mais US$ 37 bilhões sem qualquer preocupação sobre onde "encontrar" esse dinheiro.[15] Eles simplesmente votaram de uma forma esmagadoramente bipartidária para aumentar o orçamento discricionário do Pentágono.

Isso pode parecer um padrão dúbio. Como disse a congressista Alexandria Ocasio-Cortez: "Nós preenchemos cheques em branco ilimitados para a guerra. Acabamos de preencher um cheque de US$ 2 trilhões para essa taxação, o corte de impostos do Partido Republicano, e ninguém perguntou a eles: 'Como irão pagar por isso?'".[16] Ela está certa. De alguma forma, sempre há dinheiro para guerra e cortes de impostos. Para quase todo o resto, porém, espera-se que os legisladores mostrem que podem "pagar" por seus gastos. Pelo menos no papel.

Com um Congresso de 535 membros — 100 no Senado e 435 na Câmara —, é necessário um fluxo constante de novas opções para se bancar as decisões. Durante meu tempo no Senado, eu aprendi sobre um esquema de 1001 utilidades, criado para proporcionar aos legisladores pronto acesso a uma variedade dos chamados 'pagamentos por gastos'. Se um congressista precisasse encontrar US$ 10 bilhões, US$ 50 bilhões, US$ 500 bilhões ou mais, Calvin Johnson resolveria. Durante anos, Johnson, professor de direito corporativo e empresarial da Faculdade de Direito da Universidade do Texas, ajudou a administrar algo chamado The Shelf Project (em tradução livre, Projeto Prateleira). Juntos, Johnson e outros

CONSTRUINDO UMA ECONOMIA PARA O POVO

especialistas em impostos reuniram uma coleção de diferentes "propostas que podem ser retiradas da prateleira quando o Congresso estiver pronto para aumentar a receita".[17] O testemunho de Johnson perante o Comitê do Senado sobre Finanças em 2010 foi intitulado "50 Caminhos para se Levantar um Trilhão".[18]

No verão, quando os legisladores voltam para casa em seus distritos, a maioria das pastas fica parada nas prateleiras, acumulando poeira. Mas quando o Congresso estava em sessão, e se alguém precisasse de um pagamento por gasto para pendurar em alguma legislação, o telefone de Johnson não parava de tocar. Ele e seus colegas eram profundamente apaixonados por seu trabalho. Eles não estavam montando propostas simplesmente para ajudar os legisladores a superar o obstáculo do pagamento. Para eles, o projeto tratava de identificar formas de tornar o sistema tributário mais justo e eficiente. Mas, aos olhos de muitos dos membros das equipes, o Projeto Prateleira era como um armário de arquivos na república da faculdade, onde são armazenadas pastas contendo centenas de provas semestrais antigas resolvidas. Em outras palavras, é onde você vai para contornar obstáculos como o PAYGO.

Comprar 'pagamentos por gastos' era mais ou menos assim: "Oi, sou funcionário do escritório do senador X. O senador precisa de US$ 350 bilhões em dez anos. O que você tem aí?". Johnson poderia recomendar uma única mudança em alguma parte do código tributário, que iria angariar os US$ 350 bilhões. Ou ele poderia puxar algumas pastas que, juntas, gerariam o valor total. Seis de um, meia dúzia do outro. O objetivo era encontrar receita suficiente para o seu chefe entrar no jogo.

Minha própria impressão é que quase todo mundo no Congresso tem pelo menos alguma noção de como o jogo do pagamento por gasto é louco. Percebi isso pela primeira vez em 2015, durante a semana 'vote-a-rama'.[19] Vote-a-rama é um circo frenético durante o qual todos os cem senadores se reúnem para votar rapidamente em uma infinidade de emendas orçamentárias não vinculativas. Um após outro, os senadores se levantam para instar seus colegas a votar a favor de sua emenda "neutra para o déficit", para expandir a Previdência Social, cortar impostos, aumentar o salário mínimo e assim por diante. Eu assisti uma parte do evento dos bancos de trás no plenário do Senado e me lembro de rir depois de ouvir a senadora da Califórnia Barbara Boxer dizer a um de seus colegas: "Votei a favor da sua emenda, embora seu pagamento pelo gasto seja uma merda".

Eu não conseguiria dizer isso de forma melhor. Seu argumento era simples. Temos um meio realmente maluco de montar, avaliar e aprovar uma legislação. Nós fingimos que o governo federal precisa orçar como se fizesse orçamento doméstico. Nós pensamos que impostos são coisas que o governo precisa (ou seja, receita), ao invés de nos lembrarmos que os tributos existem para subtrair o poder de gastar do resto de nós, de forma que o próprio gasto do governo não empurre a economia para além de seu limite de pleno emprego. Nós tolhemos a legislação, demandando que o governo "pague por" novos gastos, mesmo quando a economia pode seguramente absorver esses gastos *sem* a necessidade de aumento dos impostos. E fazemos tudo isso porque decidimos que essas práticas de orçamento doméstico, de alguma forma, servem ao interesse público. Mas não servem.

O que aconteceria se o governo superasse os mitos do déficit e começasse a orçar como um emissor de moeda em vez de fingir que precisa pagar por seus gastos como o resto de nós? Pode parecer que os mitos existem para nos proteger de políticos que, de outra forma, gastariam muito e tributariam muito pouco. Pode haver alguma verdade nisso, mas o problema maior é que eles também nos impedem de gastar o necessário. Em algum lugar entre gastos excessivos e restrições fiscais injustificadas, está uma economia melhor para todos. Para construir essa economia, precisamos de um novo plano. Então, qual é a prescrição da TMM? Existe uma maneira de melhorar o bem-estar de nosso povo sem levar as coisas longe demais? A política fiscal pode realmente assumir o controle da economia? O que restará para a política monetária?

Transferir o volante econômico para a autoridade fiscal significa confiar em membros democraticamente eleitos do Congresso para soltar as amarras do erário quando déficits maiores puderem ajudar a sustentar a economia, e depois apertá-las novamente, quando a economia atingir seu limite de velocidade de pleno emprego. Essa é a essência da abordagem de finanças funcionais que foi iniciada por Abba P. Lerner na década de 1940.

CONSTRUINDO UMA ECONOMIA PARA O POVO

Em vez da obsessão com os déficits e tentativas de forçar o equilíbrio do orçamento, Lerner queria que os legisladores escrevessem um orçamento que mantivesse a economia em equilíbrio e pleno emprego.

A TMM se inspira no trabalho de Lerner, com o porém de que precisamos fazer mais do que simplesmente pedir ao Congresso reivindicar a direção da economia do Federal Reserve. Precisamos oferecer alguns princípios guias para ajudar os legisladores a acessarem esse poder de forma responsável e servindo ao bem público mais amplo. Para isso, nós precisamos estabelecer algumas formas de proteção. E precisaremos proporcionar aos legisladores limites de velocidade muito bem marcados, um painel de indicadores e um modo de piloto automático que assuma boa parte do tempo de direção. Dessa forma, a política fiscal pode servir como uma poderosa força estabilizadora, mesmo quando nossa política estiver trabalhando no seu modo mais disfuncional.

GASTOS OBRIGATÓRIOS NO PILOTO AUTOMÁTICO

Hoje, nós nos apoiamos na *política monetária* — o Federal Reserve — para aumentar e diminuir ativamente as taxas de juros, no esforço de descobrir a NAIRU invisível, que supostamente manteria a economia em certo equilíbrio. A TMM considera a *política fiscal* um estabilizador mais potente e que pode ser usado, almejando medidas ainda mais amplas para o bem-estar. Lerner concordava que a política fiscal deveria sentar no banco do motorista, mas ele considerava que poderíamos apenas entregar as chaves ao Congresso para que descobrissem como lidar com a direção da economia. Em contraste, a TMM quer ter certeza de que tanto o veículo quanto o motorista estão bem equipados para virar a política fiscal numa direção responsável. O Congresso sempre terá o poder de agir de forma discricionária, mas em um clima político mais e mais polarizado, deveríamos nos certificar de incluir, também, um modo de piloto automático. Dessa forma, as políticas fiscais responderão às condições econômicas mutáveis, mesmo quando o Congresso não estiver querendo agir. Podemos chamar isso de uma apólice de seguro.

Ter parte do orçamento respondendo automaticamente às mudanças nas condições das estradas é extremamente importante. Foi o que impediu que a Grande Recessão se transformasse em uma segunda Grande Depressão. Sim, havia legislação discricionária — o Congresso aprovou a Lei Americana de Recuperação e Reinvestimento, de US$ 787 bilhões, em fevereiro de 2009 —, mas o que realmente nos salvou foram os ajustes fiscais que ocorreram automaticamente, sem necessidade de ação legislativa. Esses ajustes aconteceram por causa de mecanismos conhecidos como estabilizadores automáticos, que estão embutidos no orçamento do governo. Eles funcionam como os amortecedores do seu carro. Em boas condições de direção, você mal os nota, mas quando a estrada fica esburacada, eles fazem toda a diferença.

Quando a economia atingiu o trecho ruim da estrada em 2008, os estabilizadores automáticos criaram uma resposta fiscal "sem motorista", no piloto automático, que ajudou a amortecer a pancada. Os impostos foram derrubados quando milhões de americanos perderam seus empregos e as empresas lutaram para se manter na superfície. Ao mesmo tempo, os gastos aumentaram acentuadamente, porque milhões de pessoas receberam automaticamente apoio por meio de seguro-desemprego, vale-refeição, Medicaid e outros programas da rede de segurança. O resultado foi um aumento repentino no déficit fiscal, que adicionou mais de US$ 1,4 trilhão ao balde não governamental em 2009. Os números negativos que derramaram do balde do Tio Sam ficaram positivos quando entraram nos baldes de milhões de famílias e empresas em dificuldades. Olhando para trás para essa dinâmica, Paul Krugman escreveu:

> Essa é uma maneira interessante de se pensar sobre o que aconteceu — e também sugere uma conclusão surpreendente, ou seja, déficits governamentais, principalmente o resultado de estabilizadores automáticos, em vez de políticas discricionárias, são a única coisa que nos salvou de uma segunda Grande Depressão.[20]

CONSTRUINDO UMA ECONOMIA PARA O POVO

Embora tenham nos salvado de um destino mais sombrio, os estabilizadores automáticos não foram fortes o suficiente para evitar uma recessão extremamente dolorosa. Foram necessários sete anos para recuperar todos os empregos que foram perdidos após a crise financeira. Milhões perderam suas casas. Alguns até perderam a vida, como consequência direta do desemprego de longa duração. Como disse o jornalista Jeff Spross, "o dano causado pelo desemprego à saúde mental e física a longo prazo é rivalizado apenas pela morte de um cônjuge".[21]

Para melhor proteger nossa economia — e, mais importante, as pessoas, as famílias e comunidades inseridas nela —, a TMM recomenda a adição de um novo e poderoso estabilizador automático, conhecido como garantia federal de emprego. Deparamo-nos com a ideia pela primeira vez no Capítulo 2, onde foi demonstrado que poderíamos alcançar o genuíno pleno emprego — trabalho para todas as pessoas que o desejam. Hoje, o Federal Reserve define o pleno emprego como um nível de *desemprego* que deixa milhões presos a uma dança das cadeiras, em busca de empregos que não existem. A TMM resolve o problema financiando diretamente o emprego para aqueles sem trabalho. Por ser um estabilizador sem motorista, o volante sempre gira na direção certa, no momento certo.

Para entender a lógica econômica por trás da garantia de emprego, pense no Capítulo 1 e na história dos cartões de visita de Warren Mosler. Lembre-se que Mosler queria uma casa arrumada, carros limpos e um quintal bem cuidado. Para conseguir essas coisas, ele sujeitou seus filhos a um imposto, a ser pago somente com seus próprios cartões de visita. O objetivo do imposto era motivar as crianças a realizar o trabalho que era necessário para ganharem os cartões. Da mesma forma, quando um governo exige que os impostos e outras obrigações sejam pagos em sua própria moeda exclusiva (por exemplo, o dólar americano), ele o faz para motivar as pessoas a gastar parte de seu tempo trabalhando para obter a moeda. O governo pode demandar um exército permanente, um sistema judiciário, parques públicos, hospitais, pontes e assim por diante. O desemprego é definido como pessoas que procuram trabalho remunerado na unidade de contabilidade do governo. O dólar americano é basicamente um crédito fiscal. A TMM é a única abordagem macroeconômica que entende isso, e a garantia de emprego decorre diretamente desse entendimento.

Uma vez que você entenda isso, fica claro que qualquer governo emissor de moeda tem o poder de eliminar o desemprego doméstico apenas por se oferecer para contratar os desempregados. Se ele decidir não exercer esse poder, então ele está *escolhendo a taxa de desemprego*. Quando este livro estava sendo escrito, a taxa de desemprego oficial (3,5%) era baixa para os padrões históricos. Uma medida mais ampla em relação ao desemprego, que chegue mais perto de capturar a extensão verdadeira do problema, tem taxa quase duas vezes mais alta (6,5%). Essa medida conhecida como U-6 do Bureau of Labor Statistics (Departamento de Estatísticas Laborais, em tradução livre) nos conta que há cerca de 12 milhões de americanos que estão procurando uma forma de ganhar mais moeda, mas simplesmente não há empregos. O governo poderia contratar a todos.

Atualmente, o governo federal opta por não fazer isso. Em vez de fazê-lo, oferece o seguro-desemprego como forma de amortecer a queda na renda quando as pessoas perdem o emprego. Supondo que os trabalhadores se qualifiquem para receber benefícios, o seguro-desemprego substitui uma parte dos salários perdidos quando se fica desempregado. O pagamento médio é de US$ 347 por semana. Isso ajuda a proteger a economia quando a demanda agregada começa a cair, mas não protege o trabalhador de uma crise de desemprego. Alguns trabalhadores encontrarão novos empregos com relativa rapidez, enquanto outros definharão entre as filas dos desempregados por meses, ou até anos. Em uma recessão profunda, muitos ficarão desempregados por um longo período, até verem seus benefícios acabarem e suas habilidades atrofiarem.

Embora o seguro-desemprego seja considerado o estabilizador automático mais importante que temos hoje, não é o estabilizador mais poderoso que podemos desenvolver. Parte do problema é que nem todos que estão desempregados são elegíveis para receber benefícios. Isso porque nem todo trabalho é coberto pelo seguro-desemprego. Algumas pessoas são inelegíveis porque deixaram seus empregos ou foram demitidas por má conduta. Outros não ficaram empregados por tempo suficiente para se qualificarem

CONSTRUINDO UMA ECONOMIA PARA O POVO

ou esgotaram seus benefícios anteriormente. Mesmo muitos trabalhadores elegíveis não recebem benefícios. De acordo com o Bureau of Labor Statistics do governo, "em 2018, 77% dos desempregados que trabalharam nos doze meses anteriores não solicitaram benefícios de seguro-desemprego desde o último emprego. Dos desempregados que não se candidataram, três em cada cinco não o fizeram porque não acreditavam que eram elegíveis para receber benefícios".[22] A garantia federal de emprego eliminaria a incerteza ao estabelecer um direito universal de emprego para todos.[23]

Vamos ver como funcionaria.[24] Em vez de deixar milhões de pessoas ficarem desempregadas, o governo estabeleceria um compromisso aberto de proporcionar, aos candidatos a emprego, acesso à moeda, em troca da realização de trabalhos no serviço público. A participação seria puramente voluntária. Ninguém é obrigado a trabalhar no programa. Para garantir que não estamos criando trabalhos apenas para as pessoas estarem empregadas, mas sim *bons empregos*, os economistas da TMM recomendam que esses empregos paguem um salário digno, e que o próprio trabalho sirva a um propósito público útil.[25] Já que a garantia de emprego estabeleceria um compromisso permanente, ela se tornaria um programa de gastos federais obrigatório (diferentemente dos discricionários). Assim como ocorre com outros programas obrigatórios — por exemplo, seguro-desemprego ou vale-refeição —, os gastos aumentariam e diminuiriam à medida que as pessoas entrassem e saíssem do programa. Se a economia entrar em recessão, mais pessoas farão a transição para o emprego no serviço público e o orçamento registrará automaticamente gastos mais altos para apoiar esses empregos. Quando a economia melhorar, e o setor privado estiver pronto para começar a contratar novamente, os trabalhadores sairão do programa e o orçamento encolherá automaticamente. Isso torna a garantia de emprego um novo e poderoso estabilizador automático, que fortaleceria os mecanismos automáticos existentes no orçamento federal.[26]

Do ponto de vista puramente econômico, a maior vantagem da garantia de emprego é sua capacidade de estabilizar os empregos ao longo do ciclo econômico. Isso não beneficia apenas aqueles que conseguem rapidamente encontrar novos empregos. Beneficia a todos nós. A partir de 2020, os EUA entraram na expansão da taxa de empregos mais longa — isto é,

243

O MITO DO DÉFICIT

um crescimento ininterrupto do número de empregos — já registrada na história. Mas, em algum momento, a expansão chegará ao fim e a economia entrará em recessão. Essa é a natureza do capitalismo. As empresas contratam e investem quando estão carregadas de clientes. A certa altura, a demanda diminuirá (geralmente porque as pessoas decidem que assumiram dívidas demais) e a população começa a fechar suas carteiras.[27] Ao passo que os clientes começam a desaparecer, as empresas reduzem a produção e começam a demitir funcionários. Se tivéssemos um programa de garantia de emprego em andamento hoje, ele poderia empregar muitas das 12 milhões de pessoas que atualmente estão sem o trabalho de que precisam e poderia ajudar muitas destas que, de outra forma, ficariam desempregadas quando a próxima recessão chegasse. O programa teceria fibras mais fortes na rede de segurança social existente, resgatando indivíduos com novas oportunidades de emprego no momento em que são demitidos. Se você possui seu próprio negócio ou trabalha para outra pessoa, sua própria segurança econômica provavelmente está intimamente ligada à segurança de renda dos outros.

Apoiar-se no seguro-desemprego não é suficiente. Nem todos são elegíveis, e a maioria dos estados paga benefícios apenas de 13 a 26 semanas. Quando a Grande Recessão começou (em dezembro de 2007), já havia 1,3 milhões de pessoas vivenciando o desemprego de longo prazo (por mais de 27 semanas). Em agosto de 2009, depois que a recessão havia *oficialmente terminado*, 5 milhões de americanos haviam permanecido sem trabalho por 27 semanas ou mais. Um ano depois, esse número havia subido para 6,8 milhões. Embora o Congresso tivesse votado para alongar o período do benefício, essas extensões uma hora acabaram, deixando milhões sem emprego ou sem renda. Empresas e comunidades em todos os Estados Unidos sentiram o golpe. Enquanto os desempregados lutavam para pagar seus financiamentos, casas eram hipotecadas, os valores das propriedades despencavam, a receita de impostos sobre a propriedade encolhia, os governos estaduais e municipais cortavam gastos em tudo, da educação ao transporte, o número de estudantes por sala de aula inflava, a infraestrutura se deteriorava e assim por diante. A recessão profunda e prolongada prejudicou a todos nós.

O Congresso poderia ter puxado a alavanca discricionária novamente, autorizando uma nova rodada de estímulos fiscais para sustentar a demanda agregada. Mas isso não aconteceu. A esse ponto, os legisladores estavam mais focados em lutar contra o déficit orçamentário do que em permitir déficits maiores para ajudar a curar a economia adoentada. Então, o Congresso deixou o problema com o Federal Reserve, para fazer o que o banco conseguisse. Essa falha em agir nos custou muito.

As coisas teriam sido muito diferentes com uma garantia federal de emprego em vigor. O volante econômico teria girado automaticamente na direção de maiores déficits fiscais. Assumir a direção de déficits ainda maiores não parecia certo para o congressista Cleaver e seus colegas, mas era exatamente o necessário naquele momento. Pense da seguinte forma. Suponha que você esteja dirigindo sob uma tempestade de inverno e passe por um trecho de pista coberto de gelo, que lance seu carro numa derrapagem fora de controle. O que você faria? Instintivamente, a maioria de nós provavelmente viraria o volante na direção oposta. Se o carro está se movendo para a direita, puxar o volante para a esquerda parece a coisa certa a fazer. Mas não é. Como eles nos ensinam na aula de direção, precisamos virar *na direção da derrapagem* para recuperar o controle. Parece errado, mas é a única maneira de evitar uma possível colisão. A garantia de emprego equipa o orçamento federal com um recurso automatizado que se sobrepõe ao impulso natural dos legisladores de se voltar contra déficits quando a economia está derrapando para fora da estrada. Conforme a economia volta aos trilhos, as empresas começam a contratar, tirando os trabalhadores do programa federal de garantia de emprego. Quando isso acontece, esses trabalhadores saem do orçamento federal e o volante se ajusta automaticamente para reduzir o tamanho do déficit.

Portanto, a garantia de emprego é um poderoso estabilizador econômico. Mantendo as pessoas empregadas e suas fontes de renda durante todo o ciclo econômico, as recessões futuras seriam mais curtas e menos severas. Isso ocorre porque as pessoas podem entrar no programa assim que a economia começar a perder fôlego e sair rapidamente na proporção em que as condições de contratação melhorem, já que as empresas relutam em contratar pessoas que estão desempregadas por um longo tempo.

O MITO DO DÉFICIT

Permanecer empregado e desenvolver novas habilidades enquanto estiver no programa aumentam as chances do trabalhador ser recrutado fora do programa quando as marés econômicas começarem a mudar.

Que tipo de trabalho essas pessoas fariam e como poderemos garantir que sempre haja empregos suficientes disponíveis para todos que desejam trabalhar no programa? Quanto os trabalhadores receberiam e quem administraria um programa federal desse tamanho? Alguma coisa semelhante já foi tentada antes? Há uma enorme literatura da TMM, abrangendo mais de três décadas, que responde a essas perguntas e muitas, muitas outras.[28] Um tratamento completo está além do escopo deste livro, mas podemos responder às questões gerais e descrever os contornos amplos do programa conforme estabelecido em uma publicação de 2018 de coautoria de cinco economistas da TMM.[29]

O que imaginamos é um programa de Emprego no Serviço Público (ESP) altamente descentralizado, que ofereça trabalho remunerado com um salário digno (recomendamos US$ 15 por hora) com um pacote básico de benefícios, que inclua assistência médica e licença remunerada. Devem ser oferecidos tanto trabalhos de meio período quanto de tempo integral, e os arranjos de trabalho devem ser suficientemente flexíveis para acomodar as necessidades de cuidadores, estudantes, trabalhadores mais velhos, pessoas com deficiência e assim por diante. Embora o financiamento deva vir do topo (do governo federal), os próprios empregos seriam, em grande parte, projetados pelas pessoas que vivem nas comunidades que se beneficiarão do trabalho realizado. Como explicamos no relatório, "o objetivo é criar empregos em todas as comunidades e criar projetos que sejam benéficos para todas as comunidades, [portanto] faz sentido envolver as comunidades locais nesses projetos, desde a fase de proposta até a implementação, administração e avaliação".

O orçamento do programa poderia ser gerenciado na Secretaria de Trabalho local, e a secretaria especificaria as orientações gerais para os tipos de projetos que iriam se qualificar para financiamento. O objetivo é gerar empregos que atendam as necessidades comunitárias não satisfeitas. Da forma que imaginamos, todos os trabalhos deveriam ser orientados para um objetivo maior: construir uma economia do cuidado. Somos uma sociedade em envelhecimento, no meio de uma crise climática, com trabalho mais do que suficiente a ser feito. Podemos enfrentar nosso déficit de bons empregos criando milhões de postos bem remunerados de cuidado com pessoas, comunidades e com nosso planeta.

Quando o assunto é criar esses trabalhos, pensamos que é importante reconhecer que o governo federal não está na melhor posição para identificar as necessidades mais urgentes das comunidades. As pessoas que vivem e trabalham nas comunidades que estão. É por isso que recomendamos que as agências governamentais trabalhem com parceiros na comunidade para avaliar e catalogar as necessidades não atendidas, de forma que os trabalhos sejam criados sob medida para remediá-las. Juntos, estados e municípios trabalhariam com suas comunidades parceiras para criar um repositório de projetos de trabalho. Pense em um Projeto Prateleira gigantescamente ampliado, mas em vez de pastas cheias de propostas de "pagamentos por gastos", as prateleiras estariam cheias de ampla gama de empregos disponíveis. A ideia é manter as prateleiras cheias com trabalhos potenciais suficientes para permitir que pessoas com diferentes habilidades e interesses cheguem desempregadas e saiam com um emprego que lhes seja cabível.[30]

Por definição, a demanda por empregos no serviço público flutuará ao longo do tempo. Em média, estimamos que o programa aproveitaria as energias de aproximadamente 15 milhões de pessoas. Alguns escolherão trabalho em meio período, mas a maioria dos participantes desejará um emprego em período integral.[31] Suponha que recebamos o equivalente a 12 milhões de trabalhadores em período integral no programa. Considerando duas semanas de licença remunerada, isso significa que essas pessoas estarão se oferecendo para dedicar 24 bilhões de horas, anualmente, ao emprego no serviço público.[32] Agora imagine apenas algumas coisas que poderíamos realizar usando 24 bilhões de horas para resolver déficits tangíveis em nossas comunidades.

Poderíamos criar um Corpo de Conservação Civil do século XXI — livre das práticas racistas e excludentes da era do New Deal —, que coloque milhões de pessoas para trabalhar em projetos voltados para cuidar do meio ambiente.[33] O banco de empregos deve incluir uma grande variedade de trabalhos disponíveis, desde a prevenção de incêndios até o controle de enchentes e agricultura sustentável. Poderíamos cuidar de comunidades arruinadas, que sofreram décadas de negligência e desinvestimento, limpando terrenos baldios, construindo playgrounds e hortas comunitárias, projetando programas extracurriculares para jovens e promovendo ensino e aprendizado para adultos. E podemos cuidar uns dos outros, tomando conta de nossa população envelhecida e garantindo que as crianças tenham os recursos de que precisam para prosperar na primeira infância.

Resumindo, a garantia de emprego é a solução da TMM para nosso déficit crônico de empregos. Em vez de prender milhões de desempregados como um sacrifício ofertado à "taxa natural" de desemprego, tal garantia se certifica de que todos que querem trabalhar possam ter um emprego. E como aprendemos no Capítulo 2, também é um melhor estabilizador de preços. O projeto gasta apenas o necessário para contratar todos que estão preparados para trabalhar e mantém um grupo de pessoas empregáveis, as quais o setor privado pode contratar prontamente, oferecendo um prêmio modesto sobre o salário do programa. Além disso, ao estabelecer o direito a um emprego com salário mínimo, a garantia de emprego fortalece o poder de barganha do trabalho, reduz as desigualdades raciais, reduz a pobreza e eleva o piso do trabalho de baixa remuneração, ao mesmo tempo em que constrói comunidades mais fortes, vibrantes e conectadas.[34]

Alguma coisa assim já foi posta em prática? Nenhum país implementou um projeto completo de garantia de emprego, mas vários países experimentaram versões da ideia. Na década de 1930, os EUA lutaram contra a Grande Depressão criando diretamente milhões de empregos sob o New Deal do presidente Franklin D. Roosevelt. A Administração de Obras Públicas colocou centenas de milhares de homens para trabalhar na construção de escolas, hospitais, bibliotecas, correios, pontes e barragens. Em seus primeiros seis anos, a Administração do Progresso do Trabalho criou cerca de 8 milhões de empregos na construção e conservação, bem como gerou milhares de empregos para escritores, atores e músicos. A Administração Nacional da Juventude criou 1,5 milhão de empregos de meio período para alunos do ensino médio e 600 mil para estudantes universitários. Como propõe a TMM, os empregos eram financiados pelo governo federal, mas os programas não eram permanentes e não garantiram emprego para todos.

O plano "Jefes de Hogar" ("Chefes de Família", em tradução livre) da Argentina também não era uma garantia total de emprego, mas em 2001 tornou-se "o único programa de criação direta de empregos do mundo, especificamente modelado após" a proposta desenvolvida pelos economistas da TMM.[35] O programa foi lançado como uma medida de emergência após uma crise financeira que mergulhou a economia em recessão e elevou a taxa oficial de desemprego acima de 20%. Foi inspirado no trabalho de Warren Mosler e projetado sob a consultoria de economistas da TMM — Pavlina Tcherneva, Mathew Forstater e L. Randall Wray — como uma forma de colocar as pessoas de volta ao trabalho rapidamente. Ao ser o primeiro projeto desse tipo, o plano Jefes de Hogar criou um programa de empregos financiado pelo governo federal e de administração local, que garantia quatro horas de trabalho diário em troca de 150 pesos por mês. Como Tcherneva explica, os empregos eram limitados aos chefes de família com "filhos menores de dezoito anos, pessoas com deficiência ou mulheres grávidas".[36] No auge, o programa empregava cerca de 2 milhões de pessoas, aproximadamente 13% da força de trabalho. Quase 90% dos empregos eram em projetos comunitários, e 75% dos participantes eram mulheres. Apenas seis meses após o lançamento do programa, a pobreza extrema havia caído em 25%. Em três anos, metade dos participantes havia deixado o programa, a maioria para assumir empregos no setor privado.[37]

Em 2003, em sua Cúpula de Desenvolvimento e Crescimento anual, o governo da África do Sul formalizou um compromisso com "mais trabalho, melhores empregos [e] trabalho decente para todos".[38] O Programa Expandido de Obras Públicas ("Expanded Public Works Program", EPWP) surgiu desse compromisso. O programa criou "trabalho temporário para os desempregados realizarem atividades socialmente úteis".[39] Dois anos mais tarde, o governo indiano instituiu o Esquema Nacional de Garantia de Emprego Rural Mahatma Gandhi (MGNREGS). A criação do programa foi motivada pelo desejo de diminuir as disparidades entre as rendas rurais e urbanas. Para criar oportunidades para aqueles que vivem onde o desemprego era alto, o governo garantiu cem dias de trabalho com salário mínimo — com salários iguais para homens e mulheres — para qualquer família rural. A garantia de emprego da Índia continua direcionada (em vez de ser universal), mas é um dos maiores programas do mundo de garantia de emprego financiados pelo governo federal. Estudos mostraram que, ao se estabelecer um salário uniforme, a garantia de emprego rural da Índia ajudou a promover a igualdade de gênero e o empoderamento feminino, ao mesmo tempo em que melhorou a transparência do processo político.[40]

Então, sim, há exemplos históricos, e mesmo recentes, de governos que adotaram formas direcionadas de garantia de emprego. A maioria deles foi implementada como medida temporária para lidar com algum tipo de crise. A TMM pensa de forma diferente sobre o escopo e o objetivo final da garantia de emprego. Não é uma medida de emergência a ser ativada durante uma crise e depois encerrada conforme o setor privado recupera os empregos. Em vez disso, a garantia de emprego é uma forma de equipar nossa economia com um estabilizador autônomo mais potente. Pense desta forma: você não pediria ao seu mecânico para remover os amortecedores do seu carro só porque a cidade tapou alguns buracos ou pavimentou estradas. Você os quer lá o tempo todo, porque sabe que fará um passeio melhor com eles do que sem. O mesmo vale para a garantia de emprego. Sem ela, dependemos de estabilizadores mais fracos que proporcionam renda temporária aos desempregados, enquanto milhões de pessoas ficam permanentemente presas num estoque tampão de desemprego. Com a garantia de emprego, podemos usar o pleno emprego para absorver os inevitáveis obstáculos no caminho.

A experiência mostra que a criação de empregos para os desempregados funciona. Traz uma infinidade de benefícios, que vão muito além de simplesmente fornecer renda para aqueles que, de outra forma, seriam arrastados por uma onda de desemprego. A ideia não é exclusiva da TMM. Ela foi chamado de "perna esquecida" do New Deal.[41] FDR esperava que o Congresso retificasse uma garantia de emprego, na forma de uma Declaração de Direitos Econômicos, mas seu partido nunca levou a cabo um compromisso formal após sua morte.[42] Ainda assim, a luta pela garantia de emprego continuou. Foi parte integrante do movimento dos direitos civis

CONSTRUINDO UMA ECONOMIA PARA O POVO

e continua a ser uma pedra angular do direito internacional de direitos humanos.[43] Muitos agora também a veem como um ingrediente crítico na luta por maior igualdade econômica e justiça climática. É uma oportunidade de transformar dezenas de bilhões de horas de ociosidade humana em uma ampla gama de empregos que nos ajudarão a construir uma economia mais resiliente e ecologicamente sustentável.

PROTEÇÕES PARA AJUSTES FISCAIS DISCRICIONÁRIOS

É importante reconhecer que a TMM não é uma panaceia. Não consertará nossa política falida ou forçará os legisladores a investir dinheiro público de maneiras que melhor atendam ao interesse público. O Congresso dos EUA, da mesma forma que ocorre com a Dieta Nacional do Japão, o Parlamento Britânico e outros órgãos governamentais, está cheio de oficiais públicos que deveriam orçar pensando no povo, mas muitas vezes não o fazem. A garantia de emprego oferece uma solução parcial.[44] Ela força o orçamento a responder automaticamente às mudanças nas condições econômicas e, diferente dos cortes de impostos, cujos benefícios nunca alcançam os necessitados, a garantia de emprego visa as comunidades mais atingidas pelo desemprego. Isso significa que a renda vai diretamente para as mãos de quem mais precisa.

Mas não podemos apenas habilitar o modo piloto automático, reclinar o assento e esperar que mudanças nos gastos obrigatórios nos levem adiante. Também precisamos de gastos discricionários. Decisões sobre quanto gastar com militares, mudanças climáticas, educação, infraestrutura, assistência médica e outros programas discricionários exigem deliberação séria. Hoje, essas deliberações ocorrem no contexto de uma filosofia orçamentária que, para a TMM, é antitética. É uma filosofia que nos diz que os orçamentos devem ser equilibrados — pelo menos ao longo de um período arbitrário de dez anos — e que os legisladores devem demonstrar que podem pagar por novos programas sem aumentar o déficit. O cobiçado documento de permissão que autoriza que a legislação avance vem do CBO, que se tornou uma presa do mito do déficit. Para contornar o conjunto de regras e convenções que restringem o processo orçamentário, os legisladores usam artifícios orçamentários ou simplesmente dispensam as regras de maneira *ad hoc* e muitas vezes partidária. Podemos fingir que o processo atual nos serve bem, mas acho que o senador Boxer tinha uma descrição mais adequada.

E se parássemos de tentar alcançar um orçamento equilibrado e perseguíssemos uma agenda ambiciosa para reequilibrar nossa economia? Montar um orçamento segundo a visão da TMM significa não buscar um determinado resultado orçamentário. Déficits maiores deveriam ser tão aceitáveis quanto os menores, ou mesmo os superávits fiscais. O número que surge da caixinha do orçamento no fim do ano fiscal não é o que importa. O que importa é construir uma economia saudável para que todos nós possamos prosperar. Existe trabalho decente e remunerado para todo mundo que quer trabalhar? As pessoas têm os cuidados de saúde e a educação de que precisam? Os nossos idosos podem desfrutar de aposentadorias dignas? As crianças todas têm comida suficiente, água potável e um lugar seguro para morar? Estamos fazendo tudo que podemos para manter nosso planeta habitável? Resumindo: estamos nos debruçando sobre os déficits que importam?

A TMM nos ensina que, se tivermos os *recursos reais* de que precisamos, ou seja, se tivermos os materiais de construção para consertar nossa infraestrutura, se tivermos pessoas que querem se tornar médicos, enfermeiros e professores, se pudermos cultivar todos os alimentos que precisamos — o *dinheiro* sempre pode ser disponibilizado para atingir nossos objetivos. Essa é a beleza de uma moeda soberana. Ao contrário do que disse Margaret Thatcher, *existe dinheiro público*, e não devemos ter receio de aceitá-lo. Como o ex-presidente do Fed, Alan Greenspan, testemunhou: "Não há nada que impeça o governo federal de criar todo o dinheiro que quiser e pagá-lo a alguém". Seu sucessor, Ben Bernanke, foi mais longe, descrevendo como o governo realmente paga suas contas: "Não é dinheiro do contribuinte. Nós simplesmente usamos o computador para ajustar o tamanho da conta". Essas são observações que podem mudar o paradigma e que devem nos libertar da velha questão: como pagaremos por isso? A verdade é que o governo federal já está custeando todas as suas

CONSTRUINDO UMA ECONOMIA PARA O POVO

contas usando nada mais do que um teclado no Federal Reserve de Nova York. Os impostos subtraem o poder de compra do resto de nós, mas não pagam as contas. Já é hora de entendermos o que significa viver em um país onde o governo é o monopolista da moeda. Nenhum presidente dos EUA deveria jamais alegar que o governo "ficou sem dinheiro", e nenhum repórter deveria deixar tal afirmação passar sem contestação. Todos nós merecemos saber a verdade: um governo emissor de moeda pode custear o que quer que esteja à venda em sua própria unidade de contabilidade. Os bolsos do Tio Sam nunca estão vazios.

A capacidade de gastar do governo é infinita, mas a capacidade produtiva da nossa economia não é. Há limites para o que podemos e devemos fazer. A TMM nos instiga a respeitar nossas restrições materiais e ecológicas e a perguntar: com que recursos proporcionaremos isso? O orçamento através da lente da TMM nos faria substituir a restrição orçamentária artificial, que nos diz para vivermos dentro de nossas capacidades *financeiras,* pela restrição de inflação, que nos diz para vivermos dentro de nossas capacidades *biológicas e materiais.*

Como aprendemos, cada economia tem seu próprio limite de velocidade interno. Há uma demanda máxima que pode ser aplicada aos nossos recursos materiais — nossos trabalhadores, fábricas, maquinário e matéria prima — e depois disso, estaremos exigindo demais. Uma vez que uma economia atinja seu potencial total de emprego de recursos, *qualquer* gasto adicional — advindo do governo, do setor privado doméstico (famílias e empresas americanas, no caso) ou do resto do mundo (demanda estrangeira pelas nossas exportações) — carregará risco inflacionário. A boa notícia é que, como nós gerenciamos cronicamente nossa economia abaixo de sua velocidade máxima, quase sempre há espaço para aumentar gastos sem arriscar uma aceleração da inflação. E é isso que importa.

Houve um tempo em que nossos líderes políticos entendiam isso. Por exemplo, o presidente John F. Kennedy buscou a experiência do economista ganhador do Prêmio Nobel, James Tobin, que atuou como consultor da campanha presidencial de Kennedy em 1960 e depois como membro do Conselho de Assessores Econômicos do presidente. Tobin lembra que

O MITO DO DÉFICIT

JFK perguntou: "Existe algum limite para o déficit? Eu sei, é claro, dos limites políticos... Mas existe algum limite econômico?". Quando Tobin confessou que "o único limite real é a inflação", o presidente respondeu: "É isso mesmo, não é? O déficit pode ser do tamanho que for, a dívida pode ser do tamanho que for, contanto que não cause inflação. Todo o resto é apenas conversa fiada".[45]

A intuição de Kennedy estava certa. Não é o tamanho da dívida ou do déficit que importa. É a pressão que impomos ao nosso planeta e aos nossos recursos produtivos que importam.

Em 25 de maio de 1961, o presidente Kennedy fez seu discurso ousado antes de uma sessão conjunta do Congresso. Antes de solicitar um único centavo para financiar seu ambicioso programa de exploração espacial, Kennedy assegurou ao Congresso:

> Eu acredito que temos todos os recursos e talentos necessários. Mas o centro da questão é que nunca tomamos as decisões nacionais ou reunimos os recursos federais necessários para tal liderança. Nunca especificamos metas de longo prazo em um cronograma urgente, ou gerenciamos nossos recursos e nosso tempo de forma a assegurar seu cumprimento.[46]

Kennedy entendeu perfeitamente. Nossos recursos materiais são escassos e devem ser administrados. O tempo é o recurso mais escasso. Ninguém pode espremer e arrancar mais de 24 horas de um dia. A engenhosidade humana é limitada por nossos conhecimentos e capacidades tecnológicas existentes. Nossas capacidades técnicas e nossos recursos materiais são as únicas coisas que podem limitar nossas possibilidades. JFK compreendia que os Estados Unidos precisariam desenvolver novas tecnologias para levar a cabo o ambicioso programa de exploração espacial. Levar uma homem à Lua e trazê-lo de volta à Terra em segurança demandaria financiamento substancial para facilitar a pesquisa científica e o desenvolvimento de novas tecnologias. Kennedy disse ao Congresso que nenhuma parte de seu programa de exploração espacial "seria difícil demais ou cara demais". E então, ele pediu ao Congresso — e ao povo americano — para que apoiassem a missão.

CONSTRUINDO UMA ECONOMIA PARA O POVO

Que fique claro — e este é um julgamento que os Membros do Congresso devem finalmente fazer —, que fique claro que estou pedindo ao Congresso e ao país que aceitem um compromisso firme com um novo curso de ação, um curso que durará por muitos anos e acarretará custos muito pesados: US$ 531 milhões no ano fiscal de 1962 — um adicional estimado em 7 a 9 bilhões de dólares nos próximos cinco anos.

Kennedy não fez referência a impostos ou aos contribuintes no seu discurso da viagem à Lua. Para financiar o programa, ele simplesmente pediu "aos Comitês Espaciais do Congresso, e aos Comitês de Apropriação, que considerem o assunto cuidadosamente". Ele sabia que o Congresso tinha o poder de aumentar o orçamento discricionário para fornecer os bilhões de dólares que ele estava solicitando. Consistentemente com os ensinamentos da TMM, Kennedy mostrou que encontrar o dinheiro era a parte mais fácil. O verdadeiro desafio viria mais tarde, como explicou:

> Esta decisão exige um grande empenho nacional de mão de obra científica e técnica, material e instalações, e a possibilidade de seu desvio de outras atividades importantes, que já estão escassas. Significa um grau de dedicação, organização e disciplina que nem sempre caracterizaram nossos esforços de pesquisa e desenvolvimento. Significa que não poderemos arcar com paralisações indevidas de trabalho, custos inflacionados de material ou talento, rivalidades desnecessárias entre agências ou uma alta rotatividade de pessoal-chave.

Para levar adiante seu ambicioso plano, o governo precisaria comandar mais recursos reais da economia — mais cientistas e engenheiros, mais empreiteiros e funcionários públicos, mais satélites e naves espaciais e aditivos de combustíveis, e assim por diante. Apesar da taxa oficial de desemprego estar em 7,1% quando JFK fez seu famoso discurso, Kennedy entendeu que mirar na Lua poderia exigir que o governo competisse por mão de obra altamente qualificada e outros recursos reais. Para gerenciar o risco de inflação, seu governo pressionou os sindicatos e a indústria privada, instigando-os a manter os aumentos de salários e os preços ao mínimo para evitar elevar a inflação. E funcionou. A economia cresceu, o desemprego caiu drasticamente e a inflação permaneceu abaixo de 1,5% na primeira metade da década.[47]

Oito anos depois daquele famoso discurso, a missão Apollo 11 da NASA pousou com segurança e os primeiros seres humanos pisaram na Lua. Hoje, quase todos nós nos beneficiamos de uma forma ou de outra desse empreendimento histórico. Como disse a economista Mariana Mazzucato, "o lançamento do Sputnik pelos soviéticos em 1957 levou a uma erupção de pânico entre os formuladores de políticas dos EUA".[48] Esse pânico deu origem a uma corrida espacial que, por sua vez, abriu caminho para o desenvolvimento de muitas coisas que hoje achamos estarem garantidas com parte de nossa vida. O computador, bem como "grande parte da tecnologia em nossos smartphones hoje, datam do programa Apollo e missões relacionadas".[49]

VOCÊ CONSEGUE IMAGINAR UMA ECONOMIA DO POVO?

Os desafios que enfrentamos hoje são muito diferentes daqueles enfrentados por Kennedy, há quase sessenta anos, mas não menos assustadores, e certamente muito mais importantes. Para evitar a catástrofe global, precisamos limitar os impactos das mudanças climáticas e nos adaptar ao grau de aquecimento que já é inevitável. Para isso, os governos devem fazer investimentos, nos EUA e em outros lugares, que reduzirão em escala e duração o compromisso maciço de recursos reais necessários para o programa espacial.

Não é melodramático considerar no nosso futuro imediato uma luta pela sobrevivência, e, nesse sentido, a analogia correta é a Segunda Guerra Mundial. Em seu importante livro, *How to Pay for the War* ("Como Pagar pela Guerra", em tradução livre), John Maynard Keynes explicou o que Kennedy viria a entender mais tarde: conseguir o dinheiro é a parte mais fácil. O verdadeiro desafio está em gerenciar os recursos disponíveis — mão de obra, equipamentos, tecnologia, recursos naturais e tudo o mais — para que a inflação não acelere. Se Kennedy tivesse visto de uma perspectiva equivocada, os Estados Unidos talvez nunca tivessem chegado à Lua. Se Keynes tivesse visto de uma perspectiva equivocada, os esforços de guerra britânicos poderiam ter muito bem chegado tarde demais. Se nossa geração continuar na perspectiva equivocada, não faremos os investimentos certos na escala e no ritmo necessários para evitar crises sociais e ecológicas cada vez maiores. A boa notícia é que agora temos a perspectiva certa, que é a TMM.

Um mundo justo e mais próspero — que combine sustentabilidade ecológica com pleno emprego, bem-estar humano, menor grau de desigualdade e serviços públicos de excelência que atendam às necessidades de todos — está ao nosso alcance. Conforme expandimos coletivamente nossa compreensão sobre o dinheiro público e mudamos o foco na obsessão com os déficits orçamentários de nossa nação, poderemos começar a construir uma economia melhor, que funcione para todo o nosso povo.

A imaginação humana é incrivelmente poderosa. Momentos transformadores na história humana aconteceram quando alguém ou algum grupo de pessoas foi capaz de imaginar um mundo que o resto não conseguia ver. Em muitos casos, como no exemplo anterior de Copérnico, a mudança foi simplesmente de perspectiva; mas, quando ela veio, gerou uma explosão de novas descobertas e avanços. A TMM é, em certo sentido, uma maneira muito simples de ver o panorama geral das economias modernas de uma perspectiva diferente. Porém, não devemos subestimar a profunda transformação que uma simples alteração de perspectiva pode proporcionar. Permitimos que nossa imaginação se tornasse muito limitada, e isso está nos bloqueando. Nós temos sido muito restritivos nas políticas públicas, por medos injustificados dos números registrados nas planilhas dos órgãos governamentais. Nós reprimimos o progresso da ciência, travamos guerras desnecessárias, permanecemos em padrões de vida muito baixos e vivemos com menos beleza do que poderíamos ter desfrutado.

A austeridade é falta de imaginação — uma falha em imaginar como podemos melhorar simultaneamente os padrões de vida, investir no futuro de nossa nação, manter uma economia saudável e administrar a inflação.

As guerras comerciais são falta de imaginação — falhas em se imaginar como podemos manter simultaneamente o pleno emprego doméstico, ajudar as nações mais pobres a se desenvolverem de forma sustentável, diminuir nosso impacto de carbono no mundo e continuar a aproveitar os benefícios do comércio. A destruição da ecologia é uma falha de imaginação — uma falha em imaginar como podemos melhorar simultaneamente os padrões de vida, manter uma economia próspera e fazer uma mudança na atividade humana, para proteger as pessoas e o planeta. A TMM proporciona uma caixa de ferramentas imensa para todos os países começarem a reimaginar as formas pelas quais podem cuidar de suas populações locais, preservar identidades culturais preciosas, rejuvenescer ecossistemas únicos, desenvolver novamente a agricultura sustentável e local, aumentar a capacidade produtiva e incentivar a inovação.

Vejamos um exemplo de como a TMM pode nos ajudar a encontrar abordagens alternativas para melhorar os resultados reais. Um dos principais desafios enfrentados pelos formuladores de políticas nos EUA e em todo o mundo é a transição para a produção de energia sustentável e sem geração de carbono. A transição da infraestrutura elétrica de nosso país começou, mas há um longo caminho a se percorrer para se ampliar a energia renovável, o armazenamento de energia e outras tecnologias, para substituir os combustíveis fósseis como principal meio de produção de eletricidade. Sob o velho paradigma, o debate político é muitas vezes baseado em mandatos governamentais ou incentivos de mercado. Um mandato do governo exigindo que as empresas de energia gerem formas mais limpas de eletricidade poderia deixar os contribuintes (famílias e empresas) sobrecarregados de custos adicionais. Embora os incentivos de mercado, como conceder créditos fiscais para empresas que geram energia mais sustentável, possam estimular o desenvolvimento de fontes alternativas de energia, eles também podem retardar a adoção da mesma, à proporção que os desenvolvedores esperam por condições econômicas ideais. Como resultado, as concessionárias podem esperar mais tempo antes de aposentar as usinas de carvão em uso.

Como uma abordagem guiada pela TMM poderia introduzir novas opções? Uma possibilidade seria o governo federal permitir às concessionárias elétricas a venda de qualquer gerador com alta emissão de carbono para o governo, no valor contábil, não importando sua idade, a fim de remover esses custos das tarifas — mais ou menos como o programa "cash for clunkers", o Car Allowance Rebate System (em tradução livre, "dinheiro pela lata-velha", ou Sistema de Incentivo Fiscal e Abono de Veículos), que encorajou os residentes dos EUA a trocar seus veículos antigos e menos eficientes, em termos de combustível, por outros mais eficazes, porém visando a descarbonização da rede. Isso liberaria capital privado para uma rápida transição para energia renovável e evitaria sobrecarregar famílias e empresas com custos mais altos de eletricidade, devido a uma mudança na política pública.

O governo federal poderia ir mais longe e aumentar o financiamento à pesquisa e desenvolvimento, além de ampliar a entrega de tecnologias de armazenamento de energia. Os EUA poderiam ter os custos de eletricidade mais baixos no mundo, ao mesmo tempo que fizessem uma rápida transição para energia 100% renovável. Isso é bom para as empresas, para o meio ambiente e para os lares. E é financeiramente acessível ao governo. Note que, nesse exemplo, o governo não está assumindo o controle, mas está facilitando um resultado de política pública através dos mercados de energia do setor privado. Existem, obviamente, muitas outras opções.

O que é importante aqui não é se esse exemplo é uma boa ideia ou não, mas que nós comecemos a imaginar como a capacidade fiscal do governo pode ajudar, efetivamente, na entrega de recursos reais, para se alcançar um objetivo claro de política pública. Conforme repensamos o tipo de cuidado de saúde, educação, planejamento urbano, pesquisa científica, agricultura e moradia que precisamos para nosso futuro, como nosso conhecimento da TMM pode mudar nosso foco para os recursos reais, de que precisamos, e sugerir caminhos onde uma mudança na política fiscal pode ajudar?

Você consegue imaginar uma economia onde empreendimentos privados e públicos se combinem para elevar o padrão de vida para todos? Você consegue imaginar uma economia onde toda comunidade urbana ou rural tem saúde, educação e serviços de transporte suficientes para atender a todas as necessidades da população local? Você pode imaginar uma economia que possa mensurar e continuamente melhorar o bem-estar humano, e não apenas o produto interno bruto? Você consegue imaginar uma economia onde a atividade humana rejuvenesce e enriquece todos os ecossistemas? Você consegue imaginar uma economia onde as nações fazem comércio de formas que melhorem os padrões de vida e as condições ambientais para todas as partes envolvidas? Você consegue imaginar uma economia composta de uma classe média forte, com ocupações baseadas em serviços e trabalho, que tenham bons salários e benefícios? Você consegue imaginar uma economia na qual todos tenham garantia de aposentadoria relaxada, com cuidados gratuitos, com todas as suas necessidades alimentícias, habitacionais e de cuidados de saúde atendidas? Você consegue imaginar uma economia na qual toda forma de pesquisa é totalmente financiada, com um constante fluir de ideias de sucesso comercializadas ou adquiridas para servir ao público?

Nos Estados Unidos, onde temos recursos e mão de obra abundantes, não há razão para não embarcarmos em um plano de políticas que resulte em fornecer a toda nossa população serviços de saúde de qualidade, proporcionando a cada trabalhador educação avançada adequada e treinamento profissional, atualizando nossa infraestrutura para atender às demandas de um mundo com baixa emissão de carbono e garantindo moradia adequada para todos, enquanto redesenhamos nossas cidades para serem limpas, bonitas e consigamos nutrir o espírito comunitário. Podemos ser uma força global para o bem, que lidera o caminho da descarbonização e presta assistência a países com necessidades reais, enquanto garantimos que nossa economia doméstica prospere e que nenhuma comunidade, de pequenas cidades a grandes bairros urbanos, seja deixada para trás.

Com o conhecimento de como podemos pagar por tudo isso, agora está em suas mãos imaginar e ajudar a construir a economia do povo.

NOTAS

Introdução: Em Choque com o Adesivo de Carro

1. A melhor forma de se compreender a soberania monetária é como um espectro contínuo, em que algumas nações têm grau muito maior de soberania e outras um grau menor, e ainda outras têm pouca ou praticamente nenhuma soberania. Os países com grau máximo de soberania são aqueles que gastam, tributam e emprestam em suas próprias moedas não-conversíveis (com taxa de câmbio flutuante). Não-conversível significa que o estado não promete converter a moeda nacional em ouro ou moeda estrangeira a um preço fixo. Por essa definição, os EUA, o Reino Unido, o Japão, a Austrália, o Canadá e até a China são países com soberania monetária. Em contrapartida, países como o Equador e o Panamá carecem de soberania monetária porque seus sistemas monetários são estruturados exclusivamente sobre o dólar americano, uma moeda que seus governos não podem emitir. A Venezuela e a Argentina emitem suas próprias moedas, mas também fazem empréstimos pesados em dólares americanos, o que corrói sua soberania monetária. Os dezenove países que operam com o euro também têm soberania monetária menor, porque transferiram a autoridade sobre a emissão da moeda para o Banco Central Europeu.

2. De acordo com o Northwestern Institute for Policy Research, "mais de 8 milhões de americanos perderam seus empregos; quase 4 milhões de lares foram desfeitos a cada ano e 2,5 milhões de negócios foram encerrados". Institute for Policy Research, "The Great Recession: 10 Years Later", 27 de setembro de 2018, https://www.ipr.northwestern.edu/news/2018/great-recession-10-years-later.html.

3. Ryan Lizza, "Inside the Crisis", The New Yorker, 4 de outubro de 2009, www.newyorker.com/magazine/2009/10/12/inside-the-crisis.

4. Ibid.

5. Joe Weisenthal, "Obama: The US Government Is Broke!", Business Insider, 24 de maio de 2009, www.businessinsider.com/obama-the-us-government-is-broke-2009-5.

6. CBPP, "Chart Book: The Legacy of the Great Recession", Center on Budget and Policy Priorities, 6 de junho de 2019, www.cbpp.org/research/economy/chart-book-the-legacy-of-the-great-recession.

7. Dean Baker, *The Housing Bubble and the Great Recession: Ten Years Later* (Washington, DC: Center for Economic and Policy Research, setembro de 2018), cepr.net/images/stories/reports/housing-bubble-2018-09.pdf .

8. Eric Levitt, "Bernie Sanders Is the Howard Schultz of the Left," *Intelligencer* (Doylestown, PA), 16 de abril de 2019, https://nymag.com/intelligencer/2019/04/bernie-sanders-fox-news-town-hall-medicare-for-all-video-centrism.html.

Capítulo 1: Não Pense em Orçamento Doméstico

1. Constituição dos EUA, Artigo 1, Seção 8, Cláusula 5, www.usconstitution.net/xconst_A1Sec8.html.

2. Outras entidades podem criar outros instrumentos financeiros — por exemplo, empréstimos bancários geram depósitos bancários, que podem funcionar como moeda do governo em algumas instâncias —, mas apenas o Tesouro americano e o Federal Reserve podem fabricar a moeda em si. Brett W. Fawley e Luciana Juvenal, "Why Health Care Matters and the Current Debt Does Not", Federal Reserve Bank de St. Louis, 1º de outubro de 2011, www.stlouisfed.org/publications/regional-economist/october-2011/why-health-care-matters-and-the-current-debt-does-not.

3. Um volume modesto de dívida externa não compromete a soberania monetária de um país.

4. Devemos observar que a TMM não considera a soberania monetária uma coisa binária. É melhor pensar em termos de um espectro de soberania monetária, em que alguns países têm mais e outros menos. Como o dólar americano está no centro do sistema financeiro global — ou seja, é a moeda de reserva — os Estados Unidos têm uma soberania monetária incomparável. Mas países como Japão, Reino Unido e Austrália também têm um alto grau de soberania monetária. Até a China, que administra o valor do yuan, tem uma soberania monetária substancial.

5. Margaret Thatcher, Speech to Conservative Party Conference, Winter Gardens, Blackpool, Reino Unido, 14 de outubro de 1983, Margaret Thatcher Foundation, www.margaretthatcher.org/document/105454.

6. Lizzie Dearden, "Theresa May Prompts Anger after Telling Nurse Who Hasn't Had Pay Rise for Eight Years: 'There's No Magic Money Tree,'" *Independent* (Londres), 3 de junho de 2017, www.independent.co.uk/news/pt/politics/theresa-may-nurse-magic-money-tree-bbcqt-question-time-pay-rise-eight-years-election-latest-a7770576.html.

7. Como fazer empréstimos é carta fora da mesa, os legisladores ficam com duas opções: eles podem retirar dinheiro de outra(s) parte(s) do orçamento federal ou gerar novas receitas, arrecadando impostos mais altos. Vale notar que a regra pode ser atropelada quando os legisladores querem aprovar algo mas não conseguem concordar a respeito de cortes de gastos ou aumentos nos impostos, que manteriam o déficit neutro.

NOTAS

8. Warren Mosler, *Soft Currency Economics II: What Everyone Thinks They Know About Monetary Policy Is Wrong*, 2ª ed. (Christiansted, USVI: Valance, 2012).

9. Por vezes, livros didáticos reconhecem que o governo pode imprimir dinheiro, mas esse método de financiamento é rapidamente retirado do modelo orçamentário formal, sob a alegação de que imprimir dinheiro é inflacionário. Assim, o aluno aprende que os governos devem financiar seus gastos arrecadando impostos ou tomando emprestado o que outros economizam.

10. David Graeber, *Dívida: Os Primeiros 5.000 Anos* (Nova York: Melville House, 2011); L. Randall Wray, *Understanding Modern Money: The Key to Full Employment and Price Stability* (Cheltenham, Reino Unido: Edward Elgar, 2006); e Stephanie A. Bell, John F. Henry e L. Randall Wray, "A Chartalist Critique of John Locke's Theory of Property, Accumulation, and Money: Or, Is It Moral to Trade Your Nuts for Gold?", *Review of Social Economy 62*, nº.1 (2004): 51–65.

11. Existe uma enorme literatura que traça a história das moedas emitidas pelo Estado. Leitores interessados devem consultar obras de Christine Desan, Mathew Forstater, David Graeber, John Henry, Michael Hudson e L. Randall Wray.

12. Buttonwood, "Monopoly Money", Buttonwood´s notebook, *The Economist*, 19 de outubro de 2009, www.economist.com/buttonwoods-notebook/2009/10/19/mono-poly-money.

13. Há também o Federal Reserve dos EUA, que é "a autoridade emissora de todas as notas do Federal Reserve". Como agente fiscal do governo, o Fed faz a maioria de seus pagamentos eletronicamente, creditando algo chamado conta de reservas (ou provisões) bancárias em dólares digitais. Veja Casa da Moeda dos EUA, "About the United States Mint" (página da web), www.usmint.gov/about.

14. Board of Governors of the Federal Reserve System, "About the Fed: Currency: The Federal Reserve Board's Role" (página da web), www.federalreserve.gov/aboutthefed/currency.htm.

15. Ale Emmons, "Senate Committee Votes to Raise Defense Spending for Second Year in a Row to $750 Billion" (em tradução livre, "O Comitê do Senado vota para aumentar os gastos com defesa, pelo segundo ano consecutivo, para US$ 750 bilhões"), The Intercept, 23 de maio de 2019, theintercept.com/2019/05/23/defense-spending-bil-l-senate/.

16. Poderíamos nos aprofundar em tudo isso, e a TMM fez exatamente isso. Se você estiver interessado em uma análise rigorosa da contabilidade detalhada das reservas, incluindo a coordenação diária entre o Tesouro dos EUA e o Federal Reserve, os corretores e tudo mais, veja os trabalhos de Stephanie Kelton, Scott Fullwiler e Eric Tymoigne.

17. Izabella Kaminska, "Why MMT Is Like an Autostereogram," FT Alphaville, *Financial Times* (Londres), 22 de fevereiro de 2012, https://www.ft.com/content/3ac694b1-b-500-3471-8585-84f0da006974.

O MITO DO DÉFICIT

18. Sally Helm e Alex Goldmark, apresentadores, entrevistam Stephanie Kelton, "Modern Monetary Theory", *Planet Money*, NPR, 26 de setembro de 2018, 22:00, www.npr. org/templates/transcript/transcript.php?storyId= 652001941.

19. É importante lembrar que os impostos são necessários para governos estaduais e municipais. No nível estadual e municipal, seus impostos ajudam a pagar professores, bombeiros, policiais, projetos de infraestrutura locais, bibliotecas e outros.

20. Quando se trata de combater as pressões inflacionárias, os ajustes fiscais — cortes de gastos do governo ou aumentos de impostos — não são as únicas opções. O governo também pode fazer uso de poderes não fiscais, como regulamentações, para reduzir a demanda e abrir espaço para gastos governamentais. E, é claro, os controles de salários e preços têm desempenhado um papel importante. Vide Yair Listokin, *Law and Macroeconomics: Legal Remedies to Recessions* (Cambridge, MA: Harvard University Press, 2019).

21. Stephanie Kelton (nascida Bell), "Do Taxes and Bonds Finance Government Spending?", *Journal of Economic Issues* 34, no. 3 (2000): 603-620, DOI: 10.1080/00213624.2000.11506296.

22. Há um grande aumento nos pagamentos de impostos por volta de 15 de abril de cada ano, mas os contribuintes individuais e muitas empresas também pagam impostos trimestrais, então literalmente trilhões de dólares em pagamentos de impostos são processados ao longo do ano.

23. Existem também regras que atualmente regem algumas das práticas contábeis que afetam as maneiras pelas quais os títulos do Tesouro dos EUA podem ser vendidos e como o saldo do Tesouro no Federal Reserve deve ser gerenciado. Tudo isso também foi imposto pelo Congresso e, portanto, pode ser alterado à vontade. Para saber mais sobre o assunto, vide Eric Tymoigne, "Modern Money Theory and Interrelations Between the Treasury and Central Bank: The Case of the United States", *Journal of Economic Issues* 48, no. 3 (setembro de 2014): 641–662.

24. Os economistas se referem a isso como economia de gotejamento, ou do lado da oferta. A ideia diz que os cortes de impostos desencadeiam enormes energias reprimidas, estimulando o investimento e a inovação, que, por sua vez, estimulam tanto a economia que o governo acaba arrecadando mais impostos mesmo quando os reduz. Em 2019, o presidente Trump concedeu a Medalha Presidencial da Liberdade a Arthur Laffer, o economista que popularizou essa filosofia.

Capítulo 2: Pense em Inflação

1. Observe que um aumento de preços é um precursor necessário, mas não suficiente, para a inflação. Um processo inflacionário requer preços continuamente crescentes,

de forma que o nível de preços deve aumentar ao longo de vários períodos de tempo para constituir a inflação.

2. John T. Harvey, "What Really Causes Inflation (and Who Gains from It)", *Forbes*, 30 de maio de 2011, https://www.forbes.com/sites/johntharvey/2011/05/30/what-actually-causes-inflation/?sh=378f1cd7f9a9.

3. Aimee Picchi, "Drug Prices in 2019 Are Surging, with Hikes at 5 Times Inflation", CBS News, 1º de julho de 2019, www.cbsnews.com/news/drug-prices-in-2019-are-surging-with-hikes-at-5-times-inflation/.

4. O monetarismo foi construído sobre a teoria quantitativa da moeda (TQM), que se instalou no século XIX. A TQM transforma um truísmo simples, conhecido como equação de troca, ou MV = PY, em uma história sobre as forças que dão origem à inflação, em que M é a quantidade de dinheiro em circulação (uma medida da oferta monetária existente), V é a velocidade de circulação da renda (ou o número médio de vezes que cada unidade monetária é gasta durante um período de tempo), P é o nível de preços e Y é a produção real (bens e serviços reais). A equação da troca é um truísmo porque é simplesmente uma identidade contábil que afirma que o gasto agregado (MV) é igual ao valor nominal de tudo o que é produzido e vendido (PY). É como dizer: "gastar no PIB é igual a gastar no PIB". Para transformar o truísmo em algo mais, os economistas fizeram algumas suposições comportamentais sobre V e Y. Em especial, eles assumiram que V era estável o suficiente para ser tratada como uma constante e que Y tendia a se estabilizar em pleno emprego. Se toda a equação for então colocada em movimento — usando cálculo — então as taxas de variação de V e Y se tornam zero (constantes não têm uma taxa de variação), deixando-nos com uma equação que tem apenas duas variáveis que podem se alterar, M e P. Para colocar a equação de troca em movimento, aplicamos alguns cálculos simples (os pequenos pontos indicam a taxa de variação [ou taxa de crescimento] para cada variável). Como a velocidade (V) e o produto real (Y) são considerados constantes, suas taxas de crescimento são iguais a zero. Isso nos deixa com uma equação que mostra que a taxa de inflação é igual à taxa de crescimento da oferta monetária. Para chegar à sua famosa afirmação de que "a inflação é sempre, e em toda parte, um fenômeno monetário", Milton Friedman simplesmente assumiu que a causalidade vai do dinheiro à inflação. Assim, se o banco central permitir que a oferta de moeda cresça duas vezes mais rápido do que antes, duplicaria a taxa de inflação.

5. O nome deriva do famoso economista britânico John Maynard Keynes, cujo livro mais conhecido, "Teoria Geral do Emprego, do Juro e da Moeda", reformulou tanto a teoria quanto a prática da economia de meados da década de 1940 até a década de 1960.

6. Um economista chamado A. W. Phillips produziu uma pesquisa mostrando uma correlação estatística entre a taxa de desemprego e a taxa de crescimento dos salários monetários. Os padrões nos dados revelaram uma relação inversa entre as duas variáveis, ou seja, o aumento de uma estava associado à queda da outra. Com o tempo, os economistas começaram a substituir a inflação dos preços pela inflação dos salários e a retratar o trade-off entre inflação e desemprego visualmente, na forma de uma curva de Phillips.

7. Para manter a inflação estável, Milton Friedman queria que o banco central seguisse uma regra rígida. Sua regra ditava que a oferta monetária (M) deveria crescer no máximo tão rápida quanto a economia real (Y); dessa forma, os preços (P) permaneceriam estáveis (V), dada a suposição de velocidade de renda constante da moeda.

8. Para uma discussão mais aprofundada sobre a independência do banco central, consulte L. Randall Wray, "Central Bank Independence: Myth and Misunderstanding", Documento de trabalho No. 791, Levy Institute of Bard College, março de 2014, www.levyinstitute.org/pubs/wp_791.pdf.

9. O Federal Reserve tem como alvo o PCE. Se atingir exatamente sua meta, o preço médio da cesta de bens usada para construir o PCE aumentará 2% ao ano. Para saber mais sobre isso, consulte Kristie Engemann, "The Fed's Inflation Target: Why 2 Percent?", Open Vault Blog, Federal Reserve Bank of St. Louis, 16 de janeiro de 2019, https://www.stlouisfed.org/open-vault/2019/january/fed-inflation-target-2-percent.

10. Vide Dimitri B. Papadimitriou e L. Randall Wray, "Flying Blind: The Federal Reserve's Experiment with Unobservables", Documento de trabalho No. 124, Levy Economics Institute of Bard College, setembro de 1994, www.levyinstitute.org/pubs/wp124.pdf; e G. R. Krippner, *Capitalizing on Crisis: The Political Origins of the Rise of Finance* (Cambridge, MA: Harvard University Press, 2011).

11. Os bancos centrais também usam outras ferramentas para influenciar os preços, incluindo políticas de poupança, regulamentações bancárias e de crédito, gestão cambial e políticas de estruturação de mercado. No entanto, os ajustes nas taxas de juros continuam sendo a principal ferramenta para o gerenciamento da inflação no dia a dia.

12. Visto que a profissão de economista dá tanta importância ao fato de ser científica e orientada por dados, é difícil não achar essa abordagem um pouco metafísica.

13. William C. Dudley, "Important Choices for the Federal Reserve in the Future", discurso proferido no Lehman College, Bronx, Nova York, 18 de abril de 2018, www.newyorkfed.org/newsevents/speeches/2018/dud180418a.

14. Stephanie A. Kelton, "Behind Closed Doors: The Political Economy of Central Banking in the United States", Documento de trabalho No. 47, University of Missouri – Kansas City, agosto de 2005, https://pt.scribd.com/document/262506703/WP47-Kelton-pdf

15. De fato, os mandatos da maioria dos bancos centrais ao redor do mundo, incluindo o Banco do Japão e o BCE, não incluem desemprego. Ao invés disso, eles são os únicos responsáveis por manter a estabilidade de preços.

16. A razão é simples. As empresas contratam porque tem que fazê-lo, não porque querem. Adicionar trabalhadores à folha de pagamento é algo que é feito por necessidade, e não por benevolência para com a humanidade. As economias capitalistas, como as

NOTAS

que dominam o mundo hoje, são o que Keynes (e, antes dele, Marx) chamava de economias monetárias de produção. Sua razão de ser é o lucro.

17. William Vickrey, "Fifteen Fatal Fallacies", capítulo 15 em *Commitment to Full Employment: Macroeconomics and Social Policy in Memory of William S. Vickrey*, ed. Aaron W. Warner, Mathew Forstater e Sumner M. Rosen (London: Routledge, 2015), publicado pela primeira vez por M.E. Sharpe, 2000.

18. Entre 2008 e 2013, o Fed fez três rodadas de flexibilização quantitativa ao comprar o equivalente a trilhões de dólares de títulos lastreados em hipotecas e títulos do Tesouro dos EUA de detentores privados, em troca de saldos em dólares digitais (reservas bancárias) no Fed. Isso ajudou a reduzir as taxas de juros de longo prazo, na esperança de que os proprietários refinanciassem hipotecas, liberando renda para ser gasta de outras maneiras e permitindo que as empresas tomassem empréstimos e investissem em bens de capital de longo prazo, como construir novas fábricas e comprar novos equipamentos.

19. Ben Bernanke, "Monetary Policy Is Not a Panacea", depoimento ao Congresso, Comitê de Serviços Financeiros da Câmara, 18 de julho de 2012, postado por Stephanie Kelton, TMM, YouTube, 23 de setembro de 2012, 0:10, https://www.youtube.com/watch?v=eS7OYMIprSw.

20. Abba Ptachya Lerner, *The Economic Steering Wheel: The Story of the People's New Clothes* (Nova York: New York University Press, 1983).

21. Lerner também queria que o governo evitasse tomar empréstimos — isto é, vender títulos do Tesouro dos EUA — como parte rotineira da coordenação de suas operações fiscais. Como era o emissor da moeda, poderia simplesmente gastar dinheiro na economia e deixá-lo lá. Pensando em nosso modelo G(TE), Lerner simplesmente queria que o governo gastasse. Não precisava necessariamente aplicar impostos ou fazer empréstimos, seguindo esse gasto. Os impostos deveriam subir apenas para remover a pressão inflacionária, e os títulos deveriam ser vendidos apenas para sustentar as taxas de juros mais altas.

22. Economistas da TMM, incluindo Mathew Forstater, L. Randall Wray e Pavlina R. Tcherneva, recomendaram que os empregos fossem orientados para a construção de uma economia do cuidado. Veremos a garantia de emprego em mais detalhes no capítulo final deste livro. Para uma visão detalhada de como o programa seria administrado, quanto os empregos pagariam, que tipos de empregos ele apoiaria e como isso afetaria a economia como um todo, vide L. Randall Wray, Flavia Dantas, Scott Fullwiler, Pavlina R. Tcherneva e Stephanie A. Kelton, *Public Service Employment: A Path to Full Employment*, Levy Economics Institute of Bard College, abril de 2018, www.levyinstitute.org/pubs/rpr_4_18.pdf.

23. A garantia do emprego tem suas origens na tradição de Franklin Delano Roosevelt, que queria que o governo garantisse o emprego como um direito econômico de toda gente. Também foi parte integrante do movimento pelos direitos civis liderado pelo Dr. Martin Luther King Jr., sua esposa, Coretta Scott King, e o reverendo A. Philip Randolph. O influente economista Hyman Minsky defendeu o programa como

um pilar fundamental em seu trabalho contra a pobreza. É importante notar que a garantia de emprego não exige que os formuladores de políticas tentem adivinhar a quantidade de folga no mercado de trabalho usando algo como uma NAIRU. Em vez disso, o governo simplesmente anuncia um salário e depois contrata todos os que aparecem à procura de emprego. Se ninguém aparecer, significa que a economia já está operando em pleno emprego. Mas se 15 milhões de pessoas aparecerem, isso revela uma folga substancial. Em um sentido real, é a única maneira de saber com certeza o quanto a economia está subutilizando os recursos disponíveis.

24. Isso significa que a garantia federal de emprego se torna uma nova categoria de gastos obrigatórios, assim como a Previdência Social ou o Medicare. Os gastos não são discricionários, no sentido de que os legisladores não restringem o financiamento para a garantia de emprego da maneira como definem o orçamento para gastos discricionários em infraestrutura, defesa ou educação.

25. Pavlina R. Tcherneva, *The Case for a Job Guarantee* (Cambridge, Reino Unido: Polity Press, 2020).

26. Vickrey, "Fifteen Fatal Fallacies" (em tradução livre, "Quinze Falácias Fatais").

27. No auge da Grande Recessão, cerca de 800 mil americanos estavam perdendo seus empregos a cada mês.

28. Pode ser tecnicamente possível que empregadores privados contratem trabalhadores com salários mais baixos do que o programa de garantia de emprego oferece. Se, por exemplo, o emprego vier com uma licença remunerada especialmente generosa, arranjos de trabalho mais flexíveis, melhor acesso ao transporte público ou simplesmente melhores opções de progressão na carreira, algumas pessoas podem estar dispostas a trabalhar por salários mais baixos. Espera-se que isso seja a exceção à regra, no entanto.

29. Arjun Jayadev e J. W. Mason, "Loose Money, High Rates: Interest Rate Spreads in Historical Perspective", *Journal of Post Keynesian Economics* 38, no. 1 (outono de 2015): 93–130.

30. Apesar das prevenções contra isso, os empregadores também discriminam com base em raça, gênero, orientação sexual e deficiência física, além de serem preconceituosos contra ex-presidiários e sem-teto. A garantia federal de emprego estabelece o direito empregatício para todos.

31. Os principais democratas se reuniram com o presidente Trump em 2019 para ver se poderiam encontrar uma maneira de autorizar US$ 2 trilhões para infraestrutura.

32. A TMM reconhece que a inflação pode aumentar por motivos que têm pouco, ou nada, a ver com pressões de excesso de demanda. Combater a inflação exige o isolamento da(s) causa(s) raiz(es) da pressão inflacionária e a escolha de políticas direcionadas para atacar o problema em sua origem. Para saber mais sobre isso, consulte FT Alphaville, *Financial Times* (Londres), https://www.ft.com/content/539618f8-b88c-3125-8031-cf46ca197c64/.

33. Para uma discussão muito mais detalhada, vide Scott Fullwiler, "Replaceing the Budget Constraint with an Inflation Constraint", New Economic Perspectives, 12

NOTAS

de janeiro de 2015, https://www.researchgate.net/publication/281853403_Replaceing_the_Budget_Constraint_with_an_Inflation_Constraint/citation/download

Capítulo 3: A Dívida Federal (Que Não É Dívida)

1. Financiado pelo bilionário Peter G. Peterson, quem esteve apoiando ativamente a privatização da Previdência Social há décadas. Os três membros do comitê que receberam prêmios foram o senador independente Angus King, do Maine, e os senadores democratas Mark Warner e Tim Kaine, ambos da Virgínia.

2. Christina Hawley Anthony, Barry Blom, Daniel Fried, Charles Whalen, Megan Carroll, Avie Lerner, Amber Marcellino, Mark Booth, Pamela Greene, Joshua Shakin et al., *The Budget and Economic Outlook: 2015 to 2025*, Congressional Budget Office, 2015, www.cbo.gov/sites/default/files/114th-congress-2015-2016/reports/49892-Outlook2015.pdf.

3. Este é o assunto do Capítulo 6.

4. Em junho de 2018, governos e investidores estrangeiros detinham US$ 6,2 trilhões ou cerca de um terço dos títulos do governo dos EUA.

5. Edward Harrison, "Beijing Is Not Washington's Banker", Credit Writedowns, 22 de fevereiro de 2010, creditwritedowns.com/2010/02/beijing-is-not-washingtons-banker.html.

6. Edward Harrison, "China Cannot Use Its Treasury Holdings as Leverage: Here's Why", Credit Writedowns, 7 de abril de 2018, creditwritedowns.com/2018/04/china-cannot-use-its-treasury-holdings-as-leverage-heres-why.html.

7. As taxas de longo prazo refletem a trajetória esperada das taxas de juros de curto prazo futuras, além de um prêmio de prazo, que reflete a oferta e a demanda geral por ativos seguros. O prêmio de prazo pode se alterar por conta própria, mas a trajetória futura das taxas de curto prazo é altamente durável, uma vez que o mercado de futuros, de fundos federais, nos dá as probabilidades de quais serão essas taxas, com base nas expectativas coletivas do mercado para a qual o banco central direcionará as taxas de curto prazo mais à frente. (No mercado de futuros, os traders apostam diretamente em como o Fed ajustará a taxa de fundos federais, e seus ganhos ou perdas estão diretamente ligados ao fato de eles apostaram certo ou errado. Estatisticamente, o mercado de futuros de fundos federais é onde as previsões mais precisas são feitas.) Isso dá aos bancos centrais uma influência de força razoável sobre as taxas de longo prazo. Para exercer um controle ainda mais forte, os bancos centrais podem efetivamente definir as taxas ao longo da curva de juros, como o Japão fez.

8. O termo *vigilantes de títulos* se refere ao poder dos mercados financeiros (ou, mais precisamente, dos investidores nos mercados financeiros) de forçar movimentos bruscos no preço de um ativo financeiro, como títulos do governo, de modo que a taxa de juros oscile inesperadamente. Em última análise, o Banco Central Europeu realmente manteve os vigilantes à distância, mas não sem impor uma austeridade dolorosa ao povo grego. Vide Yanis Varoufakis, *Adults in the Room: My Battle with Europe's Deep Establishment* (Nova York: Farrar, Straus and Giroux, 2017).

9. Ao criticar o orçamento proposto pelo presidente Obama, o senador Jeff Sessions disse: "No próximo ano, os Estados Unidos podem ficar como a Grécia". O congressista Paul Ryan lançou um argumento semelhante, alertando que "o orçamento ignora os impulsionadores de nossa dívida, aproximando os Estados Unidos perigosamente de uma crise no estilo europeu". Vide Jennifer Bendery, "Paul Ryan, Jeff Sessions Warn Obama's Budget Could Spur Greek-Style Debt Crisis", Huffpost, 13 de fevereiro de 2012, www.huffpost.com/entry/paul-ryan-jeff-sessions-obama-budget-greece_n_1273809.

10. Alex Crippen, "Warren Buffett: Failure to Raise Debt Limit Would Be 'Most Asinine Act' Ever by Congress", CNBC, 30 de abril de 2011, www.cnbc.com/id/42836791.

11. Warren Buffett, ""We've Got the Right to Print Our Own Money So Our Credit Is Good", trecho da entrevista do *In the Loop* com Betty Liu, Bloomberg Television, 8 de julho de 2011, postado por wonkmonk, YouTube, 5 de janeiro , 2014, 00:31, www.youtube.com/watch?v=Q2om5yvXgLE.

12. Os títulos do Tesouro dos EUA têm períodos de duração diferentes. O governo emite títulos de longo prazo, com vencimento de dez a trinta anos; Notas do Tesouro, com vencimentos entre um e dez anos; títulos do Tesouro de dez anos protegidos contra a inflação ou TIPS; e T-bills (títulos de dívida) com prazos de 13, 26 e 52 semanas. A maioria pode ser comprada em diferentes valores nominais. Os títulos de trinta anos de longo prazo variam de US$ 1.000 a US$ 1.000.000. Consulte o Investor Guide, "The 4 Types of U.S. Treasury Securities and How They Work" (página da web), Investorguide.com.

13. Laurence Kotlikoff, um economista incendiário que, comumente, se refere à dívida nacional como uma forma de "agressão infantil fiscal", caracterizou os desequilíbrios fiscais do governo dos EUA como um esquema Ponzi. Discordo totalmente de seus pontos de vista. Vide Joseph Lawler, "Economist Laurence Kotlikoff: U.S. $222 Trillion in Debt," RealClear Policy, 30 de novembro de 2012, https://www.realclearpolicy.com/blog/2012/12/01/economist_laurence_kotlikoff_us_222_trillion_in_debt_363.html.

14. Patrick Allen, "No Chance of Default, US Can Print Money: Greenspan", CNBC, 7 de agosto de 2011, atualizado em 9 de agosto de 2011, www.cnbc.com/id/44051683.

15. Niv Elis, "CBO Projects 'Unprecedented' Debt of 144 Percent of GDP by 2049", *The Hill*, 25 de junho de 2019, https://thehill.com/policy/finance/450180-cbo-projects-unprecedented-debt-of-144-of-gdp-by-2049/.

16. Jared Bernstein, "Mick Mulvaney Says 'Nobody Cares' About Deficits. I Do. Sometimes", *Washington Post*, 6 de fevereiro de 2019, https://www.washingtonpost.com/outlook/2019/02/06/mick-mulvaney-says-nobody-cares-about-deficits-i-do-sometimes/.

NOTAS

17. "Dear Reader: You Owe $42,998.12", capa da revista *Time*, 14 de abril de 2016, https://time.com/4293549/james-grant-united-states-debt/.

18. James K. Galbraith, "Is the Federal Debt Unsustainable?", Nota de Política, Levy Economic Institute of Bard College, fevereiro de 2011, www.levyinstitute.org/pubs/pn_11_02.pdf.

19. Olivier Blanchard, "Public Debt and Low Interest Rates", Documento de Trabalho 19-4, PIIE, fevereiro de 2019, www.piie.com/publications/working-papers/public--debt-and-low-interest-rates.

20. Greg Robb, "Leading Economist Says High Public Debt 'Might Not Be So Bad'", MarketWatch, 7 de janeiro de 2019, www.marketwatch.com/story/leading-economist-says-high-public-debt-might-not-be-so-bad-2019-01-07.

21. David Harrison e Kate Davidson, "Worry About Debt? Not So Fast, Some Economists Say", *Wall Street Journal*, 17 de fevereiro de 2019, https://www.wsj.com/articles/worry-about-debt-not-so-fast-some-economists-say-11550414860.

22. Scott T. Fullwiler, "Interest Rates and Fiscal Sustainability", Documento de trabalho nº 53, Wartburg College e Center for Full Employment and Price Stability, julho de 2006, https://papers.ssrn.com/sol3/papers.cfm?abstract_id=1722986.

23. Scott T. Fullwiler, "The Debt Ratio and Sustainable Macroeconomic Policy", World Economic Review (julho de 2016): 12–42, https://www.researchgate.net/publication/304999047_The_Debt_Ratio_and_Sustainable_Macroeconomic_Policy.

24. Ibid.

25. Ibid. Refere-se às taxas de juros pagas pelo governo.

26. Galbraith, "Is the Federal Debt Unsustainable?" (em tradução livre, "A dívida federal é insustentável?").

27. Macro Advisors Japan, "General Government Debt and Asset", 20 de dezembro de 2019, www.japanmacroadvisors.com/page/category/economic-indicators/balance-sheets/general-government/.

28. Fullwiler, "Interest Rates and Fiscal Sustainability" (em tradução livre, "Taxas de Juros e Sustentabilidade Fiscal").

29. Antes do Acordo Tesouro-Fed, o Federal Reserve mantinha um controle rígido sobre a taxa de juros de longo prazo, recusando-se a permitir que a taxa ficasse acima de 2,5%. Assumir o controle da curva de juros é impossível, sob um regime de câmbio fixo, porque as taxas de juros se tornam endógenas à medida que a dívida do governo compete com a opção de converter moeda doméstica em ativo de reserva à taxa fixada pelo governo. Para saber mais sobre isso, consulte Warren Mosler e Mathew Forstater, "A General Framework for the Analysis of Currencies and Commodities", em ed. Paul Davidson and Jan Kregel, *Full Employment and Price Stability in a Global Economy* (Cheltenham, Reino Unido: Edward Elgar, 1999), https://moslereconomics.com/mandatory-readings/a-general-analytical-framework-for-the-analysis-of-currencies-and-other-commodities/.

30. O Fed começou a definir metas em 1942. Vide Jessie Romero, "Treasury-Fed Accord, March 1951" (página da web), Federal Reserve History, 22 de novembro de 2013, www.federalreservehistory.org/essays/treasury_fed_accord.

31. Para uma descrição pela TMM sobre o que se entende por independência do Fed, consulte L. Randall Wray, "Central Bank Independence: Myth and Misunderstanding", Documento de trabalho No. 791, Levy Economics Institute of Bard College, março de 2014, www.levyinstitute.org/pubs/wp_791.pdf.

32. Até mesmo alguns funcionários do Federal Reserve estão começando a considerar a possibilidade de visar explicitamente a extremidade mais longa da curva de juros. Vide Leika Kihara, Howard Schneider e Balazs Koranyi, "Groping for New Tools, Central Banks Look at Japan's Yield Controls", Reuters, 15 de julho de 2019, www.reuters.com/article/us-usa-fed-ycc/groping-for-new-tools-central-banks-look-at-japans-yield-controls-idUSKCN1UA0E0.

33. Japan Macro Advisors, "Japan JGBs Held by BoJ" (página da web), Economic Indicators, www.japanmacroadvisors.com/page/category/economic-indicators/financial-markets/jgbs-held-by-boj/.

34. Eric Lonergan, Drobny Global Monitor (blog), Andres Drobny, Drobny Global LP, 17 de dezembro de 2012, www.drobny.com/assets/control/content/files/Drobny_121712_10_24_13.pdf.

35. Alguns especuladores do mercado de títulos acreditavam que o Japão estava em rota de colisão com a dívida pública, bem acima de 200% do PIB. Ao acreditar que o governo não poderia sustentar níveis de dívida tão altos, alguns corretores de títulos apostaram contra os títulos do governo japonês, vendendo-os a descoberto. Kyle Bass ficou conhecido por perder grandes somas com esse trade, que é amplamente conhecido como trade que faz viúvas. Vide Wayne Arnold, "Japan's Widow-Maker Bond Trade Still Looks Lethal" (blog), Reuters, 6 de junho de 2011.

36. A TQM foi abordada em alguma extensão na nota 4 do Capítulo 2.

37. Milton Friedman, "The Counter-Revolution in Monetary Theory", IEA Occasional Paper, no. 33, Instituto de Assuntos Econômicos, 1970, https://miltonfriedman.hoover.org/objects/56983/the-counterrevolution-in-monetary-theory.

38. Em julho de 2019, o Federal Reserve detinha cerca de 13% dos títulos negociáveis do Tesouro dos EUA. Poderia comprar os 87% restantes da mesma forma que comprou os títulos do Tesouro que já possui — ou seja, creditando as reservas bancárias. Vide Kihara, Schneider e Koranyi, "Groping for New Tools".

39. Os leitores interessados podem gostar de Carl Lane, *A Nation Wholy Free: The Elimination of the National Debt in the Age of Jackson* (Yardley, PA: Westholme, 2014).

40. O Federal Reserve System foi criado pelo Federal Reserve Act em 1913.

41. Os títulos do Tesouro pagam o principal e os juros. Você pode ter comprado um título de dez anos com um cupom de 5% de taxa de juros. O governo pega seus US$ 1.000 e lhe paga US$ 50 por ano durante dez anos. No final do décimo ano, o governo devolve o valor principal de US$ 1.000 para você.

NOTAS

42. David A. Levy, Martin P. Farnham e Samira Rajan, *Where Profits Come From* (Kisco, NY: Jerome Levy Forecasting Center, 2008), https://www.levyforecast.com/publications/category/sample/.

43. Como veremos no Capítulo 5, os países com superávit comercial são muito menos dependentes de déficits fiscais. Mas países como os Estados Unidos — ou seja, aqueles que têm déficits comerciais crônicos — geralmente estão em melhor situação com déficits fiscais. Sem eles, o crescimento se torna insustentável. Vide Wynne Godley, ""What If They Start Saving Again? Wynne Godley on the US Economy", *London Review of Books* 22, no. 13 (6 de julho de 2000), www.lrb.co.uk/v22/n13/wynne-godley/what-if-they-start-saving-again.

44. Frederick C. Thayer, "Balanced Budgets and Depressions", *American Journal of Economics and Sociology* 55, no. 2 (1996): 211–212, JSTOR, https://www.jstor.org/stable/3487081.

45. Ibid.

46. Eu exploro isso em detalhes no Capítulo 4. Vide também Scott Fullwiler, "The Sector Financial Balances Model of Aggregate Demand (Revised)", New Economic Perspectives, 26 de julho de 2009, neweconomicperspectives.org/2009/07/sector-Financial-balances-model-of_26.html.

47. Desculpas ao Prince.

48. A NPR obteve acesso a uma cópia, que agora é pública, por meio de uma solicitação da Lei de Liberdade de Informação (Freedom of Information Act, FOIA) em 2011. Você pode ler a história de fundo em David Kestenbaum, "What If We Paid Off the Debt? The Secret Government Report", *Planet Money*, NPR, 20 de outubro de 211, www.npr.org/sections/money/2011/10/21/141510617/what-if-we-paid-off-the-debt-the-secret-government-report.

49. A taxa de juros é conhecida como taxa dos fundos federais. É a taxa de juros que os bancos cobram uns dos outros quando emprestam reservas no mercado overnight. Quando há uma abundância de reservas no sistema, um banco que precisa tomar reservas emprestadas não precisa pagar muito para obtê-las de bancos que têm mais do que desejam manter. São baratas porque são fáceis de encontrar. Para atingir uma taxa de juros mais baixa, tudo o que o Fed precisa fazer é inundar o sistema bancário com reservas suficientes para reduzir o preço à taxa alvo. Ele faz isso comprando.

50. Kestenbaum, "What If We Paid Off the Debt?". A preocupação era que, se o Fed tivesse que comprar outros tipos de ativos financeiros, poderia parecer que estava escolhendo vencedores e perdedores.

51. Antes da recessão, a economia dos Estados Unidos crescia rapidamente, elevando drasticamente as receitas. O boom foi em grande parte o resultado de uma bolha no mercado de ações, que alimentou o crescimento que levou o orçamento para o superávit. Quando a bolha começou a entrar em colapso, em janeiro de 2001, a economia entrou em recessão. Os superávits fiscais não causaram a recessão, mas deram as condições favoráveis para a recessão mais severa, que começou em 2007.

O MITO DO DÉFICIT

Para mais informações, vide Wynne Godley, *Seven Unsustainable Processes* (Annandale-on-Hudson, NY: Jerome Levy Economics Institute, 1999), www.levyinstitute. org/pubs/sevenproc.pdf.

52. Além de comprar títulos do Tesouro dos EUA, o Fed também comprou títulos lastreados em hipotecas (MBS) e títulos emitidos pelas empresas hipotecárias, patrocinadas pelo governo Fannie Mae e Freddie Mac.

53. O Fed encerrou oficialmente seu programa de flexibilização quantitativa em 2014. Nesse ponto, o Fed detinha US$ 2,8 trilhões em títulos do Tesouro dos EUA em seu balanço. Isso representava 22% dos US$ 12,75 trilhões em dívida federal em poder do público.

54. Para uma visão bem detalhada disso, vide Scott T. Fullwiler, "Paying Interest on Reserve Balances: It's More Significant than You Think," Social Science Research Network, 1º de dezembro de 2004, papers.ssrn.com/sol3/papers.cfm?abstract_id=1723589.

55. Embora eles tenham sido usados para realizar flexibilização quantitativa, a presidente do Fed, Janet Yellen, disse esperar que o Fed nunca mais precise fazer isso. Ela também disse que o Fed precisaria considerar a compra de uma gama mais ampla de ativos se tiver que fazer flexibilização quantitativa novamente.

56. Isso exigiria autorização para usar limites, moeda de platina ou uma nova moeda digital.

57. Alguns temem que isso leve à inflação. Eles acham que os déficits financiados por títulos são menos inflacionários do que os déficits financiados por dinheiro. A TMM mostra que isso está errado. O que importa são os gastos, não se o governo coordena os gastos com a venda de títulos. Veja Stephanie Kelton e Scott Fullwiler, "The Helicopter Can Drop Money, Gather Bonds or Just Fly Away", *Financial Times*, 12 de dezembro de 2013, ftalphaville.ft.com/2013/12/12/1721592/guest-post-the-helicopter-can-drop-money-gather-bonds-or-just-fly-away-3/.

58. É claro que não há razão para vincular isso ao processo orçamentário fiscal. Seria simples, por exemplo, estabelecer um mecanismo de poupança separado que emitisse instrumentos de dívida remunerados a partes elegíveis. De fato, o Federal Reserve promulgou um programa desse tipo, o Term Deposit Facility, em 2008. Veja The Federal Reserve, "Term Deposit Facility" (página da web), https://www.frbservices. org/central-bank/reserves-central/term-deposit-facility.

59. A Constituição dos Estados Unidos foi ratificada em 1789, e o governo federal dos Estados Unidos foi formado.

NOTAS

Capítulo 4: O Negativo Deles é o Nosso Positivo

1. Escritório Orçamentário do Congresso, *The 2019 Long-Term Budget Outlook* (Washington, DC: CBO, junho de 2019), www.cbo.gov/system/files/2019-06/55331-LTBO-2.pdf.

2. Paul Krugman, "Deficits Matter Again", *New York Times*, 9 de janeiro de 2017, www.nytimes.com/2017/01/09/opinion/deficits-matter-again.html.

3. George F. Will, "Fixing the Deficit Is a Limited-Time Offer", *Sun* (Lowell, Massachusetts), https://www.lowellsun.com/2019/03/12/george-f-will-fixing-the-deficit-is--a-limited-time-offer/.

4. As audiências do comitê são frequentemente transmitidas ao vivo no C-SPAN 3. Vide Jason Furman, "Options to Close the Long-Run Fiscal Gap", depoimento perante o Comitê de Orçamento do Senado dos EUA, 31 de janeiro de 2007, www.brookings.edu/wp-content/uploads/2016/06/furman20070131S-1.pdf.

5. Os economistas keynesianos costumam argumentar que há uma circunstância especial sob a qual o crowding out não acontece. É uma situação — muitas vezes descrita como uma armadilha de liquidez — em que os déficits crescentes não aumentam as taxas de juros, porque essas taxas estão paradas no zero. Nessa situação, o governo pode aumentar o déficit com segurança sem se preocupar que o aumento das taxas de juros afaste o investimento privado (já que as taxas estão estagnadas em zero). Isso dá ao governo uma oportunidade para aumentar os gastos sem qualquer tipo de compensação. Uma vez que as taxas de juros comecem a se mover, o crowding out está ativo novamente. Como veremos, a TMM rejeita a ideia de que o crowding out é algo que só pode ser evitado em circunstâncias altamente incomuns.

6. Jonathan Schlefer, "Embracing Wynne Godley, an Economist Who Modeled the Crisis", *New York Times*, 10 de setembro de 2013, www.nytimes.com/2013/09/11/business/economy/economists-embracing-ideas-of-wynne-godley-late-colleague-who--predicted-recession.html.

7. Ibid.

8. Post Editorial Board, "Locking in a Future of Trillion-Dollar Deficits", *New York Post*, 23 de julho de 2019, nypost.com/2019/07/23/locking-in-a-future-of-trillion--dollar-deficits/.

9. Wynne Godley, *Seven Unsustainable Processs* (Annandale-on-Hudson, NY: Jerome Levy Economics Institute, 1999), www.levyinstitute.org/pubs/sevenproc.pdf.

10. "Life After Debt", segunda minuta interagências, 2 de novembro de 2000, media.npr.org/assets/img/2011/10/20/LifeAfterDebt.pdf.

11. Godley dividiu a autoria de algumas de suas pesquisas com o colega economista e acadêmico do Levy Institute, L. Randall Wray. Ambos entendiam que os superávits de Clinton só eram possíveis se o setor privado doméstico gastasse mais do que sua renda (ou seja, fizesse gastos deficitários). O problema, eles explicavam, é que o setor privado é um usuário de moeda, não um emissor de moeda, então não pode permanecer em déficit para sempre. Outro economista que entendeu tudo isso foi James K. Galbraith, que conta uma história incrível de ter sido ridicularizado por seus colegas economistas quando se atreveu a sugerir que os superávits de Clinton não eram uma conquista para ser comemorada.

12. Katie Warren, "One Brutal Sentence Captures What a Disaster Money in America Has Become", Business Insider, 23 de maio de 2019, www.businessinsider.com/bottom-half-of-americans-negative-net-worth-2019-5.

13. Você pode ficar tentado a pensar em um superávit do governo como uma categoria de poupança nacional. Não faça isso! Lembre-se, o Tio Sam não é como o resto de nós. Ele emite o dólar americano, e o resto de nós simplesmente o usa. Ele pode gastar dólares que não tem, e quando tira dinheiro de nós, isso *não o torna* mais rico. O governo pode ter um superávit fiscal, como fez de 1998 a 2001, mas o que exatamente ele está "recebendo" quando esse sinal (+) aparece? A resposta, na verdade, é nada. Como o árbitro que subtrai seis pontos depois de revisar um passe para *touchdown* e determinar que o receptor estava fora de campo, nosso marcador fiscal subtrai algo de nós, mas na verdade não recebe nada em troca. Do ponto de vista do emissor da moeda, um balde de dólares é tão útil quanto um balde de pontos em um jogo de futebol americano. Política à parte, ter um superávit hoje não torna mais fácil para o governo gastar mais no futuro.

14. Grande parte da teoria macroeconômica padrão continua a invocar essa teoria dos fundos emprestáveis relativa à taxa de juros. John Maynard Keynes se esforçou para desmistificar essas ideias em seu famoso livro *The General Theory of Employment, Interest, and Money*. Infelizmente, as velhas (e falhas) teorias ainda estão conosco quase um século depois.

15. Scott Fullwiler, "CBO — Ainda Fora do Paradigma Depois de Todos Esses Anos", Novas Perspectivas Econômicas, 20 de julho de 2014, https://neweconomicperspectives.org/2014/07/cbo-still-paradigm-years.html.

16. Os ativos financeiros líquidos incluem moeda em circulação, reservas bancárias e títulos públicos.

17. Aqui, estamos falando de governos que operam com uma moeda soberana, como EUA, Japão, Reino Unido e Austrália. Veja L. Randall Wray, "Keynes after 75 Years: Rethinking Money as a Public Monopoly", Documento de trabalho nº 658, Levy Economics Institute of Bard College, março de 2011, www.levyinstitute.org/pubs/wp_658.pdf.

18. Conforme definido na Introdução.

19. Volte ao Capítulo 1, onde discuto o papel dos títulos na TMM, se você precisar relembrar. Se você for especialmente ambicioso, pode ler Eric Tymoigne, economista da TMM, que faz uma análise detalhada das operações fiscais e monetárias do governo dos EUA. Ver Tymoigne, "Government Monetary and Fiscal Operations: Generalising the Endogenous Money Approach", Cambridge Journal of Economics

40, no. 5 (2018): 1317–1332, sci-hub.se/https://academic.oup.com/cje/article-abstract/40/5/1317/1987653.

20. Por exemplo, o Fed pode receber autoridade para emitir títulos. Para mais informações sobre a emissão de títulos do banco central, consulte Simon Gray e Runchana Pongsaparn, "Issuance of Central Bank Securities: International Experiences and Guidelines", Documento de trabalho do FMI, 2015, www.imf.org/external/pubs/ft/wp/2015/wp15106.pdf; e Garreth Rule, Centro de Estudos Bancários Centrais: Emissão de Títulos do Banco Central (Londres: Bank of England, 2011), www.bankofengland.co.uk/-/media/boe/files/ccbs/resources/issuing-central-bank-securities.

21. O status especial como revendedores primários exige que eles "lancem um cálculo proporcional em todos os leilões do Tesouro, a preços razoavelmente competitivos". Isso significa que cada dealer primário deve oferecer lances para sua parte do leilão. Os primários podem licitar de forma mais ou menos agressiva, mas não podem optar por ficar de fora de um leilão. Eles têm que se oferecer para comprar uma parte da dívida em cada leilão. Veja "Primary Dealers" (página da web), Federal Reserve Bank of New York, www.newyorkfed.org/markets/primarydealers.

22. Este foi o déficit mensal real em agosto de 2019. Jeffry Bartash, "Budget Deficit in August Totals US\$ 200 Billion, on Track to Post Nearly US\$ 1 Trillion Gap in 2019", MarketWatch, 12 de setembro de 2019, www.marketwatch.com/story/budget-deficit-in-august-totals-200-billion-us-on-track-to-post-nearly-1-trillion-gap-in-2019-2019-09-12.

23. Uma mistura de títulos de curto e longo prazo é típica. Os leilões geralmente incluem títulos de curto prazo, conhecidos como T-bills, que vencem em um ano ou menos; incluem também notas com vencimento de dois a dez anos e títulos de trinta anos. Veja mais sobre leilões e prazos em "General Auction Timing" (página da web), TreasuryDirect, https://www.treasurydirect.gov/

24. Os corretores primários (ou seus bancos agentes) compram títulos do governo usando seus saldos de reserva, essencialmente sua "conta corrente" na agência do Federal Reserve, de Nova York.

25. Um dos principais riscos de se manter títulos públicos com juros fixos é a inflação. Se você está preso em ganhos de 2% ao ano, mas a inflação está em consistentes 2,5% ao ano, seu retorno real (ou seja, ajustado pela inflação) desse investimento é de −0,5%. O Tesouro vende títulos de proteção à inflação (TIPS) para investidores que desejam proteção contra a inflação. Consulte "Treasury Inflation-Protected Securities (TIPS)" (página da web), TreasuryDirect, https://www.treasurydirect.gov/.

26. Stephanie Kelton, "Former Dept. Secretary of the U.S. Treasury Says Critics of MMT are 'Reaching'", New Economic Perspectives, 30 de outubro de 2013, neweconomicperspectives.org/2013/10/former-dept-secretary-u-s-treasury-says-critics--mmt-reaching.html.

27. Após o Acordo Tesouro-Fed em 1951, o Fed foi autorizado a parar de mirar na curva de juros além do vencimento mais curto. Há muito tempo queria deixar as taxas de juros dos títulos do Tesouro (além dos vencimentos mais curtos) para os mercados, e agora finalmente podia fazer isso. Coincidentemente, porém, um mercado privado eficiente para títulos do Tesouro exigia que instituições financeiras privadas os negociassem. O Fed projetou o sistema de dealers primários para isso, que eram e são majoritariamente subsidiárias de grandes bancos. Os dealers primários tornaram-se as contrapartes para que as operações do Fed atingissem uma meta de taxa de juros de curto prazo, que se tornou sua variável de política oficial. Nessas operações, o Fed adiciona dólares verdes ao sistema bancário ao comprar títulos do Tesouro — dólares amarelos — dos dealers. Para executar sua política monetária, o Fed obviamente precisa de um sistema eficiente e estável de dealers primários. Em essência, para fazer isso, a fim de deixar as taxas dos títulos do Tesouro para os mercados e ao mesmo tempo fazer sua própria política monetária, o Fed teve que, pelo menos de forma implícita, garantir que os revendedores pudessem financiar suas compras de títulos no valor ou próximo da sua meta de taxa de juros. Isso é o que significa dizer que o Fed "retém" os dealers primários, que, por sua vez, "fazem o mercado" em nome do Tesouro dos EUA.

28. A taxa de fundos federais é a taxa de juros que os bancos cobram uns dos outros para emprestar reservas no mercado overnight. Um banco com saldos de reservas que não deseja manter pode emprestar essas reservas a outro banco. É um empréstimo de um dia para o outro, então o banco emprestador recupera as reservas — com juros — no dia seguinte. Para saber mais sobre isso, vide Scott Fullwiler, "Modern Central Bank Operations — The General Principles", capítulo 2 na ed. Louis-Philippe Rochon e Sergio Rossi, *Advances in Endogenous Money Analysis* (Cheltenham, Reino Unido: Edward Elgar, 2017), 50–87.

29. Existem basicamente duas maneiras de se sustentar taxas positivas: (1) drenar saldos de reservas excedentes vendendo títulos do Tesouro dos EUA ou (2) pagar juros sobre reservas (IOR) à taxa alvo do Fed. Para uma explicação detalhada, vide Scott T. Fullwiler, "Setting Interest Rates in the Modern Money Era," Documento de trabalho no. 34, Wartburg College and the Center for Full Employment and Price Stability, 1º de julho de 2004, https://papers.ssrn.com/sol3/papers.cfm?abstract_id=1723591.

30. L. Randall Wray, "Deficits, Inflation, and Monetary Policy", *Journal of Post Keynesian Economics* 19, no. 4 (Verão 1997), 543.

31. A curva de juros é uma curva (ou gráfico) que mostra as taxas de juros de diferentes instrumentos de dívida em um intervalo de vencimentos.

32. Lembre-se da Introdução, em que definimos soberania monetária, incluindo países que tributam, tomam empréstimos e gastam em uma moeda de taxa de câmbio flutuante, que só pode ser emitida pelo governo ou seus agentes fiscais.

33. Hoje, é procedimento operacional padrão coordenar gastos deficitários com vendas de títulos. Não precisa ser assim. O Congresso sempre pode reescrever seus procedimentos operacionais para mudar essa prática, especialmente agora que o Federal Reserve não precisa mais de acesso a títulos do governo para atingir sua meta de taxa de juros de curto prazo. Uma alternativa técnica, mas verdadeiramente inovadora,

seria o Federal Reserve estabelecer as taxas que está disposto a pagar por títulos de curto ou longo prazo, depósitos a prazo ou outros títulos e permitir que o setor privado os comprasse na quantidade que desejasse, enquanto o resto do déficit fica como saldos de reserva de juro zero.

34. Dan McCrum, "Mario Draghi's 'Whatever It Takes' Outcome in 3 Charts", *Financial Times* (Londres), 25 de julho de 2017, www.ft.com/content/82c95514-707d-11e-7-93ff-99f383b09ff9.

35. Warren Mosler e Mathew Forstater, "The Natural Rate of Interest Is Zero", Center for Full Employment and Price Stability, University of Missouri — Kansas City, dezembro de 2004, https://www.researchgate.net/publication/252064677_The_Natural_Rate_of_Interest_is_Zero.

36. Ibid.

37. Timothy P. Sharpe, "A Modern Money Perspective on Financial Crowding-out", *Review of Political Economy* 25, no. 4 (2013): 586–606.

38. William Vickrey, "Fifteen Fatal Fallacies", capítulo 15 em *Commitment to Full Employment: Macroeconomics and Social Policy in Memory of William S. Vickrey*, ed. Aaron W. Warner, Mathew Forstater e Sumner M. Rosen (Londres: Routledge, 2015), publicado pela primeira vez por M.E. Sharpe, 2000.

Capítulo 5: "Vencer" no Comércio

1. Fox News, "Transcript of the 2015 GOP Debate," Cleveland, Ohio, 7 de agosto de 2015, site da CBS News, www.cbsnews.com/news/transcript-of-the-2015-gop-debate-9-pm/.

2. Aimee Picchi, "Fact Check: Is Trump Right That the U.S. Loses US$ 500 Billion in Trade to China?", CBS News, 6 de maio de 2019, www.cbsnews.com/news/trump--china-trade-deal-causes-us-to-lose-500-billion-claim-review/.

3. Action News, "President Trump Visits Shell Cracker Plant in Beaver County", Pittsburgh's Action News, 13 de agosto de 2019, www.wtae.com/article/president-trump-shell-cracker-plant-beaver-county-pennsylvania/28689728#.

4. Ginger Adams Otis, "Clinton-Backing AFL-CIO Boss Trumka Visits President-elect Trump on Friday", *New York Daily News*, 13 de janeiro de 2017, www.nydailynews.com/news/national/clinton-backing-afl-cio-boss-trumka-talks-trade-trump-article-1.2945620.

5. Robert E. Scott e Zane Mokhiber, "The China Toll Deepens", Economic Policy Institute, 23 de outubro de 2018, www.epi.org/publication/the-china-toll-deepens--growth-in-the-bilateral-trade-deficit-between-2001-and-2017-cost-3-4-million-u-s--jobs-with-losses-in-every-state-and-congressional-district/.

6. Mark Hensch, "Dems Selling 'America Is Already Great' Hat", *The Hill*, 9 de outubro de 2015, thehill.com/blogs/blog-briefing-room/news/256571-dems-selling-america--is-already-great-hat.

7. Jim Geraghty, "Chuck Schumer: Democrats Will Lose Blue-Collar Whites but Gain in the Suburbs," *National Review*, 28 de julho de 2016, www.nationalreview.com/corner/chuck-schumer-democrats-will-lose-blue-collar-whites-gain-suburbs/.

8. Wynne Godley, "What If They Start Saving Again? Wynne Godley on the US Economy", *London Review of Books* 22, no. 13 (6 de julho de 2000), www.lrb.co.uk/v22/n13/wynne-godley/what-if-they-start-saving-again.

9. Falando com rigor, o déficit do Tio Sam deve exceder o déficit em conta corrente (não apenas o déficit comercial) para manter o setor privado dos EUA superavitário. O valor atual é a balança comercial mais alguns outros pagamentos internacionais. Os dois são frequentemente usados de forma intercambiável, mas as diferenças podem ser significativas em alguns países. Para saber mais sobre isso, veja William Mitchell, L. Randall Wray e Martin Watts, *Macroeconomics* (Londres: Red Globe Press, 2019).

10. O governo dos EUA também pode adicionar dólares diretamente ao balde estrangeiro. Se comprar aviões da corporação europeia Airbus, em vez de comprar os aviões da corporação norte-americana Boeing, por exemplo, esse gasto acrescentará dólares ao balde do setor externo em vez de colocá-los no balde do setor privado americano.

11. Donald J. Trump, Tweet, 2 de dezembro de 2019, twitter.com/realDonaldTrump/status/1201455858636472320?s=20.

12. Mamta Badkar, "Watch How Germany Ate Everyone Else's Lunch After the Euro Was Created", *Business Insider*, 18 de julho de 2012, https://www.businessinsider.com/presentation-german-current-account-balance-2012-7.

13. Pavlina R. Tcherneva, "Unemployment: The Silent Epidemic", Documento de trabalho nº 895, Levy Economics Institute of Bard College, agosto de 2017, www.levyinstitute.org/pubs/wp_895.pdf.

14. Departamento do Trabalho dos EUA, "Trade Adjustment Assistance for Workers" (página da web), www.doleta.gov/tradeact/.

15. Candy Woodall, "Harley-Davidson Workers Say Plant Closure after Tax Cut Is Like a Bad Dream", *USA Today*, 27 de maio de 2018, atualizado em 28 de maio de 2018, www.usatoday.com/story/money/nation-now/2018/05/27/harley-davidson--layoffs/647199002/.

16. Comitê pelo Trabalho Decente nas Cadeias de Suprimentos Globais, "Resolution and Conclusions Submitted for Adoption by the Conference", Conferência Internacional do Trabalho, OIT, 105ª Sessão, Genebra, maio–junho de 2016, https://www.ilo.org/ilc/ILCSessions/previous-sessions/105/reports/reports-to-the-conference/WCMS_468097/lang--en/index.htm.

17. Escritório do Historiador, "Nixon and the End of the Bretton Woods System, 1971–1973," Milestones: 1969–1976, https://history.state.gov/milestones/1969-1976/nixon-shock.

NOTAS

18. Kimberly Amadeo, ""Why the US Dollar Is the Global Currency", The Balance, 13 de dezembro de 2019, www.thebalance.com/world-currency-3305931.

19. Brian Reinbold e Yi Wen, "Understanding the Roots of the U.S. Trade Deficit", St. Louis Fed, 16 de agosto de 2019, medium.com/st-louis-fed/understanding-the-root-s-of-the-u-s-trade-deficit-534b5cb0e0dd.

20. L. Randall Wray, "Does America Needs Global Savings to Finance Its Fiscal and Trade Deficits?", *American Affairs* 3, no. 1 (Primavera de 2019), americanaffairs-journal.org/2019/02/does-america-need-global-savings-to-finance-its-fiscal-and--trade-deficits/.

21. L. Randall Wray, "Twin Deficits and Sustainability", Nota de Política Monetária, Levy Economics Institute of Bard College, março de 2006, www.levyinstitute.org/pubs/pn_3_06.pdf.

22. A crise financeira asiática de 1997, em particular, ensinou ao mundo que fixar as taxas de câmbio é imprudente se os países não puderem manter um estoque de reservas, especialmente sem controles de capital. Veja Wray, "Twin Deficits and Sustainability".

23. Scott Ferguson, Maxximilian Seijo e William Saas, "The New Postcolonial Economics with Fadhel Kaboub," MR Online, 7 de julho de 2018, mronline.org/2018/07/07/the-new-postcolonial-economics-with-fadhel-kaboub/.

24. Noureddine Taboubi, "Strikes Overturn Wage Cuts, but IMF Blindness Risks Ruining Tunisia", Projeto Bretton Woods, 4 de abril de 2019, www.brettonwoodsproject.org/2019/04/strikes-overturn-wage-bill-but-imf–blindness-risks-ruining-tunisia/.

25. John T. Harvey, *Currencies, Capital Flows and Crises: A Post Keynesian Analysis of Exchange Rate Determination* (Abingdon, Reino Unido: Routledge, 2009).

26. Bill Mitchell, "Modern Monetary Theory in an Open Economy", Modern Monetary Theory, 13 de outubro de 2009, bilbo.economicoutlook.net/blog/?p=5402.

27. Previsivelmente, o choque de Volcker também devastou os trabalhadores norte-a-mericanos, fechando fábricas no Centro-Oeste e acabando com a competitividade manufatureira com países como o Japão. Se os EUA tivessem estabelecido uma política de garantia de emprego para estabilizar automaticamente a economia em pleno emprego — como os seguidores da TMM e nossos antepassados teriam recomendado, e como muitos ativistas de direitos civis dos EUA *estavam* recomendando —, talvez as pessoas ao redor do mundo pudessem ter evitado essa catástrofe.

28. Jamee K. Moudud, "Free Trade Free for All: Market Romanticism versus Reality," Law and Political Economy (blog), 26 de março de 2018, lpeblog.org/2018/03/26/free-trade-for-all-market-romanticism-versus-reality/#more-620.

29. O que aconteceu na Turquia em 2018: a dependência da Turquia de empréstimos estrangeiros e os déficits orçamentários que os acompanham atingiram um obstáculo gigante quando os países do Atlântico Norte começaram a aumentar as taxas de juros. Julius Probst, "Explainer: Why Some Current Account Imbalances Are Fine but Others Are Catastrophic", The Conversation, 21 de agosto de 2018, theconversation.com/explainer--why-some-current-account-imbalances-are-fine-but-others-are-catastrophic-101851.

30. Muitas vezes, isso significa importar mercadorias quase completas e apenas terminar o processo de fabricação. Kaboub e outros economistas referem-se a isso como conteúdo de baixo valor agregado. Veja Scott Ferguson e Maxximilian Seijo, "The New Postcolonial Economics with Fadhel Kaboub," *Money on the Left* (podcast), Buzzsprout, 7 de julho de 2018, 1:14:25, transcrição da entrevista, www.buzzsprout.com/172776/745220.

31. James K. Galbraith, *The Predator State: How Conservatives Abandoned the Free Market and Why Liberals Should Too* (Nova York: Free Press, 2008).

32. Dean Baker gosta de apontar que, apesar da fala arrogante de Trump, "General Electric, Boeing, Walmart e o resto não perderam com nosso déficit comercial com a China. Na verdade, o déficit comercial foi resultado de seus esforços para aumentar seus lucros". Veja Dean Baker, "Media Go Trumpian on Trade", Beat the Press, CEPR, 24 de agosto de 2019, https://cepr.net/media-go-trumpian-on-trade/.

33. Mitchell, "Modern Monetary Theory".

34. Pavlina R. Tcherneva e L. Randall Wray, "Employer of Last Resort Program: A Case Study of Argentina's Jefes de Hogar Program", Documento de Trabalho no. 41, CFEPS, abril de 2005, https://papers.ssrn.com/sol3/papers.cfm?abstract_id=1010145.

35. Pavlina R. Tcherneva, ""A Global Marshall Plan for Joblessness?" (blog), Institute for New Economic Thinking, 11 de maio de 2016, www.ineteconomics.org/perspectives/blog/a-global-marshall-plan-for-joblessness.

36. "World Employment and Social Outlook 2017: Sustainable Enterprises and Jobs — Formal Enterprises and Decent Work", relatório da Organização Internacional do Trabalho, 9 de outubro de 2017.

37. "Mexico Trade Surplus with the US Reach Record High US$81.5 Billion in 2018", *MexicoNow*, 8 de março de 2019, mexico-now.com/index.php/article/5232-mexico-trade-surplus-with-the-us-reach-record-high-us-81-5-billion-in-2018.

38. Jeff Faux, "NAFTA's Impact on U.S. Workers", Working Economics Blog, Economic Policy Institute, 9 de dezembro de 2013, www.epi.org/blog/naftas-impact-workers/.

39. Bill Mitchell, "Bad Luck if You Are Poor!", Modern Monetary Theory, 25 de junho de 2009, bilbo.economicoutlook.net/blog/?p=3064.

Capítulo 6: Você Tem Direitos!

1. Senado dos EUA, "Glossary Term: Entitlement" (página da web), www.senate.gov/reference/glossary_term/entitlement.htm.

2. Escritório de Política de Aposentadoria e Deficiência da Previdência Social dos EUA, "Beneficiaries in Current-Payment Status", *Annual Statistical Report on the Social Security Disability Insurance Program, 2018*, Administração da Previdência Social,

lançado em outubro de 2019, www.ssa.gov/policy/docs/statcomps/di_asr/2018/sect01.html.

3. Richard R. J. Eskow, apresentador, *The Zero Hour with RJ Eskow*, "Shaun Castle on Social Security and Paralyzed Veterans of America", YouTube, 22 de abril de 2019, 18:46, www.youtube.com/watch?v=avPbNku5Qoc&feature=youtu.be.

4. PVA, "Paralyzed Veterans of America Urges Preserving and Strengthening Social Security During Hearing on Capitol Hill", Paralyzed Veterans of America, 10 de abril de 2019, https://pva.org/news-and-media-center/recent-news/paralyzed-veterans-of-america-urges-preserving-and/.

5. Confronting Poverty, "About the Project" (página web), confronting poverty.org/about/.

6. Matt DeLong, "Groups Call for Alan Simpson's Resignation over 'Sexist' Letter", *Washington Post*, 25 de agosto de 2010, voices.washingtonpost.com/44/2010/08/group-calls-for-debt-commissio.html.

7. "The Insatiable Glutton" na revista *Puck*, 20 de dezembro de 1882, mencionado em James Marten, "Those Who Have Borne the Battle: Civil War Veterans, Pension Advocacy, and Politics", *Marquette Law Review* 93, no. 4 (verão de 2010): 1410, https://scholarship.law.marquette.edu/mulr/vol93/iss4/40/.

8. EconoEdLink, Recurso 6, Social Security: Visualizing the Debate, U.S. History: Lesson 3.1 em "The History of Social Security" em *Understanding Fiscal Responsibility*, Economics & Personal Finance Resources for K-12, www.econedlink.org/wp-content/uploads/legacy/1311_Social%20Security%206.pdf.

9. Nancy J. Altman, *The Truth About Social Security: The Founders' Words Refute Revisionist History, Zombie Lies, and Common Misunderstandings* (Washington, DC: Strong Arm Press, 2018).

10. Veja, por exemplo, "Polling Memo: Americans' Views on Social Security", Social Security Works, março de 2019, https://socialsecurityworks.org/2022/08/03/social-security-polling/.

11. Franklin D. Roosevelt, "President Franklin Roosevelt's 1943 State of the Union Address", 7 de janeiro de 1943, História, Arte e Arquivos, Câmara dos Representantes dos EUA, history.house.gov/Collection/Listing/PA2011/PA2011-07-0020/.

12. Altman, *The Truth About Social Security*, 7.

13. Ibid.

14. President Franklin Roosevelt's 1943 State of the Union Address, "Letter of Transmittal", Washington, DC, 22 de abril de 2019, www.ssa.gov/OACT/TR/2019/tr2019.pdf.

15. Marc Goldwein, "Social Security Is Approaching Crisis Territory", *The Hill*, 29 de abril de 2019, thehill.com/opinion/finance/441125-social-security-is-approaching-crisis-territory#.XMdbf0dTNXs.

O MITO DO DÉFICIT

16. Administração da Previdência Social, *Summary of Provision That Would Change the Social Security Program*, Escritório do Atuário-Chefe, SSA, 30 de dezembro de 2019, www.ssa.gov/OACT/solvency/provisions/summary.pdf.

17. Laurence Kotlikoff, "Social Security Just Ran a $ 9 Trillion Deficit, and Nobody Noticed", *The Hill*, 14 de maio de 2019, thehill.com/opinion/finance/443465-social-security-just-ran-a-9-trillion-deficit-and-nobody-noticed.

18. NCPSSM, "Raising the Social Security Retirement Age: A Cut in Benefits for Future Retirees," National Committee to Preserve Social Security & Medicare, 30 de outubro de 2018, www.ncpssm.org/documents/social-security-policy-papers/raising-the--social-security-retirement-age-a-cut-in-benefits-for-future-retirees/.

19. Steven M. Gillon, *The Pact: Bill Clinton, Newt Gingrich, and the Rivalry That Defined a Generation* (Nova York: Oxford University Press, 2008).

20. Stephanie A. Kelton, "Entitled to Nothing: Why Americans Should Just Say 'No' to Personal Accounts", Documento de Trabalho No. 40 Center for Full Employment and Price Stability, Universidade do Missouri–Kansas City, abril de 2005, https://www.academia.edu/9490433/Entitled_to_Nothing_Why_Americans_Should_Just_Say_No_to_Personal_Accounts.

21. Nicole Woo e Alan Barber, "The Chained CPI: A Painful Cut in Social Security Benefits", Center for Economic and Policy Research, 2012, cepr.net/documents/publications/cpi-2012-12.pdf.

22. Dean Baker, "Statement on Using the Chained CPI for Social Security Cost of Living Adjustments", Center for Economic and Policy Research, 8 de julho de 2011, https://www.cepr.net/press-release/statement-on-using-the-chained-cpi-for-social-security--cost-of-living-adjustments/.

23. "Consumer Price Index for the elderly", Escritório de Estatísticas Laborais, Departamento do Trabalho dos EUA, março de 2012.

24. 2011 OASID Trustees Report, Tabela V.C3: Legislated Changes in Normal Retirement Age and Delayed Retirement Credits, for Persons Reaching Age 62 in Each Year 1986 and Later, www.socialsecurity.gov/OACT/TR/2011 /V_C_prog.html#180548. Veja também Escritório de Estatísticas Laborais dos EUA, "TED: The Economics Daily," Consumer Price Index for the Elderly, 2 de março de 2012, www.bls.gov/opub/ted/2012/ted_20120302.htm.

25. D. Rosnick e D. Baker, "The Impact on Inequality of Raising the Social Security Retirement Age", Center for Economic and Policy Research, abril de 2012, https://cepr.net/report/the-impact-on-inequality-of-raising-the-social-security-retirement-age/.

26. Conselhos de Curadores do Seguro Social e Medicare, "A Summary of the 2019 Annual Reports: A Message to the Public", Administração do Seguro Social dos EUA, www.ssa.gov/oact/trsum/.

27. Ibid.

NOTAS

28. Transamerica Center for Retirement Studies, *18th Annual Transamerica Retirement Survey: A Compendium of Findings About American Workers*, Transamerica Institute, junho de 2018, www.transamericacenter.org/docs/default-source/retirement-survey--of-workers/tcrs2018_sr_18th_annual_worker_compendium.pdf.

29. Peter Whoriskey, "'I Hope I Can Quit Working in a Few Years': A Preview of the U.S. Without Pensions," *Washington Post*, 23 de dezembro de 2017, www.washingtonpost.com/business/economy/i-hope-i-can-quit-working-in-a-few-years-a-preview-of-the--us-without-pensions/2017/12/22/5cc9fdf6-cf09-11e7-81bc-c55a220c8cbe_story.html.

30. Teresa Ghilarducci, Michael Papadopoulos e Anthony Webb, "40% of Older Workers and Their Spouses Will Experience Downward Mobility", Schwartz Center for Economic Policy Analysis Policy Note, The New School, 2018, www.economicpolicyresearch.org/resource-library/research/downward-mobility-in-retirement.

31. Alica H. Munnell, Kelly Haverstick e Mauricio Soto, "Why Have Defined Benefit Plans Survived in the Public Sector?", Briefs, Center for Retirement Research, Boston College, dezembro de 2007, crr.bc.edu/briefs/why-have-defined-benefit-plans-survived-in-the-public-sector/.

32. Monique Morrissey, "The State of American Retirement: How 401(k)s Have Failed Most American Workers", Economic Policy Institute, 3 de março de 2016, www.epi.org/publication/retirement-in-america/.

33. Kathleen Romig, "Social Security Lifts More Americans Above Poverty Than Any Other Program," Centro de Orçamento e Prioridades Políticas, www.cbpp.org/research/social-security/social-security-lifts-more-americans-above-poverty-than--any-other-program.

34. T. Skocpol, "America's First Social Security System: The Expansion of Benefits for Civil War Veterans", *Political Science Quarterly* 108, no. 1 (1993): 85–116.

35. "Oldest Civil War Pensioner Gets $73 a Month from VA", Florida Today, agosto de 2017, www.floridatoday.com/story/news/2017/08/24/one-n-c-woman-still-receiving-civil-war-pension/594982001/.

36. Juan Williams, Muzzled: The Assault on Honest Debate (Nova York: Broadway, 2011).

37. John Light, "Déjà Vu: A Look Back at Some of the Tirades Against Social Security and Medicare", Moyers, 1º de outubro de 2013, atualizado em 14 de agosto de 2014, billmoyers.com/content/deja-vu-all-over-a-look-back-at-some-of-the-tirades-against-social-security-and-medicare/4/.

38. John Nichols, *The "S" Word: A Short History of an American Tradition... Socialism* (Londres: Verso, 2012).

39. Sarah Kliff, "When Medicare Was Launched, Nobody Had Any Clue Whether It Would Work", *Washington Post*, 17 de maio de 2013, https://www.washingtonpost.com/news/wonk/wp/2013/05/17/when-medicare-launched-nobody-had-any-clue--whether-it-would-work/.

40. Bryan R. Lawrence, "The Illusion of Health-Care 'Trust Funds'", *Washington Post*, 18 de outubro de 2012, www.washingtonpost.com/opinions/the-illusion-of-health--care-trust-funds/ 2012/10/18/844047d8-1897-11e2-9855-71f2b202721b_story.html.

41. Gail Wilensky, "Medicare and Medicaid Are Unsustainable Without Quick Action", *New York Times*, 11 de janeiro de 2016, www.nytimes.com/roomforde-bate/2015/07/30/the-next-50-years-for-medicare-and-medicaid/medicare-and-me-dicaid-are-unsustainable-without-quick-action.

42. Philip Moeller, "Medicare and Social Security Stay on Unsustainable Financial Paths, Reports Show", PBS News Hour, 22 de abril de 2019, www.pbs.org/newshour/health/medicare-and-social-security-stay-on-unsustainable-financial-paths-reports-show.

43. Diana Furchtgott-Roth, "Medicare Is Unsustainable in Current Form", MarketWatch, dezembro de 2012, https://www.marketwatch.com/story/medicare-is-unsustainable--in-current-form-2012-12-06.

44. J. Adamy e P. Overberg, "Growth in Retiring Baby Boomers Strains US Entitlement Programs", *Wall Street Journal*, 21 de junho de 2018, www.wsj.com/articles/retiring--baby-boomers-leave-the-u-s-with-fewer-workers-to-support-the-elderly-1529553660.

45. Ibid.

46. Lenny Bernstein, "US Life Expectancy Declines Again, a Dismal Trend Not Seen Since World War I", *Washington Post*, WP Company, 29 de novembro de 2018, www.washingtonpost.com/national/health-science/us-life-expectancy-declines-a-gain-a-dismal-trend-not-seen-since-world-war-i/2018/11/28/ae58bc8c-f28c-11e8-b-c79-68604ed88993_story.html.

47. Raj Chetty, Michael Stepner, Sarah Abraham, Shelby Lin, Benjamin Scuderi, Nicholas Turner, Augustin Bergeron e David Cutler, "The Association Between Income and Life Expectancy in the United States, 2001–2014," *Journal of the American Medical Association* 315, nº. 16 (abril de 2016): 1750–1766, jamanetwork.com/journals/jama/article-abstract/2513561.

48. Hendrik Hertzberg, "Senses of Entitlement", *The New Yorker*, 1º de abril de 2013, www.newyorker.com/magazine/2013/04/08/senses-of-entitlement.

49. Richard R. J. Eskow, "'Entitlement Reform' Is a Euphemism for Let Old People Get Sick and Die", Huffpost, 25 de fevereiro de 2011, www.huffpost.com/entry/entitlement-reform-is-a-e_b_828544.

50. John Harwood, "Spending $1 Billion to Restore Fiscal Sanity", *New York Times*, 14 de julho de 2008, www.nytimes.com/2008/07/14/us/politics/14caucus.html.

51. Lori Montgomery, "Presidential Commission to Address Rising National Debt", *Washington Post*, 27 de abril de 2010, www.washingtonpost.com/wp-dyn/content/article/2010/04/26/AR2010042604189_pf.html.

52. Entre 2009 e 2011, a organização America Speaks recebeu US$ 4.048.073 da Peterson Foundation; veja Center for Media Democracy, "America Speaks", SourceWatch, www.sourcewatch.org/index.php/America_Speaks.

NOTAS

53. Dan Eggen, "Many Deficit Commission Staffers Paid by Outside Groups", *Washington Post*, 10 de novembro de 2010, www.washingtonpost.com/wp-dyn/content/article/2010/11/10/AR2010111006850.html.

54. Peter G. Peterson, "Statement by Foundation Chairman Pete Peterson on Simpson--Bowles 'Bipartisan Path Forward to Securing America's Future'", Peter G. Peterson Foundation, 19 de abril de 2013, www.pgpf.org/press-release/statement-by-foundation-chairman-pete-peterson-on-simpson-bowles-bipartisan-path-forward-to-securing-america%E2%80%99s-future.

55. Veja, por exemplo, Alan Simpson e Erskine Bowles, "A Moment of Truth for Our Country's Financial Future", *Washington Post*, 29 de novembro de 2017, www.washingtonpost.com/opinions/a-moment-of-truth-for-our-countrys-financial-future/2017/11/29/22963ce6-d475-11e7-a986-d0a 9770d9a3e_story.html; e Comitê para um Orçamento Federal Responsável, "Bowles and Simpson Announce Campaign to Fix the Debt on CNBC's Squawkbox", The Bottom Line (blog), 12 de julho de 2012, www.crfb.org/blogs/bowles-and-simpson-announce-campaign-fix-debt-cnbcs-squawkbox.

56. Peter G. Peterson Foundation, "Peterson Foundation to Convene 3rd Annual Fiscal Summit in Washington on May 15th" (comunicado à imprensa), 8 de maio de 2012, https://www.pgpf.org/event/peterson-foundation-to-convene-3rd-annual--fiscal-summit-in-washington-on-may-15th.

57. Michael Hiltzik, "'60 Minutes' Shameful Attack on the Disabled", Los Angeles Times, 7 de outubro de 2013, www.latimes.com/business/hiltzik/la-xpm-2013-oct-07-la-fi--mh-disabled-20131007-story.html.

58. Congressista Susan Wild, "Rep. Wild Secures Funding for Social Security Administration to Address Wait Times in House-Passed Government Funding" (comunicado de imprensa), 19 de junho de 2019, wild.house.gov/media/press-releases/rep-wild-secures-funding-social-security-administration-address-wait-times.

59. H. Luke Shaefer e Kathryn Edin, "Extreme Poverty in the United States, 1996 to 2011," Briefing de Políticas no. 28, National Poverty Center, fevereiro de 2012, npc.umich.edu/publications/policy_briefs/brief28/policybrief28.pdf.

60. Eduardo Porter, "The Myth of Welfare's Corrupting Influence on the Poor", New York Times, 20 de outubro de 2015, www.nytimes.com/2015/10/21/business/the--myth-of-welfares-corrupting-influence-on-the-poor.html.

61. Kyodo, Bloomberg, relatório da equipe, "Japan's Pension System Inadequate in Aging Society, Council Warns", *Japan Times*, 4 de junho de 2019, www.japantimes.co.jp/news/2019/06/04/business/financial-market/japans-pension-system-inadequate-aging-society-council-warns/#.XjQe1pNKjBI.

62. Alan Greenspan, "There is nothing to prevent government from creating as much money as it wants", Comitê do Orçamento, Câmara dos Deputados, 2 de março de 2005, postado por wonkmonk, YouTube, 24 de março de 2014, 1:35 , www.youtube.com/watch?v=DNCZHAQnfGU.

63. C-SPAN, 2005 greenspan ryan, 02:42, 2 de março de 2005, www.c-span.org/video/?c3886511/user-clip-2005-greenspan-ryan-024200.

64. Ibid.

65. Robert Eisner, "Save Social Security from Its Saviors", *Journal of Post Keynesian Economics* 21, no. 1 (1998): 77-92.

66. Ibid., 80.

67. Eisner não se opôs a nenhuma dessas mudanças em particular, mas as apoiou com base na equidade, em vez de vê-las como mudanças necessárias para ajudar a manter o sistema solvente.

68. "Policy Basics: Where Do Our Federal Tax Dollars Go?" Center on Budget and Policy Priorities, 29 de janeiro de 2019, https://www.cbpp.org/research/federal-budget/policy-basics-where-do-our-federal-tax-dollars-go.

69. William E. Gibson, "Age 65+ Adults Are Projected to Outnumber Children by 2030", AARP, 14 de março de 2018, www.aarp.org/home-family/friends-family/info-2018/census-baby-boomers-fd.html.

Capítulo 7: Os Déficits que Importam

1. Rebecca Shabad, "Bernie Sanders Flips the Script with 'Deficit' Plan", *The Hill*, janeiro de 2015, thehill.com/policy/finance/230692-budget-ranking-member-lays-out-plan-to-eliminate-economic-deficits.

2. Sabrina Tavernise, "With His Job Gone, an Autoworker Wonders, What Am I as a Man?", *New York Times*, 27 de maio de 2019, www.nytimes.com/2019/05/27/us/auto-worker-jobs-lost.html.

3. Robert McCoppin e Lolly Bowean, "Getting By with the Minimum", *Chicago Tribune*, 2 de fevereiro de 2014, www.chicagotribune.com/news/ct-xpm-2014-02-02-ct-minimum-wage-illinois-met-20140202-story.html.

4. Matthew Boesler, "Almost 40% of Americans Would Struggle to Cover a $400 Emergency", Bloomberg, 23 de maio de 2019, www.bloomberg.com/news/articles/2019-05-23/almost-40-of-americans-would-struggle-to-cover-a-400-emergency.

5. Suresh Naidu, Eric Posner e Glen Weyl, "More and More Companies Have Monopoly Power over Workers' Wages. That's Killing the Economy", Vox, 6 de abril de 2018, www.vox.com/the-big-idea/2018/4/6/17204808/wages-employers-workers-monopsony-growth-stagnation-inequality.

6. Economic Innovation Group, *The New Map of Economic Growth and Recovery*, maio de 2016, https://eig.org/wp-content/uploads/2016/05/recoverygrowthreport.pdf.

7. Chris Arnade, *Dignity: Seeking Respect in Back Row America* (Nova York: Sentinel, 2019).

8. Nicky Woolf, "Over 50 and Once Successful, Jobless Americans Seek Support Groups to Help Where Congress Has Failed", *The Guardian* (Manchester, Reino Unido), 7 de novembro de 2014, www.theguardian.com/money/2014/nov/07/long-term-unemployed-support-groups-congress.

9. Jagdish Khubchandani e James H. Price, "Association of Job Insecurity with Health Risk Factors and Poorer Health in American Workers", *Journal of Community Health* 42, no. 2 (abril de 2017): 242–251.

10. David N. F. Bell e David G. Blanchflower, "Unemployment in the US and Europe," Department of Economics, Dartmouth College, 7 de agosto de 2018, https://www.nber.org/system/files/working_papers/w24927/w24927.pdf.

11. National Institute on Retirement Security, "New Report Finds Nation's Retirement Crisis Persists Despite Economic Recovery" (comunicado de imprensa), 17 de setembro de 2018, www.nirsonline.org/2018/09/new-report-finds-nations-retirement-crisis-persists-despite-economic-recovery/.

12. Emmie Martin, "67% of Americans Say They'll Outlive Their Retirement Savings – Here's How Many Have Nothing Saved at All", Make It, CNBC, 14 de maio de 2018, www.cnbc.com/2018/05/11/how-many-americans-have-no-retirement-savings.html.

13. Sean Dennison, "64% of Americans Aren't Prepared for Retirement – and 48% Don't Care", Yahoo Finance, 23 de setembro de 2019, finance.yahoo.com/news/survey-finds-42-americans-retire-100701878.html.

14. Emmie Martin, "Here's How Much More Expensive It Is for You to Go to College Than It Was for Your Parents", Make It, CNBC, novembro de 2017, www.cnbc.com/2018/05/11/how-many-americans-have-no-retirement-savings.html.

15. FRED, "Working Age Population: Aged 15–64; All Persons for the United States" (gráfico), Federal Reserve Bank of Saint Louis, atualizado em 9 de outubro de 2019, fred.stlouisfed.org/series/LFWA64TTUSM647S.

16. Alessandro Malito, "The Retirement Crisis Is Bad for Everyone – Especially These People", MarketWatch, agosto de 2019, https://www.marketwatch.com/story/the-retirement-crisis-is-bad-for-everyone-especially-these-people-2019-04-12.

17. Associated Press, "Nearly One-Quarter of Americans Say They'll Never Retire, According to a New Poll", CBS News, julho de 2019, www.cbsnews.com/news/nearly-one-quarter-of-americans-say-theyll-never-retire-according-to-new-poll/.

18. Anna Maria Andriotis, Ken Brown e Shane Shifflett, "Families Go Deep into Debt to Stay in the Middle Class", *Wall Street Journal*, 1º de agosto de 2019.

19. Sarah Jane Glynn, "Breadwinning Mothers are Increasingly the US Norm", Center for American Progress, 19 de dezembro de 2016, https://www.americanprogress.org/article/breadwinning-mothers-are-increasingly-the-u-s-norm/.

20. Steve Dubb, "Baltimore Confronts Enduring Racial Health Disparities", NonProfit Quarterly, 22 de novembro de 2017, nonprofitquarterly.org/baltimore-confronts-enduring-racial-health-disparities/.

21. Gaby Galvin, "87M Adults Were Uninsured or Underinsured in 2018, Survey Says", U.S. News & World Report, 7 de fevereiro de 2019, www.usnews.com/news/healthiest-communities/articles/2019-02-07/lack-of-health-insurance-coverage-leads-people-to-avoid-seeking-care.

22. Tami Luhby, "Is Obamacare Really Affordable? Not for the Middle Class", CNN, novembro de 2016, money.cnn.com/2016/11/04/news/economy/obamacare-affordable/index.html.

23. Boesler, "Almost 40% of Americans Would Struggle to Cover a $400 Emergency".

24. Bob Herman, "Medical Costs Are Driving Millions of People into Poverty", Axios, setembro de 2019, https://www.axios.com/2019/09/16/medical-expenses-poverty-deductibles.

25. Lori Konish, "137 Million Americans Are Struggling with Medical Debt. Here's What to Know if You Need Some Relief", CNBC, 12 de novembro de 2019, www.cnbc.com/2019/11/10/americans-are-drowning-in-medical-debt-what-to-know-if-you-need-help.html.

26. Matt Bruenig, "How Many People will Obamacare and AHCA Kill?" (blog), MattBruenig Politics, mattbruenig.com/2017/06/22/how-many-people-will-obamacare-and-ahca-kill/.

27. Catherine Rampell, "It Takes a B.A. to Find a Job as a File Clerk" *New York Times*, 19 de fevereiro de 2013, www.nytimes.com/2013/02/20/business/college-degree-required-by-increasing-number-of-companies.html.

28. Leslie Brody, "New York City Plans to Give More 3-Year-Olds Free Early Childhood Education", *Wall Street Journal*, 10 de janeiro de 2019, www.wsj.com/articles/new-york-city-plans-to-give-more-3-year-olds-free-early-childhood-education-11547165926?mod=article_inline.

29. Departamento de Educação dos EUA, "Obama Administration Investments in Early Learning Have Led to Thousands More Children Enrolled in High-Quality Preschool", setembro de 2016, www.ed.gov/news/press-releases/obama-administration-investments-early-learning-have-led-thousands-more-children-enrolled-high-quality-preschool.

30. Departamento de Educação dos EUA, "Every Student Succeeds Act (ESSA)", www.ed.gov/essa.

31. Timothy Williams, "Poor Schools Keep Getting Crushed in the Football. Is it Time to Level the Playing Field?", *New York Times*, setembro de 2019, www.nytimes.com/2019/09/22/us/school-football-poverty.html.

32. Martin, "Here's How Much More Expensive It Is for You to Go to College Than It Was for Your Parents".

33. Demos, "African Americans, Student Debt, and Financial Security", 2016, www.demos.org/sites/default/files/publications/African%20Americans%20and%20Student%20Debt%5B7%5D.pdf.

NOTAS

34. Alexandre Tanzi, "U.S. Student-Loan Delinquencies Hit Record", Bloomberg Businessweek, 22 de fevereiro de 2019, www.bloomberg.com/news/articles/2019-02-22/u--s-student-loan-delinquencies-hit-record.

35. Elise Gould, "Higher Returns on Education Can't Explain Growing Wage Inequality", Economic Policy Institute, 15 de março de 2019, www.epi.org/blog/higher-returns-on-education-cant-explain-growing-wage-inequality/.

36. Scott Fullwiler, Stephanie Kelton, Catherine Ruetschlin e Marshall Steinbaum, *The Macroeconomic Effects of Student Debt Cancellation*, Levy Economics Institute of Bard College, fevereiro de 2018, www.levyinstitute.org/pubs/rpr_2_6.pdf.

37. Patrick McGeehan, "Your Tales of La Guardia Airport Hell", *New York Times*, 29 de agosto de 2019, www.nytimes.com/interactive/2019/08/29/nyregion/la-guardia--airport.html?smid=tw-nytimes&smtyp=cur.

38. Irwin Redlener, "The Deadly Cost of Failing Infrastructure", *The Hill*, abril de 2019, thehill.com/opinion/energy-environment/437550-ignoring-warning-signs-made-historic-midwest-floods-more-dangerous.

39. ASCE, "2017 Infrastructure Report Card: Dams", Infrastructure Report Card, 2017, www.infrastructurereportcard.org/wp-content/uploads/2017/01/Dams-Final.pdf.

40. ASCE, Infrastructure Report Card, www.infrastructurereportcard.org/.

41. Lauren Aratani, "'Damage Has Been Done': Newark Water Crisis Echoes Flint", Guardian (Manchester, Reino Unido), agosto de 2019, www.theguardian.com/us-news/2019/aug/25/newark-lead-water-crisis-flint.

42. Peter Gowan e Ryan Cooper, *Social Housing in the United States*, People's Policy Project, 2018, www.peoplespolicyproject.org/wp-content/uploads/2018/04/SocialHousing.pdf.

43. Richard "Skip" Bronson, "Homeless and Empty Homes – an American Travesty", Huffpost, 25 de maio de 2011, www.huffpost.com/entry/post_733_b_692546.

44. IPCC, Global Warming of 1.5º C, Relatório Especial, Painel Intergovernamental das Nações Unidas sobre Mudanças Climáticas, 2018, www.ipcc.ch/sr15/.

45. Nathan Hultman, "We're Almost Out of Time: The Alarming IPCC Climate Report and What to Do Next", Brookings Institution, 16 de outubro de 2018, www.brookings.edu/opinions/were-almost-out-of-time-the-alarming-ipcc-climate-report-and-what-to-do-next/.

46. Umair Irfan, "Report: We Have Just 12 Years to Limit Devastating Global Warming", Vox, 8 de outubro de 2018, www.vox.com/2018/10/8/17948832/climate-change-global-warming-un-ipcc-report.

47. Brandon Miller e Jay Croft, "Planet Has Only Until 2030 to Stem Catastrophic Climate Change, Experts Warn", CNN, 8 de outubro de 2018, www.cnn.com/2018/10/07/world/climate-change-new-ipcc-report-wxc/index.html.

48. Union of Concerned Scientists, "Underwater: Rising Seas, Chronic Floods, and the Implications for US Coastal Real Estate", 2018, https://www.ucsusa.org/sites/default/files/attach/2018/06/underwater-analysis-full-report.pdf.

49. Doyle Rice, "Hundreds Flee as Record Rainfall Swamps Northern California, but Thousands Refuse to Leave", *USA Today*, 27 de fevereiro de 2019, www.usatoday.com/story/news/nation/2019/02/27/california-floods-hundreds-flee-their-homes--thousands-refuse/3004836002/.

50. Dana Goodyear, "Waking Up from the California Dream in the Age of Wildfires", The New Yorker, 11 de novembro de 2019, www.newyorker.com/news/daily-comment/waking-up-from-the-california-dream.

51. Umair Irfan, Eliza Barclay e Kavya Sukumar, "Weather 2050", Vox, 19 de julho de 2019, www.vox.com/a/weather-climate-change-us-cities-global-warming.

52. Sebastien Malo, "U.S. Faces Fresh Water Shortages Due to Climate Change, Research Says", Reuters, 28 de fevereiro de 2019, www.reuters.com/article/us-usa-climate-change-water/u-s-faces-fresh-water-shortages-due-to-climate-change-research-says--idUSKCN1QI36L.

53. Josie Garthwaite, "Stanford Researchers Explore the Effects of Climate Change on Water Shortages", Stanford News, 22 de março de 2019, news.stanford.edu/2019/03/22/effects-climate-change-water-shortages/.

54. Robin Meyer, "This Land Is the Only Land There Is", *The Atlantic*, 8 de agosto de 2019, www.theatlantic.com/science/archive/2019/08/how-think-about-dire-new--ipcc-climate-report/595705/.

55. Hultman, "We're Almost Out of Time".

56. Callum Roberts, "Our Seas Are Being Degraded, Fish Are Dying – but Humanity Is Threatened Too," *Guardian* (Manchester, Reino Unido), 19 de setembro de 2015, www.theguardian.com/environment/2015/sep/20/fish-are-dying-but-human-life-is--threatened-too.

57. Damian Carrington, "Plummeting Insect Numbers 'Threaten Collapse of Nature'", *Guardian* (Manchester, Reino Unido), 10 de fevereiro de 2019, www.theguardian.com/environment/2019/feb/10/plummeting-insect-numbers-threaten-collapse-of--nature.

58. Union of Concerned Scientists, "Vehicles, Air Pollution, and Human Health" (página da web), 18 de julho de 2014, www.ucsusa.org/resources/vehicles-air-pollution-human-health.

59. Drew Shindell, Greg Faluvegi, Karl Seltzer e Cary Shindell, "Quantified, Localized Health Benefits of Accelerated Carbon Dioxide Emissions Reductions", Nature Climate Change, 19 de março de 2018, www.nature.com/articles/s41558-018-0108-y.

60. Pesquisa Econômica e Social Mundial, "Report: Inequalities Exacerbate Climate Impacts on Poor", Sustainable Development Goals, Nações Unidas, 2016, www.

un.org/sustainabledevelopment/blog/2016/10/report-inequalities-exacerbate-climate-impacts-on-poor/.

61. Kelsey Piper, "Is Climate Change an 'Existential Threat' – or Just a Catastrophic One?", Vox, 28 de junho de 2019, www.vox.com/future-perfect/2019/6/13/18660548/climate-change-human-civilization-existential-risk.

62. Universidade de Adelaide, "IPCC Is Underselling Climate Change", Science Daily, 20 de março de 2019, www.sciencedaily.com/releases/2019/03/190320102010.htm.

63. Irfan, "Report: We Have Just 12 Years to Limit Devastating Global Warming".

64. David Roberts, "What Genuine, No-Bullshit Ambition on Climate Change Would Look Like", Vox, 8 de outubro de 2018, www.vox.com/energy-and-environment/2018/5/7/17306008/climate-change-global-warming-scenarios-ambition.

65. MCC, "That's How Fast the Carbon Clock Is Ticking", Mercator Research Institute on Global Commons and Climate Change, dezembro de 2018, www.mcc-berlin.net/en/research/co2-budget.html.

66. Kimberly Amadeo, "The US National Debt Clock and Its Warning", The Balance, 13 de fevereiro de 2019, www.thebalance.com/u-s-national-debt-clock-definition--and-history-3306297.

67. WEF, *The Inclusive Development Index 2018: Summary and Data Highlights* (Genebra, Suíça: Fórum Econômico Mundial, 2018), www3.weforum.org/docs/WEF_Forum_IncGrwth_2018.pdf.

68. Quentin Fottrell, "Alone", MarketWatch, 10 de outubro de 2018, www.marketwatch.com/story/america-has-a-big-loneliness-problem-2018-05-02.

69. Children's Defense Fund, "Child Poverty" (página da web), www.childrensdefense.org/policy/policy-priorities/child-poverty/.

70. Sheri Marino, "The Effects of Poverty on Children", Focus for Health, 1º de abril de 2019, www.focusforhealth.org/effects-poverty-on-children/.

71. Christopher Ingraham, "Wealth Concentration Returning to 'Levels Last Seen During the Roaring Twenties', According to New Research", *Washington Post*, 8 de fevereiro de 2019, www.washingtonpost.com/us-policy/2019/02/08/wealth-concentration-returning-levels-last-seen-during-roaring-twenties-according-new-research/.

72. Sean McElwee, "The Income Gap at the Polls", *Revista Politico*, 7 de janeiro de 2015, www.politico.com/magazine/story/2015/01/income-gap-at-the-polls-113997.

73. Sabrina Tavernise, "Many in Milwaukee Neighborhood Didn't Vote – and Don't Regret It", *New York Times*, 20 de novembro de 2016, www.nytimes.com/2016/11/21/us/many-in-milwaukee-neighborhood-didnt-vote-and-dont-regret-it.html.

74. Jake Bittle, "The 'Hidden' Crisis of Rural Homelessness", *The Nation*, 28 de março de 2019, https://www.thenation.com/article/archive/rural-homelessness-housing/.

75. Chris Arnade, "Outside Coastal Cities an 'Other America' Has Different Values and Challenges", *Guardian* (Manchester, Reino Unido), 21 de fevereiro de 2017, www.

theguardian.com/society/2017/feb/21/outside-coastal-bubbles-to-say-america-is-already-great-rings-hollow.

76. Chris Arnade, *Dignity: Seeking Respect in Back Row America* (Nova York: Sentinel, 2019).

77. Martin Gilens e Benjamin I. Page, "Testing Theories of American Politics: Elites, Interest Groups, and Average Citizens", *Perspectives on Politics* 12, no. 3 (setembro de 2014): 564–581, https://www.cambridge.org/core/journals/perspectives-on-politics/article/testing-theories-of-american-politics-elites-interest-groups-and-average-citizens/62327F513959D0A304D4893B382B992Br.

78. Facundo Alvaredo, Lucas Chancel, Thomas Piketty, Emmanuel Saez e Gabriel Zucman, *World Inequality Report 2018: Executive Summary*, World Inequality Lab, 2017, wir2018.wid.world/files/download/wir2018-summary-english.pdf.

79. "Histórico Federal das Taxas de Imposto de Renda Individual" (gráfico), 1913–2013, https://files.taxfoundation.org/legacy/docs/fed_individual_rate_history_adjusted.pdf.

80. Robert B. Reich, *Saving Capitalism: For the Many, Not the Few* (Nova York: Alfred A. Knopf, 2015).

81. Robert Reich, Tweet, 12 de março de 2019, 17h22, disponível em Meme, me.me/i/robert-reich-rbreich-the-concentration-of-wealth-in-america-has-408c58b6e98d4d-cf9f4969d237dd3442.

82. Era Dabla-Norris, Kalpana Kochnar, Nujin Suphaphiphat, Frantisek Ricka e Evridiki Tsounta, *Causes and Consequences of Income Inequality: A Global Perspective*, Fundo Monetário Internacional, Junho de 2015, www.imf.org/external/pubs/ft/sdn/2015/sdn1513.pdf.

83. Josh Bivens e Lawrence Mishel, "Understanding the Historic Divergence Between Productivity and a Typical Worker's Pay", Documento Informativo nº 406, Economic Policy Institute, 2 de setembro de 2015, www.epi.org/publication//understanding-the-historic-divergence-between-productivity-and-a-typical-workers-pay-why-it-matters-and-why-its-real/.

84. Ibid.

85. Reuters, "CEOs Earn 361 Times More Than the Average U.S. Worker – Union Report", 22 de maio de 2018, www.reuters.com/article/us-usa-compensation-ceos/ceos-earn-361-times-more-than-the-average-u-s-worker-union-report-idUSKCN1IN2FU.

86. Alvaredo et al., *World Inequality Report 2018*.

87. Chuck Collins e Josh Hoxie, *Billionaire Bonanza 2017: The Forbes 400 and the Rest of Us*, Institute for Policy Studies, novembro de 2017, inequality.org/wp-content/uploads/2017/11/BILLIONAIRE-BONANZA-2017-Embargoed.pdf.

NOTAS

Capítulo 8: Construindo uma Economia para o Povo

1. A reunião foi organizada pelo ex-vereador municipal Troy Nash, que se juntou a nós para o encontro.

2. Ele também tinha um plano ambicioso para reformar o sistema bancário, onde foram lançadas as sementes da crise.

3. Escritório Orçamentário do Congresso, *The Long-Term Budget Outlook* (Washington, DC: CBO, junho de 2010, revisado em agosto de 2010), www.cbo.gov/sites/default/files/111th-congress-2009-2010/reports/06-30-ltbo.pdf.

4. Ibid.

5. Warren Mosler relata várias experiências semelhantes em seu livro. Vide Mosler, *The 7 Deadly Innocent Frauds of Economic Policy* (Christiansted, USVI: Valance, 2010).

6. Existem muitos livros excelentes que tratam de uma ou mais dessas questões. Vide, por exemplo, Robert B. Reich, *Saving Capitalism* (Nova York: Alfred A. Knopf, 2015); David Cay Johnston, *Free Lunch* (Londres: Penguin, 2007); Thomas Frank, *Listen, Liberal* (Nova York: Metropolitan Books/Henry Holt, 2015); Richard Florida, *The New Urban Crisis* (Nova York: Basic Books/ Hachette, 2017); Chris Arnade, *Dignity* (Nova York: Sentinel, 2019); Anand Giridharadas, *Winners Take All* (Nova York: Vintage, 2019); e David Dayen, *Chain of Title* (Nova York: New Press, 2016).

7. Center on Budget and Policy Priorities, "Policy Basics: Introduction to the Federal Budget Process", atualizado em 24 de outubro de 2022, https://www.cbpp.org/research/federal-budget/introduction-to-the-federal-budget-process.

8. É claro que o Congresso também poderia mudar o lado obrigatório do orçamento. Por exemplo, há pedidos para que se aumentem os benefícios da Previdência Social e reduza-se a idade de elegibilidade de sessenta e cinco para zero, de forma que forneça assistência médica a todas as pessoas sob um sistema de pagamento único, Medicare-for-all.

9. Para saber mais, vide A. G. Hart, "Monetary Policy for Income Stabilization" em *Income Stabilization for a Developing Democracy*, ed. Max F. Millikan (New Haven, CT: Yale University Press, 1953); Simon Gray e Runchana Pongsaparn, *Issuance of Central Securities: International Experiences and Guidelines*, Documento de Trabalho do FMI, WP/15/106, maio de 2015, www.imf.org/external/pubs/ft/wp/2015/wp15106.pdf; e Rohan Grey, "Banking in a Digital Fiat Currency Regime", em *Regulating Blockchain: Techno-Social and Legal Challenges*, ed. Philipp Hacker, Ioannis Lianos, Georgios Dimitropoulos e Stefan Eich (Oxford, Reino Unido: Oxford University Press, 2019), 169–180, rohangrey.net/files/banking.pdf.

10. O CBO estima que as despesas líquidas com juros aumentarão de 1,8% do PIB, em 2019, para 3,0%, até 2029, subindo para 5,7% até 2049. Veja Congressional Budget Office, *The 2019 Long-Term Budget Outlook* (Washington, DC: CBO, 2019), www.cbo.gov/system/files/2019-06/55331-LTBO-2.pdf. Esse item de linha do orçamento federal poderia ser eliminado ao se abandonar a prática atual de coordenar déficits fiscais com vendas de títulos. Ao invés de vender títulos, o Congresso poderia simplesmente deixar quaisquer saldos de reservas resultantes no sistema, onde ganhariam juros à taxa-alvo do Fed. A maioria, se não todos os economistas da TMM, preferiria ver a taxa de juros paga sobre os saldos das reservas overnight mantidas permanentemente em (ou muito próximo de) zero, mas isso não é essencial para se realizar os outros elementos prescritivos da TMM.

11. Charles Blahous, "The Costs of a National Single-Payer Healthcare System", Documento de trabalho do Mercatus, Mercatus Center, George Mason University, 2018, www.mercatus.org/system/files/blahous-costs-medicare-mercatus-working-paper-v1_1.pdf.

12. Ambos foram criados sob a Lei de Controle de Orçamento e Apropriação do Congresso de 1974. Vide "História" (página da web), Escritório de Orçamento do Congresso, www.cbo.gov/about/history.

13. A outra forma de compensar novos gastos é retirar dinheiro de alguma outra área do orçamento. Por exemplo, você pode se deparar com uma legislação que propõe pagar por novos gastos reduzindo o orçamento de defesa.

14. Claro, não há garantia de que uma "lei limpa" teria sido aprovada. Teria recebido mais votos? Quem sabe? Não há muito bipartidarismo no Congresso nos dias de hoje. Mas uma coisa é certa — a prática de se insistir que cada dólar de gasto proposto deve ser totalmente compensado por um novo dólar de receita é economicamente desnecessária e politicamente inepta. O último relatório prevê US$ 4,59 trilhões em um período de dez anos.

15. Sheryl Gay Stolberg, "Senate Passes $ 700 Billion Pentagon Bill, More Money Than Trump Sought", *New York Times*, 18 de setembro de 2017, www.nytimes.com/2017/09/18/us/politics/senate-pentagon-spending-bill.html.

16. Christal Hayes, "Alexandria Ocasio-Cortez: Why Does GOP Fund 'Unlimited War' but Not Medicare Program?", *USA Today*, 9 de agosto de 2018, www.usatoday.com/story/news/politics/onpolitics/2018/ 08/09/alexandria-ocasio-cortez-republicans-finance-war-not-healthcare-tuition/946511002/.

17. Calvin H. Johnson, "Fifty Ways to Raise a Trillion", em *Tax Reform: Lessons from the Tax Reform Act of 1986*, audiência perante o Comitê de Finanças, Senado dos EUA (Washington, DC: US GPO, 2010), 76, books.google.com/books?id=e4jnhl_AkLg-C&pg=PA76&lpg=PA76&dq=calvin+johnson+shelf+project&source=bl&ots=yeBPKBOXV1&sig=ACfU3U3OXXYvNQgrroi7ZBFI8jrStMJJBg&hl=en&sa=X&ved=2ahUKEwiTqekg6blAhVK11kKHXiwAtkQ6AEwEHoECAkQAQ#v=onepage&q=calvin%20johnson%20shelf%20projeto&f=false.

18. Ibid.

19. Keith Hennessey, "What is a Vote-a-Rama?" (blog), 25 de março de 2010, keithhennessey.com/2010/03/25/vote-a-rama/.

NOTAS

20. Paul Krugman, "Deficits Saved the World", *New York Times*, 15 de julho de 2009, krugman.blogs.nytimes.com/2009/07/15/deficits-saved-the-world/.

21. Jeff Spross, "You're Hired!", *Democracy: A Journal of Ideas 44* (Primavera de 2019), https://democracyjournal.org/magazine/44/youre-hired/.

22. Escritório de Estatíticas Laborais, "Most Unemployed People in 2018 Did Not Apply for Unemployment Insurance Benefits", econintersect.com, https://econintersect.com/pages/contributors/contributor.php/post/201910220659.

23. Na versão da garantia federal de emprego, desenvolvida pelos economistas da TMM, qualquer pessoa legalmente elegível para trabalhar — dezesseis anos ou mais, sendo ou não um cidadão americano, que tenha permissão legal para trabalhar nos EUA — se qualificaria automaticamente para o emprego. Ver L. Randall Wray, Flavia Dantas, Scott Fullwiler, Pavlina R. Tcherneva e Stephanie A. Kelton, *Public Service Employment: A Path to Full Employment*, Levy Economics Institute of Bard College, abril de 2018, www.levyinstitute.org/pubs/rpr_4_18.pdf.

24. Os economistas propuseram diferentes versões de garantia de emprego. Este capítulo apresenta a versão apresentada pelos principais economistas da TMM. Os trabalhadores receberiam US$ 15/hora juntamente com os benefícios (cuidados de saúde, creche e licença remunerada). Para uma versão alternativa que incorpore remuneração diferenciada com base na experiência e outras considerações, consulte Mark Paul, William Darity Jr. e Darrick Hamilton, "The Federal Job Guarantee – A Policy to Achieve Permanent Full Employment," Center on Budget and Policy Priorities, 9 de março de 2018, https://www.cbpp.org/research/full-employment/the-federal--job-guarantee-a-policy-to-achieve-permanent-full-employment.

25. Não é um esquema só para ocupar as pessoas. Muitos dos empregos podem se assemelhar aos criados sob os programas do New Deal da década de 1930. Por exemplo, muitos projetos de obras públicas foram realizados através da Administração de Progresso do Trabalho, muito trabalho ambiental foi realizado sob o Corpo de Conservação Civil, e empregos de meio período foram criados para 1,5 milhão de estudantes do ensino médio e 600 mil estudantes universitários, sob a Administração de Juventude Nacional. Em contraste com muitos dos programas do New Deal da era Roosevelt, que excluíam negros e outros grupos minoritários, a garantia de emprego proporcionaria acesso universal para todos.

26. A garantia de emprego não pretende substituir nenhum dos programas de rede de segurança existentes. Todos eles, inclusive o seguro-desemprego, podem ser mantidos paralelamente à garantia federal de emprego. É claro que os gastos com vale-refeição, Medicaid e outros programas com teste de elegibilidade por baixa renda diminuirão de maneira natural, pois muitas pessoas que aceitarem empregos no serviço público se tornarão inelegíveis quando seus rendimentos forem suficientemente elevados acima da pobreza.

27. Lembre-se, famílias (e empresas) são usuários de moeda. Uma vez que os consumidores decidam que se endividaram demais — cartões de crédito, hipotecas, empréstimos para comprar carros, empréstimos estudantis —, eles normalmente recuam. Quando

O MITO DO DÉFICIT

isso acontece, o ciclo de crédito se inverte e as empresas experimentam um declínio nas vendas.

28. Vide, por exemplo, Michael J. Murray e Mathew Forstater, eds., *Full Employment and Social Justice* (Nova York: Palgrave Macmillan, 2018); Michael J. Murray e Mathew Forstater, eds., *The Job Guarantee* (Nova York: Palgrave Macmillan, 2013); Pavlina R. Tcherneva, *The Case for a Job Guarantee* (Cambridge, Reino Unido: Polity Press, 2020); e William S. Vickrey, *Pleno Emprego e Estabilidade de Preços* (Cheltenham, Reino Unido: Edward Elgar, 2004).

29. Wray et al., *Public Service Employment: A Path to Full Employment*.

30. Para uma discussão mais completa de como isso funcionaria, consulte Pavlina R. Tcherneva, "The Job Guarantee: Design, Jobs, and Implementation", Documento de Trabalho no. 902, Levy Economics Institute of Bard College, abril de 2018, www.levyinstitute.org/pubs/wp_902.pdf.

31. A US$ 15 por hora, um participante em tempo integral ganhará uma renda anual de US$ 31.200, calculada como US$ 15/hora x 40 horas x 52 semanas = US$ 31.200. Usando as diretrizes atuais (2019) do Departamento de Saúde e Serviços Humanos dos EUA, isso é suficiente para elevar uma família de cinco pessoas acima da linha da pobreza. Consulte o Departamento de Saúde e Serviços Humanos dos EUA, "Poverty Guidelines", ASPE, aspe.hhs.gov/poverty-guidelines.

32. 8 horas por dia x 5 dias por semana x 50 semanas x 12 milhões = 24.000.000.000.

33. O Corpo de Conservação Civil foi estabelecido por FDR em 1933. O programa não era aberto a todos. Estava disponível apenas para cidadãos do sexo masculino, solteiros e desempregados, com idades entre dezoito e vinte e seis anos. Os negros podiam participar, mas eram colocados no que equivalia a campos segregados. Qualquer versão moderna deve ser aberta para todos que desejarem participar.

34. As minorias raciais são mais propensas ao desemprego. Tendem a ser os primeiros a perder empregos quando a economia desacelera, e são os últimos a serem contratados quando as empresas estão recontratando. Elas sofrem tanto taxas mais altas de desemprego quanto períodos mais longos de desemprego. A taxa de desemprego dos negros, por exemplo, é persistentemente ao dobro da dos brancos.

35. Pavlina R. Tcherneva, "Beyond Full Employment: The Employer of Last Resort as an Institution for Change", Documento de Trabalho no. 732, Levy Economics Institute of Bard College, setembro de 2012, www.levyinstitute.org/pubs/wp_732.pdf.

36. Ibid.

37. Após três anos, o programa foi extinto e substituído pelo seguro-desemprego convencional, juntamente com um programa de reforma previdenciária mais tradicional, que fornecia assistência em dinheiro em vez de emprego. Curiosamente, Tcherneva descobriu que a renda estava entre os aspectos menos valorizados do plano Jefes de Hogar. De fato, os participantes classificaram a renda em quinto lugar (penúltimo) na lista de coisas que valorizavam em trabalhar no programa. Antes da renda, eles classificaram: (1) fazer algo útil, (2) trabalhar em um bom ambiente, (3) ajudar a

comunidade, (4) aprender uma habilidade valiosa. Outros benefícios incluíam: deslocamentos curtos, proximidade da creche, sentimento de conexão com os bairros, ganho de respeito e sensação de ganho de poder. Vide Pavlina R. Tcherneva, "Modern Money and the Job Guarantee", postado por Jacobin, Vimeo, 9 de janeiro de 2014, 14:02, vimeo.com/83813741.

38. Public Works & Infrastructure, "Welcome to EPWP" (página da web), Departamento: Obras Públicas e Infraestrutura, República da África do Sul, www.epwp. gov.za/.

39. Ibid.

40. Klaus Deininger e Yanyan Liu, "Heterogeneous Welfare Impacts of National Rural Employment Guarantee Scheme: Evidence from Andhra Pradesh, India," *World Development* 117 (maio de 2019): 98–111, www.sciencedirect.com/science/article/pii/S0305750X18304480?via%3Dihub.

41. Peter-Christian Aigner e Michael Brenes, "The Long, Tortured History of the Job Guarantee", *The New Republic*, 11 de maio de 2018, newrepublic.com/article/148388/long-tortured-history-job-garantee.

42. A Declaração de Direitos Econômicos também teria garantido o direito à educação, à moradia, à assistência médica e a uma aposentadoria segura. Franklin D. Roosevelt, "Public Works & Infrastructure", Biblioteca e Museu Presidencial Franklin D. Roosevelt, www.fdrlibrary.marist.edu/archives/address_text.html.

43. Martin Luther King Jr., "The 50th Anniversary of Martin Luther King, Jr.'s 'All Labor Has Dignity'", Beacon Broadside, Beacon Press, 18 de março de 2018, www.beaconbroadside.com/broadside/2018/03/the-50th-anniversary-of-martin-luther-king-jrs-all-labor-has-dignity.html.

44. Poderíamos ampliar a garantia de emprego com outros novos estabilizadores automáticos. Quanto mais recursos autônomos anexarmos ao mecanismo de orçamento, mais suave será nossa viagem econômica. A indexação de salários (ou outros gastos) no programa de garantia de emprego à meta de inflação — em oposição à taxa de inflação real — forneceria um impulso automático aos gastos quando a inflação real estivesse abaixo de, digamos, 2%.

45. Conselho de Assessores Econômicos: Walter Heller, Kermit Gordon, James Tobin, Gardner Ackley e Paul Samuelson. Entrevista gravada por Joseph Pechman, 1º de agosto de 1964, Programa de História Oral da Biblioteca John F. Kennedy, https://www.jfklibrary.org/.

46. Equipe do Space.com, "May 25, 1961: JFK's Moon Shot Speech to Congress", Space.com, 25 de maio de 2011, www.space.com/11772-president-kennedy-historic-speech-moon-space.html.

47. A inflação aumentou depois que o presidente Johnson enviou tropas ao Vietnã em julho de 1965.

48. Mariana Mazzucato, *The Entrepreneurial State: Debunking Public vs Private Sector Myths* (Cambridge, MA: Anthem Press, 2014).

49. Mariana Mazzucato, "Mobilizing for a Climate Moonshot", Project Syndicate, 8 de outubro de 2019, www.project-syndicate.org/onpoint/climate-moonshot-government-innovation-by-mariana-mazzucato-2019-10.

P rofessora de Economia e Políticas Públicas na Stony Brook University, STEPHANIE KELTON é uma das principais especialistas em Teoria Monetária Moderna e ex-economista-chefe do Comitê de Orçamento do Senado dos EUA (equipe democrata). Ela foi nomeada pelo *Politico* como uma das cinquenta pessoas que mais vêm influenciando o debate político nos Estados Unidos.

Dra. Kelton aconselha formuladores de políticas, presta consultoria a bancos de investimento e gerentes de portfólio em todo o mundo e é comentarista frequente em rádios nacionais e na televisão aberta. Além de suas muitas publicações acadêmicas, ela é colaboradora da publicação Opinion, da *Bloomberg*, e escreveu para o *New York Times, Los Angeles Times, U.S. News & World Reports* e *CNN*.

Ademais, Dra. Kelton é diretora-executiva do Projeto TMM, possui doutorado em economia pela New School for Social Research e foi presidente do Departamento de Economia da Universidade do Missouri em Kansas City antes de ingressar na Stony Brook University.

ÍNDICE

Símbolos

(TE) 18–28
(TE)G 7–28, 103–118, 235–260

A

ábitos de gastos 33
a Comissão do Déficit 169–184
Acordo de Associação Transpacífico 146–148
afro-americanos 197–224
Alexander Hamilton 88–90
alto valor agregado 137–148
Ansiedade econômica 193–224
aposentadoria 164–184
aumento de custos 35–62
austeridade 231–260
austeridade fiscal 142–148
autoestereograma 18–28
autoridade legal 178–184

B

Banco Mundial 141–148
barões ladrões 216–224
Bretton Woods 132–148
    sistema de Bretton Woods 132–148

C

capital social 217–224
Choque de Nixon 131–148
Comitê para um Orçamento Federal Responsável 156–184
conteúdo de baixo valor agregado 282–308
crises reais XXV
crowding out 275–308
crowding-out 91–118

D

David Ricardo 142–148
dealers primários 109
decisão política XVIII
Declaração Universal dos Direitos Humanos 145–148
déficit
    climático 210
    da saúde 199
    de bons empregos 189
    de infraestrutura 206
    democrático 216
    de poupança 194
    educacional 202
    habitacional 208
déficit comercial 127–148

O MITO DO DÉFICIT

déficit do governo XXIII, 127–148

déficit fiscal 23, 31

déficit orçamentário 73

deflação 34

depressão 86–90

desemprego 266–308

desemprego involuntário 128–148

desindustrialização 191–224

desinflação 34

discricionária 233–260

distribuição de renda e riqueza 20

dívida federal 89–90

dólar amarelo 23

dólar verde 23

E

economia de gotejamento 264–308

economia do gotejamento 223–224

economias monetárias de produção 267–308

emissor 17–28

emprego federal 129

entreguerras 132

Era Dourada 216–224

espaço fiscal 231–260

estabilização macroeconômica 232–260

estabilizadores automáticos 240–260

estabilizador automático 243

Estados Unidos Primeiro 127–148

exportadores líquidos 136–148

F

feudos 224

FICA 155–184

finanças funcionais XVII, XVII–XX-VIII, 49–62

flexibilização quantitativa 88, 88–90

FMI 135–148

Franklin D. Roosevelt 248–260

FDR 250

frases de efeito 91

função dos impostos 19

controle de inflação 19

distribuição de renda e riqueza 20

encorajar ou desencorajar comportamentos 21

provisionamento próprio 19

fundos fiduciários 178–184

G

garantia de trabalho 56–62

garantia federal de emprego 241–260

garantia global de emprego 145

Grande Depressão 132–148, 218–224

Grande Recessão 87–90, 185–224

G(TE) 9–28, 88–90, 104–118, 233–260, 267–308

guerra comercial 130–148

Guerra do Vietnã 133

H

hiperinflação 32

hispânicos 197–224

I

inadimplência 26, 73

indústria manufatureira 189–224

ÍNDICE

inflação XXIII, 174–184
infraestrutura 268–308
interdependente 221–224
IPC encadeado 159–184
ISDS 146–148

J

John F. Kennedy 253–260
   JFK 254

L

lei de licenciamento 222–224
livre comércio 121–148, 130–148, 141–148

M

macroeconômica 232–260
Medicaid 149–184
Medicare 149–184
mito do déficit 26–28, 166–184, 228–260
mito pernicioso XXII
mitos econômicos 86
modelo de Godley 96–118
modelo econômico 232–260
moeda fiduciária 229–260
moeda hegemônica 140–148
monetarismo 265–308
monopólio 3
monopolista da moeda 14
mortes por desespero 193–224
movimento de equilíbrio 31

N

New Deal 248–260, 297–308
New Deal Verde 144–148, 230–260

O

Obamacare 200–224
oferta monetária líquida 89, 89–90
OMC 141–148
orçamento
   doméstico 1, 8, 22, 23, 26
   federal 1, 9
orçamento doméstico 186–224, 238–260
Organização Internacional do Trabalho 145–148

P

padrão-ouro 24–28, 131–148, 231–260
PAYGO 237–260
paz comercial 143
Perspectivas de Orçamento de Longo Prazo 92
pleno emprego 135–148, 194–224, 238–260, 268–308
poder aquisitivo 32
política espacial 229–260
política fiscal 239–260
pressão inflacionária 34
pressões inflacionárias XVII–XXVIII
prestação de serviços 121–148
Previdência Social 150–184
   Lei da Previdência Social 154–184

R

recursos produtivos reais XVII
recursos reais 201–224
rede de segurança 165–184
reforma 168–184
reforma estrutural 127–148
regime cambial 107
Regimes cambiais 117–118
resiliência climática 215–224
responsabilidade fiscal XXVI
Richard M. Nixon 133–148
   Nixon 133
   Richard Nixon 133–148
riqueza líquida 84–90
Roosevelt 154–184
   FDR 156–184

S

segregação 195–224
soma zero 144–148
status quo XXVI–XXVIII, 185–224
subemprego 192–224
subseguro 200–224
superávit fiscal 31

T

taxa de câmbio flexível 148
taxa de dependência 166–184
taxa natural de desemprego 39–62
   taxa natural 39–62
Teoria Monetária Moderna XVI–XXVIII, 301–308
Tesouro Americano 3–28
tesouro nacional 88
TMM 134–148
trabalho mal pago 190–224

V

Vale do Silício 221–224
vantagem comparativa 142
vigilantes de títulos 74–90, 269–308
Vote-a-rama 237–260

Z

zona do euro 115–118

Projetos corporativos e edições personalizadas
dentro da sua estratégia de negócio. Já pensou nisso?

Coordenação de Eventos
Viviane Paiva
viviane@altabooks.com.br

Contato Comercial
vendas.corporativas@altabooks.com.br

A Alta Books tem criado experiências incríveis no meio corporativo. Com a crescente implementação da educação corporativa nas empresas, o livro entra como uma importante fonte de conhecimento. Com atendimento personalizado, conseguimos identificar as principais necessidades, e criar uma seleção de livros que podem ser utilizados de diversas maneiras, como por exemplo, para fortalecer relacionamento com suas equipes/ seus clientes. Você já utilizou o livro para alguma ação estratégica na sua empresa?

Entre em contato com nosso time para entender melhor as possibilidades de personalização e incentivo ao desenvolvimento pessoal e profissional.

PUBLIQUE SEU LIVRO

Publique seu livro com a Alta Books. Para mais informações envie um e-mail para: autoria@altabooks.com.br

 /altabooks   /alta-books   /altabooks   /altabooks

CONHEÇA OUTROS LIVROS DA **ALTA BOOKS**

Todas as imagens são meramente ilustrativas.